DEUXIÈME ÉDITION

D. DE PRAT

AIDE-MÉMOIRE
DE
L'INDUSTRIE TEXTILE

AIDE-MÉMOIRE

DE

L'INDUSTRIE TEXTILE

AIDE-MÉMOIRE

DE

L'INDUSTRIE TEXTILE

RENSEIGNEMENTS TECHNIQUES
NUMÉROTAGE ET TITRAGE DES FILS
FILATURE DU COTON, DE LA LAINE, DU LIN, ETC.
TISSAGE, ARMURES, MÉTIERS A TISSER
PRIX DE REVIENT — ÉTABLISSEMENT D'UN TISSAGE
RENSEIGNEMENTS COMMERCIAUX

PAR

D. DE PRAT

INGÉNIEUR CIVIL, DIRECTEUR DE FILATURE
PROFESSEUR DE FILATURE ET TISSAGE

Deuxième Édition
revue, corrigée et augmentée

PARIS & LIÉGE

LIBRAIRIE POLYTECHNIQUE CH. BÉRANGER, ÉDITEUR
PARIS, 15, RUE DES SAINTS-PÈRES, 15
LIÉGE, 21, RUE DE LA RÉGENCE, 21

1920

PRÉFACE DE LA PREMIÈRE ÉDITION

Le but de l'auteur, en éditant cet Aide-mémoire de l'*Industrie textile*, est de coordonner et de mettre à la portée de tous ceux qui s'occupent, de près ou de loin, de textiles les divers renseignements dont ils ont quotidiennement besoin pour leur industrie ou leur commerce, renseignements qui sont généralement épars dans des traités spéciaux et coûteux.

On ne peut dans un cadre aussi restreint donner tous les éléments de la filature et du tissage de chaque fibre textile et du commerce des tissus, mais on peut espérer que chacun dans sa branche y trouvera des renseignements utiles depuis le patron jusqu'aux directeurs, contremaîtres et employés. Ils y trouveront les calculs courants des machines de filature, des métiers de tissage et les notions commerciales courantes.

L'Aide-mémoire de l'*Industrie Textile* comprend une partie industrielle qui intéresse le filateur et le tisseur et une partie commerciale qui s'adresse aux commerçants. Mais souvent le renseignement de l'un peut être utile à l'autre : il n'est pas sans intérêt pour le négociant de connaître un peu la fabrication de même que le filateur ou le tisseur doivent être au courant des questions de vente.

On a voulu faire un aide-mémoire pratique par sa forme qui soit un vademecum pour tous. Grâce à une table détaillée, chacun trouvera le point spécial qu'il cherche. Il ne dépendra que des lecteurs, par l'accueil qu'ils voudront bien réserver à ce modeste ouvrage, de le voir se répandre pour le bien et l'utilité de tous ceux qui s'intéressent à l'*Industrie Textile*.

PRÉFACE DE LA SECONDE EDITION

L'accueil bienveillant que le public a fait à notre Aide-Mémoire de l'Industrie textile nous permet de lui en offrir une seconde édition dans laquelle nous avons tenu compte des observations qui nous ont été faites et que nous avons également complétée.

Les modifications que nous avons apportées se rapportent principalement aux prix de revient que nous avions indiqués dans notre première édition et qui ne sont plus exacts à l'heure actuelle. Etant donné les cours instables de la matière première et de la main-d'œuvre, nous avons préféré simplement donner des indications sur la manière de procéder pour obtenir ces prix de revient.

La partie mécanique n'a pas subi de changements, les progrès des machines textiles ayant été très faibles dans cette dernière période décennale. Nous avons seulement ajouté quelques généralités sur la filature du papier..

Dans la partie commerciale et statistique, nous avons indiqué les modifications que l'Alsace a amenées, ainsi que les nouveaux groupements textiles patronaux.

Nous avons enfin complété les opérations de finissage des tissus par la technologie des apprêts que nous n'avions point indiquée précédemment.

Abréviations

Enc^t	= Encombrement.		N^o F.	= Numéro français.
P^{ds}	= Poids.		N^o A	= Numéro anglais.
P^{on}	= Production.		Ctm	= centimètre.
HP	= Cheval-vapeur.		m/m	= millimètres.
B à B.	= Banc à broches.		gr.	= grains.
Br.	= Broches.		lb.	= livre anglaise.
Bb.	= Bobines.		in.	= pouce.
Diam.	= Diamètre.		f^t	= pied.

RENSEIGNEMENTS TECHNIQUES

—

Tableau
comparatif des poids et mesures anglais et français

1. Mesures de poids

1) Poids de 12 onces à la livre :

Grain . . . . = 0,0648 grammes.
Pennyweight (24 grs) . . . . . . = 1,555 gr.
Ounce (20 dwts) . . . . = 31,103 gr.
Pound (12 oz) . . . . = 0,373 kilogramme.
175 lbs troy. . . . . = 144 lbs avoirdupoids.
lbs avoirdupoids $\times$ 1,2153 . . . = lbs troy on apothicary.
lbs troy on apothicary $\times$ 0,082280 = lbs avoir du poids.

2. Poids avoirdupoids

Drachm . . . . = 1,771 gram.
Ounce (16 dr) . . . . = 28,349 gram.
Pound (16 oz) . . . . = 0,453 kilog.
Quarter (28 lbs) . . . . , . . = 12,700 kilog.
Hundredweight (112 lbs) . . . . = 50,802 kilog.
Ton (20 cwt) . . . . = 1 016 048 kilog.

3. Mesures de longueur

Inch (pouce) . . . . = 0,0254 mètre.
Foot (pied = 12 inch) . . . . = 0,343 mètre.
Yard (3 feet) . . . . = 0,9144 mètre.
Fathom (2 yards) . . . . = 1,8288 mètre.
Mile (1 760 yards). . . . . = 1 609,315 mètres.

Tableau
comparatif des poids et mesures français et anglais

1. Mesures de poids

Gramme	= 15,432 grain troy.
Hectogramme	= 3,527 oz avoirdupoids.
—	= 3,216 oz troy.
Kilogramme	= 2,205 lbs avoirdupoids.
—	= 2,680 lbs troy.
Quintal	= 222,55 lbs.
Tonne de 1 000 kg.	= 19 cwt 12 oz 5 dwts.

2. Mesures de longueur

Millimètre	= 0,039 inch.
Centimètre	= 0,393 inch.
Mètre	= 3,230 feet.
Kilomètre	= 1 093,63 yards.

Renseignements géométriques

Circonférence . . .	= diamètre du cercle × 3,1416.
Diamètre	= circonférence du cercle × 0,31831.
Surface du cercle . .	= carré du diamètre × 0,7854.
Côté d'un carré . .	= diamètre du cercle × 0,8862.
Surface d'un triangle	= base × 1/2 hauteur.
Surface d'un cylindre	= aire des 2 bases × longueur × circonférence.
Volume d'un cylindre	= axe des 2 bases × longueur.
Volume d'un cône . .	= aire de la base × 1/3 hauteur perpendiculaire.

Tableau de conversion de mesures anglaises

Pouces anglais en millimètres

Pouces	Millimètres	Pouces	Millimètres	Pouces	Millimètres	Pouces	Millimètres	Pouces	Millimètres
1/32"	0,79	17/32	13,49	1 1/16	26,99	2 1/8	53,97	4 1/4	107.95
1/16	1,59	9/16	14,29	1 1/8	28,57	2 1/4	57,15	4 1/2	114,30
3/32	2,38	19/32"	15,08	1 3/18	30,16	2 3/8	60,32	4 3/4	120,60
1/8	3,17	5/8	15,87	1 1/4	31,75	2 1/2	63,50	5"	127,05
5/32	3,97	21/32	16,67	1 5/16"	33,34	2 5/8	66,67	5 1/4	133,35
3/16	4,76	11/16	17,46	1 3/8	34,92	2 3/4	69,85	5 1/2	139,70
7/32	5,56	23/32	18,26	1 7/16	36,51	2 7/8"	73,02	5 3/4	146,05
1/4	6,35	3/4	19,05	1 1/2	38,10	3"	76,20	6"	152,40
9/32	7,14	25/32	19,84	1 9/16	39,69	3 1/8	79,37	7"	177,8
5/16	7,94	18/16	20,64	1 5/8	41,27	3 1/4	82,55	8"	203,2
11/32	8,73	27/32	21,43	1 11/16	42,86	3 2/8	85,72	9"	228,6
3/8	9,52	7/8	22,22	1 3/4	44,45	3 1/2	88,90	10"	254
13/32	10,32	29/32	23,02	1 13/16	46,04	3 5/8	92,07	»	»
7/16	11,11	15/16	23,81	1 7/8	47,62	3 3/4	95,25	»	»
15/32	11,91	31/32	24,61	1 15/16	49,21	3 7/8	98,42	»	»
1/2	12,70	1"	25,40	2"	50,80	4"	101,60	»	»

Tableau de conversion de mesures anglaises

Pieds et pouces anglais en mètres

Pouces

Pieds	0"	1"	2"	3"	4"	5"	6"	7"	8"	9"	10"	11"	
0′	0	0,025	0,051	0,076	0,102.	0,127	0,152	0,178	0,203	0,229	0,254	0,279	
1	0,305	0,330	0,356	0,381	0,406	0,432	0,457	0,483	0,308	0,533	0,539	0,584	
2	0,610	0,635	0,660	0,686	0,711	0,737	0,762	0,787	0,813	0,838	0,864	0,889	
3	0,914	0,940	0,965	0,991	1,016	1,041	1,067	1,092	1,118	1,143	1,168	1,194	
4	1,219	1,245	1,270	1,295	1,321	1,346	1,372	1,397	1,422	1,498	1,473	1,499	
5	1,524	1,549	1,575	1,600	1,626	1,651	1,676	1,702	1,727	1,753	1,778	1,803	
6	1,829	1,854	1,880	1,905	1,930	1,956	1,981	2,007	2,032	2,057	2,083	2,108	
7	2,134	2,159	2,184	2,210	2,235	2,261	2,286	2,311	2,337	2,362	2,388	2,413	
8	2,438	2,464	2,489	2,515	2,540	2,565	2,591	2,616	2,642	2,667	2,692	2,718	
9	2,743	2,769	2,794	2,819	2,845	2,870	2,896	2,921	2,946	2,972	2,997	3,023	Mètres
10	3,048	3,073	3,099	3,124	3,150	3,175	3,200	3,226	3,251	3,277	3,302	3,327	
11	3,353	3,378	3,404'	3,429	3,454	3,480	3,505	3,531	3,556	3,581	3,607	3,632	
12	3,658	3,683	3,708	3,734	3,759	3,785	3,810	3,835	3,861	3,886	3,912	3,937	
13	3,962	3,988	4,013	4,039	4,064	4,089	4,115	4,140	4,166	4,191	4,216	4,242	
14	4,267	4,293	4,318	4,343	4,369	4,394	4,420	4,445	4,470	4,496	4,521	4.547	
15	4,572	4,597	4,623	4,648	4,674	4,699	4,724	4,750	4,775	4,801	4,826	4,851	
16	4,877	4,902	4,928	4,953	4,978	5,004	5,029	5,055	5,080	5,105	5,131	5,156	
17	5,182	5,207	5,232	5,258	5,283	5,309	5,334	5,359	5,385	5,410	5,436	5,461	
18	5,486	5,312	5,537	3,363	5,588	5,613	5,639	5,664	5,690	5,715	5,740	5,766	
19	5,791	5,817	5,842	5,867	5,893	5,918	5,944	5,969	5,994	6,020	6,045	6,071	
20	6,096	6,121	6,147	6,172	6,198	6,223	6,248	6,274	6,299	6,325	6,350	6,375	

Force

Pied livres . ! . . .	× 0,13825	=	Kilogrammètre.
Kilogrammètres . . .	× 7,233	=	Pied livres.
Chev.-vapeur anglais .	× 0,9863	=	Cheval-vapeur français.
Chev.-vapeur français	× 1,01385	=	Cheval-vapeur anglais.
Livres par pied carré .	× 4,882	=	Kilogrammes par m².
Kilogrammes par m² .	× 0,0703	=	Kilogrammes par cm².
Kilogrammes par cm².	× 14,223	=	Livres par pouce carré.
Pied livres.	× 0.0000303	=	Cheval-vapeur.
Cheval-vapeur . . .	× 33,000	=	Pieds livres.

Formules usuelles
employées en filature et en tissage

On trouvera ici exposées brièvement quelques formules de cinématique dont l'emploi est courant en filature et en tissage.

Des Transmissions

Conditions que doit remplir une bonne installation de transmission. — 1° Une légèreté obtenue sans nuire à la stabilité ;

2° Un montage et un démontage faciles permettant la visite ;

3° Un graissage automatique sûr et économique ;

4° Ne nécessiter aucune surveillance spéciale ;

5° Etre bien équilibrée et bien nivelée ;

6° Comporter des poulies et des engrenages établis en fonction du travail à transmettre sans excès ni défaut de résistance et bien équilibrés ;

7° Assurer à chacun des groupes de transmission une indépendance complète par l'emploi d'accouplements permettant la libre dilatation des pièces.

Établissement et montage des transmissions. — Disposer les lignes d'arbre bien de niveau, parallèlement les unes aux autres et à l'arbre de couche du moteur. Monter les chaises et paliers sur des appuis solides.

Pour les commandes par courroies reliant 2 arbres, observer les distances suivantes : jusqu'à 20 HP, au moins 3 mètres ; de 20 à 100 HP, 4 à 5 mètres ; au-delà, 5 à 6 mètres. Pour les dynamos il faut 4 à 6 mètres.

Le rapport maximum entre les diamètres de 2 poulies ne doit pas dépasser 6. Lorsque la distance à franchir entre les 2 arbres dépasse 8 à 10 mètres, il faut employer des cables en chanvre ou en cuir et des poulies à gorge. Si la distance dépasse 30 mètres, il faut employer des cables métalliques.

Quand on emploie des engrenages cylindriques pour relier 2 arbres parallèles, il faut les placer à côté de paliers et de supports rigides.

Les manchons d'accouplement seront placés sur les arbres très près des paliers, ainsi que les poulies d'attaque ou autres de fortes dimensions.

Arbres, paliers, supports des paliers

ARBRES. — Les arbres se font en fer et en acier. Les arbres en acier ont un diamètre plus faible que celui des arbres en fer, à égalité de travail à transmettre. La transmission en acier est donc plus légère et souvent moins coûteuse.

Dans l'établissement d'une ligne d'arbres, il faut, autant que possible, unifier les diamètres de ceux-ci, tant qu'il n'existe pas, entre deux portions voisines, ou entre 2 lignes distinctes, une différence dans la puissance à transmettre supérieure à 10 ou 12 HP.

Les arbres doivent résister aux efforts de flexion déterminés par le poids des pièces, la tension des courroies ou la pression sur les engrenages, et aux efforts de tension provenant du moteur.

Les arbres d'attaques se font toujours en acier forgé de première qualité.

Les écartements les plus convenables entre 2 paliers sont les suivants :

Pour des arbres de 40 m/m de diam. . . .	2	à 2,5	mètres
» 50 » . . .	2,50	à 2,75	«
» 60 » . . .	2,70	à 3	»
» 70 » . . .	3	à 3,30	»
» 80 » . . .	3,30	à 3,50	»
» 90 à 100 » . . .	3,50	à 4	»

On adopte quelquefois des arbres creux pour de grandes distances entre les paliers.

Clavetages. — Il y en a de 3 sortes :

1° Pour les grands efforts, une ou plusieurs rainures dans l'arbre et la pièce à caler ;

2° Pour les efforts moyens, un méplat sur l'arbre ;

3° Pour les très faibles efforts, emploi d'une clavette dont le dessous est arrondi.

Les clavettes doivent être en acier dur, longues et. avec embase légèrement conique.

PALIERS. — Ils doivent être choisis avec soin, car du fonctionnement de leur graissage doit dépendre l'écomie et la sécurité de marche. Les divers types sont :

1° *Paliers graisseurs à mèche métallique*. — Se font en deux séries : la première a des coussinets en bronze dont la portée est égale à 1,6 du diamètre. Convient pour transmissions moyennement chargées. Vitesse, 180 à 200 tours. La deuxième a des coussinets dont la portée est égale à 2,25 du diamètre. Convient aux mêmes transmissions, mais pour des vitesses de 300 à 350 tours.

2° *Paliers graisseurs à bagues*. — Le graissage est effectué par une bague mobile reposant sur l'arbre qui l'entraîne dans son mouvement et puisant l'huile dans un réservoir placé à la partie inférieure du palier. Se

font en deux séries : la première a une portée égale à
1,6 du diamètre, employée pour arbres tournant à une
vitesse de 200 tours. La deuxième a une portée égale à
2,25 du diamètre pour arbres tournant à 350 tours.

3° *Paliers graisseurs à rotule.* — Le graissage est fait
avec une mèche métallique. Ils sont à coussinets de fonte
ou à coussinets de bronze. En filature où des duvets et
des poussières voltigent, il est bon d'employer les paliers
graisseurs à bagues, à coussinets à rotule en fonte
garnis d'antifriction, car leur forme extérieure ne présente aucune surface et ils sont facilement nettoyables.

4° *Paliers à rouleaux.* — Conviennent pour les transmissions légères marchant à grande vitesse. Ils pro-
curent une économie de force motrice.

Supports des paliers. — Les paliers sont montés sur
des supports en fonte de 3 types :

1° *Semelles.* — Epaisses plaques de fonte destinées à
être placées sur des massifs en maçonnerie ou sur des
traverses. La partie sur laquelle repose le patin du palier
doit être plane et rabotée. Elles portent des rainures
transversales qui reçoivent les boulons de fixation.

2° *Chaises.* — Sont de 3 systèmes :

1° Les chaises sur le sol reposent sur de petits massifs
de maçonnerie ou sur des traverses. Doivent être résistantes et très stables ;

2° Les chaises consoles, sont fixées soit sur un mur,
soit sur une colonne. Dans ce dernier cas, le collier
doit être fortement serré sur la colonne et maintenu
dans sa position définitive de réglage par 2 vis en acier
taraudées dans le fût :

3° Chaises pendantes pour transmissions fixées à un
plafond. Se font à deux jambes ou à une jambe. La
première condition qu'elles doivent remplir est la rigidité ; elles doivent permettre un démontage du palier.

3° *Niches.* — Elles doivent soutenir la maçonnerie
autour de l'ouverture pratiquée pour le passage de la
transmission.

Graissage des transmissions

Les *conditions principales* auxquelles doivent satisfaire les huiles de graissage sont les suivantes :

1° Être le plus fluides possibles, bien s'étaler entre les surfaces frottantes et s'y coller de façon à ne pas être facilement expulsées par l'effet de la pression ou d'un mouvement rapide de rotation ;

2° Conserver le plus longtemps possible leur état le plus convenable pour un bon graissage et notamment de ne pas se décomposer au contact de l'air et des métaux entre lesquels elles sont interposées :

3° Ne contenir aucune matière susceptible d'attaquer la fonte, le fer, l'acier ou le bronze : rester insensibles à une assez forte élévation de température due au travail du frottement et ne contenir aucune matière résineuse pouvant se durcir et rayer les surfaces pendant le mouvement :

4° Avoir une température d'inflammation qui ne soit pas inférieure à 170° C.

Les corps employés pour graissage sont les graisses consistantes et les huiles. La graisse est utilisée pour les arbres, tourillons et poulies folles tournant à une vitesse réduite. Il est quelquefois bon de la mélanger à un peu de valvoline qui la rend plus fluide et la fait mieux pénétrer dans les pattes d'araignée.

Les meilleures huiles sont les huiles minérales. Leur densité varie de 0,860 à 0,930. Les huiles minérales russes sont très employées, mais elles doivent présenter les caractères suivants pour être de bonne qualité :

Densité	0,900
Température d'inflammation . . .	230° C.
» d'ébullition	300° C.
Degré de viscosité à la température de 40 à 50° C.	2 à 3
Aspect	Claires et fluides

Lorsqu'un coussinet chauffe, on emploie de l'huile

de ricin. Pour les transmissions courantes on mélange quelquefois de l'huile végétale ou animale à l'huile minérale.

Graissage des engrenages. — Se fait à la graisse consistante ou au suif fondu pour les engrenages métalliques, au suif fondu mélangé de plombagine pour les engrenages en cuir.

Divers modes de transmissions

1. ENGRENAGES. — Les transmissions par engrenages sont surtout employées dans les métiers de filature et les métiers à tisser. Il est donc nécessaire d'avoir quelques notions sur les engrenages.

Pas diamétral. — Le pas des engrenages tel qu'il est habituellement compté est défini par la longueur, mesurée sur la circonférence primitive, comprise d'axe en axe de deux dents consécutives. Depuis quelque temps, on adopte la manière américaine qui consiste à rapporter le pas non à la circonférence, mais au diamètre de l'engrenage ; on l'appelle pas diamétral (diametral pitch). Il n'est pas exprimé en mesures linéaires, mais par un rapport. Il est égal au diamètre primitif de la roue divisé par le nombre des dents : ainsi, une roue de 360 m/m de diamètre et de 72 dents a un pas diamétral égal à 360 : 72 = 5, c'est-à-dire qu'il y a sur la circonférence de la roue une dent par 5 m/m de longueur du diamètre. Pour revenir au pas circonférentiel, il suffit de multiplier le pas diamétral par $\pi = 3,1416$.

Renseignements cinématiques. — Dans une transmission par engrenages cylindriques ou coniques, les nombres de tours des 2 arbres ainsi que leurs vitesses angulaires sont inversement proportionnels aux diamètres et aux nombres de dents de la roue et du pignon, on a la formule :

$$\frac{D}{d} = \frac{V'}{V} = \frac{V^1}{V'^1} \qquad \frac{D}{d} = \frac{N}{N'} \qquad \frac{D}{d} = \frac{n'}{n}$$

dans laquelle

Pour la roue	Pour le pignon		
D	d	représente	le diamètre au contact
N	N'	»	le nombre de dents
n	n'	»	le nombre de tours
V	V'	»	la vitesse angulaire
V'	V'_1	»	la vitesse tangentielle à la circonférence primitive.

Cette formule permet de résoudre tous les cas.

Lorsqu'une crémaillère engrène avec un pignon, le chemin parcouru par la crémaillère pour un tour de pignon est égal au développement de la circonférence primitive de ce dernier. Si elle égrène avec une vis sans fin, il est égal pour un tour de cette dernière à leur pas commun multiplié par le nombre de filets qu'elle comprend.

Deux engrenages droits tournent en sens contraire l'un de l'autre. Si on veut obtenir un mouvement dans le même sens, il faut employer une troisième roue folle sur un axe qui engrène avec les deux autres, ou bien encore un système de deux engrenages dont l'un est denté intérieurement.

Lorsqu'on a un équipage de roues et de pignons dont on connaît les diamètres et les nombres de dents, on trouve le rapport final de la transmission en multipliant entre eux tous les rapports inverses des nombres de dents de chaque équipage.

Le *coefficient de frottement* dans les engrenages varie de 0,15 à 0,30.

Vitesse tangentielle pratique pour les engrenages. — Pour les engrenages à denture droite, cylindrique ou conique on peut adopter de 4 à 6 mètres au plus de vitesse tangentielle par seconde, avec des engrenages à chevrons elle peut atteindre 8 à 10 mètres.

2. POULIES ET COURROIES. — *Poulies.* — Les poulies se font en fonte — en fer ou en acier — en bois.

1° *Poulies en fonte.* — Sont généralement faites en deux parties qui sont ensuite réunies par des boulons. Elles sont à bras courbes et à bras droits : celles-ci sont plus légères. On en fait aussi à double brasure et à bras tubulaires. Les poulies en fonte sont toujours utilisées en cas de démarrage brusque.

2° *Poulies en fer ou en acier.* — Sont utilisées pour les transmissions légères, à grande et moyenne vitesse, sans chocs, faisant un travail régulier et continu. Sont plus légères que celles en fonte et coûtent moins cher. Mais l'adhérence de la courroie y est moindre, parce qu'elles sont généralement moins bien calibrées que les poulies en fonte. Les assemblages doivent être très rigides et les bras doivent être attachés à la jante par des rivets en nombre suffisant et de la plus grande section possible.

3° *Poulies en bois.* — Conviennent pour des transmissions légères et tournant à faible vitesse. Coûtent bon marché, mais les grandes poulies en bois se disloquent à la longue. En cas de vitesse exagérée et de frottement elles peuvent prendre feu.

Poulies fixes et poulies folles pour débrayage. — Sont utilisées dans presque tous les métiers de filature et de tissage. On adopte les trois dispositifs suivants :

1° Les deux poulies, fixe et folle, peuvent être de même diamètre et de même largeur de jante; elles sont placées côte à côte et leurs moyeux qui se touchent laissent entre les tranche des jantes un espace libre de 3 à 5 millimètres. Une simple fourchette commandée par un levier amène la courroie de la poulie fixe à la poulie folle et vice-versa.

2° Les deux poulies sont placées côte à côte comme dans le premier cas, mais la poulie folle a un diamètre sensiblement plus petit que la poulie fixe et sa jante plus large se raccorde au diamètre de cette dernière par une partie conique terminée par une autre cylindrique. Ce dispositif permet de détendre la courroie quand la transmission est débrayée ; elle est donc moins fatiguée et les paliers sont moins chargés.

Dans les deux cas qui précèdent la poulie fixe est toujours réceptrice et la poulie folle tourne constamment pendant le débrayage.

3° La poulie folle peut être montée à côté de la poulie motrice et au lieu de tourner sur l'arbre, comme dans les deux cas précédents, elle tourne sur un support fixe formant tourillon, du même genre que ceux employés pour les embrayages à friction. Dans ce cas les bords des jantes des poulies fixes et folles sont tournés en forme de cône extérieur et intérieur. Le mouvement comporte deux mécanismes, le premier sert à rapprocher la poulie folle de celle fixe pour lui faire communiquer par le contact des cônes la rotation nécessaire pour favoriser le glissement de la courroie d'une poulie sur l'autre, le second bien connu et dont on vient de parler se compose de la tringle et de la fourchette de débrayage qui sont employés pour produire le glissement lorsque la poulie folle est en mouvement. Cette troisième disposition est très avantageuse car la courroie ne marche que pendant le temps de l'embrayage.

Les moyeux des poulies folles doivent être garnis d'une bague en bronze phosphoreux.

Montage des poulies et des courroies. — Il y a deux sortes de transmissions par courroies :

1. *Courroies qui se guident d'elles-mêmes.* — Elles comprennent :

1° Transmissions par courroies droites dans lesquelles les deux arbres parallèles tournent dans le même sens.

2° Transmissions par courroies croisées pour les arbres parallèles qui doivent tourner en sens inverse.

3° Les courroies torses ou semi-croisées pour réunir deux arbres perpendiculaires ou faisant un angle quelconque qui n'ont, suivant les positions des poulies qu'un seul sens de rotation. Dans ce dernier dispositif la condition expresse de marche est de disposer les poulies de telle sorte que l'intersection de leurs plans médians passe par les points où la courroie abandonne les deux poulies. La ligne de direction de la courroie tombe alors pour chaque poulie dans son plan moyen, sauf cependant pour le plan moyen ce qui fait qu'il n'y a qu'un sens de rotation. Dans ce dernier cas il faut adopter une distance minima L des axes donnée par la relation $L = 10\sqrt{Dl}$ dans laquelle D est le diamètre de la poulie de commande et l la largeur de la courroie.

2. *Courroies qui nécessitent l'emploi de poulies guide.* — Dans ce cas on emploie des galets-guide. Ce sont des systèmes articulés qui permettent d'orienter les courroies dans la direction voulue. Il faut surtout bien observer la condition de montage indiquée plus haut : il faut que pour chaque poulie-guide le point de déroulement de la courroie soit le point de contact de la ligne d'intersection du plan moyen de cette poulie avec celui de la poulie suivante.

COURROIES. — Se font en cuir, coton, caoutchouc. Quand la question du prix d'achat n'est pas envisagée, la courroie en cuir est considérée comme la meilleure. Les courroies en coton sont employées pour les grandes puissances. La Balata passe pour la plus avantageuse. Les courroies de caoutchouc s'emploient dans les endroits humides.

L'épaisseur des courroies en cuir est de 5 à 6 millimètres. La courroie est dite alors simple ; quand elle comporte deux épaisseurs elle est dite double. Il faut autant que possible adopter des courroies simples et larges surtout lorsque les diamètres des poulies sont de petite dimension, ce qui est généralement le cas en filature ou tissage.

La *jonction des courroies* se fait de plusieurs façons : par les courroies en cuir, on taille en biseau les deux extrémités pour éviter les surépaisseurs et on les relie en les superposant au moyen d'une lanière. On emploie aussi également les agrafes métalliques dites agrafes Lagrelle qui ont l'avantage de pouvoir facilement démonter la courroie.

Les courroies doivent toujours être d'une *largeur* moindre que celle des jantes des poulies : pour les courroies jusqu'à 180 millimètres la jante doit dépasser la courroie de 15 millimètres. Le glissement d'une courroie bien installée ne doit dépasser 2 à 3 $^0/_0$. Lorsqu'une courroie en cuir glisse, on y remédie en l'enduisant légèrement de suif à la partie en contact; tout d'abord le glissement semble augmenter, mais bientôt la courroie se gonfle, se raccourcit et tire davantage. Il ne faut pas employer de résine qui rend le cuir cassant.

Les courroies doivent être lavées de temps en temps avec de l'eau chaude, brossées et graissées avec du suif chaud, puis séchées au momeut où on les remet en service. Une courroie bien entretenue peut marcher 10 ans et plus.

Au sujet de la *vitesse convenable pour les courroies*, les vitesses sont dites faibles lorsqu'elles ne dépassent pas 10 à 12 mètres par seconde. Quant on peut donner 15 à 18 mètres, on est dans des conditions normales de fonctionnement, mais il est préférable d'employer les vitesses comprises entre 22 et 25 mètres par seconde ; avec les poulies en fer on peut aller jusqu'à 30 mètres.

RENSEIGNEMENTS CINÉMATIQUES. — Dans une tranmission par courroie, les nombres de tours des deux poulies sont inversement proportionnels à leur diamètres, ainsi que les vitesses angulaires. Les vitesses linéaires sont égales, au glissement près. Soit D et d le diamètre de deux poulies faisant respectivement n et N tours par minute, si V et V' sont les vitesses angulaires, on a les relations : $\dfrac{D}{d} = \dfrac{N}{n} = \dfrac{V'}{V}$. Les vitesses linéaires seront $VD = V'd$.

Cette formule permet de résoudre tous les cas.

On prend comme coefficient pratique de la résistance à la traction par centimètre carré de section pour le cuir 3o à 4o kilogrammes.

Dans le tableau ci-après on trouvera tous les renseignements pratiques pour l'emploi des courroies.

3. Câbles. — Quand il y a une distance supérieure à 10 mètres entre deux arbres, il y a avantage à employer la transmission par câbles. Il y en a de trois sortes :

1° *Câbles métalliques* rarement employés en filature ou tissage ;

2° *Câbles en chanvre*, employés dans les filatures à étages pour la commande aux différents étages ;

3° *Câbles en cuir* employés depuis peu et qui donnent de très bons résultats.

Les câbles de chanvre sont généralement faits en aloès ou en manille. Ils sont souples et résistants. La jonction se fait au moyen d'une épissure : celle-ci diminue la résistance de $^1/_3$. Le coefficient de travail à la traction, compté d'après l'effort tangentiel correspondant au travail à transmettre, ne doit pas dépasser $0^{kg},08$ par millimètre carré de la section du câble. On emploie rarement des câbles ayant plus de 45 millimètres de diamètre et jamais au-dessus de 5o millimètres.

Les vitesses linéaires qui conviennent le mieux sont celles comprises entre 22 et 3o mètres ; la plus couramment adoptée est celle de 25 mètres par seconde. Le glissement ne doit pas dépasser 1 $^1/_2$ à 2 $^0/_0$.

Renseignements cinématiques. — Les rapports entre le diamètre des poulies, leur nombre de tours et leurs vitesses angulaires sont les mêmes que pour les poulies par courroies.

Le *calcul des câbles en chanvre* est le suivant : le câble travaille généralement à $0^{kg},07$ ou $0^{kg},08$ par millimètre carré de section pleine, en comptant l'effort tangentiel F à la circonférence de contact sur les poulies. On a ainsi en appelant :

T, le travail en chevaux à transmettre ;

Tableau des dimensions des courroies

Largeur de la courroie en millimètres	Épaisseur en millimètres	Poids du mètre courant	Effort pratique transmis en kilogrammes	Nombre de HP transmis pour une vitesse en mètres par seconde de la courroie égale à												
				7 m.	8 m.	10 m.	12 m.	14 m.	16 m.	18 m.	20 m.	22 m.	24 m.	26 m.	28 m.	30 m.
50	5	0,28	25	2,3	2,7	3,3	4	4,7	5,3	6	6,7	7,3	8	8,7	9,3	10
60	5	0,34	30	2,8	3,2	4	4,8	5,6	6,4	7,2	8	8,8	9,6	10,4	11,2	12
70	5	0,38	43	4	4,6	5,7	6,9	8	9,2	10,3	11,5	12,6	13,8	14,9	16	17,2
80	5	0,48	50	4,7	5,3	6;7	8	9,3	10,7	12	13,3	14,7	16	17,3	18,7	20
90	5	0,55	56	5,2	6	7,5	9	10,4	11,9	13,4	14,9	16,4	17,9	19,4	20,9	22,4
100	6	0,62	75	7	8	10	12	14	16	18	20	22	24	26	28	30
110	6	0,68	82	7,6	8,7	10,9	13,1	15,3	17,5	19,7	21,9	24	26,2	28,4	30,6	32,8
120	6	0,75	90	8,4	9,6	12	14,4	16,8	19,2	21,6	24	26,4	28,8	31,2	33,6	36
130	6	0,85	97	9	10,3	12,9	15,5	18,1	20,7	23,3	25,9	28,4	31	33,6	36,2	38,8
140	7	0,92	122	11,4	13	16,3	19,5	22,8	26	29,3	32,5	35,8	39	42,3	45,5	48,8
160	7	1,18	140	13,1	14,9	18,7	22,4	26,1	29,9	33,6	37,3	41,1	44,8	48,5	52	56
180	7	1,30	157	14,6	16,7	20,9	25,1	29,3	33,5	37,7	41,9	46	50 2	54,4	59	63,8
200	7	1,52	175	16,3	18,7	23,3	28	32,7	37,3	42	46,7	51	56	61	65,3	70
250	7	1,65	220	20,5	23,5	29,3	35,2	41,5	46,9	53	59	64	70	76	82	88
300	8	2,38	300	28	32	40	48	56	64	72	80	88	96	104	112	120
400	8	3,10	400	37,3	42,7	53	64	75	85	96	107	117	128	139	149	160
500	8	3,80	500	46,7	53	67	80	93	107	120	133	147	160	173	187	200
600	8	4,55	600	56	64	80	96	112	128	144	160	176	192	208	224	240

F, l'effort tangentiel à la circonférence de contact
        des poulies à gorges ;
D, le diamètre du contact des poulies ;
d, le diamètre des câbles ;
n, le nombre de tours par minute :
m, le nombre de câbles ;
v, leur vitesse linéaire.

En adoptant la charge de $0^{kg},07$ par millimètre carré
on a :

1° Valeur de l'effort tangentiel

$$F = \frac{75T}{v} = 1.432\ \frac{T}{Dn} = 0,055d^3n\ ;$$

2° Nombre de câbles

$$m = 18,1\ \frac{F}{d^2}\ 1.357\ \frac{T}{vd^2}\ ;$$

3° Diamètre des câbles

$$d = 4,26\ \sqrt{\frac{F}{m}} = 37\ \sqrt{\frac{T}{vm}}\ .$$

Électricité

L'emploi de l'électricité se généralisant dans les filatures et tissages pour l'éclairage et la force motrice, on
trouvera ci-dessous des renseignements utiles.

UNITÉS ÉLECTRIQUES. — Ampère : intensité de courant
électrique qui traverse une section d'un conducteur
pendant l'unité de temps.

Volt : force électromotrice qui donne naissance au
courant.

Ohm : unité de résistance électrique dans un circuit
L'intensité d'un courant est proportionnelle à la force
électromotrice et inversement proportionnelle à la
résistance du circuit.

Ampère-heure : quantité d'électricité qui traverse un
circuit pendant 1 heure sous un courant de 1 ampère.

Watt : unité pratique de puissance, c'est la puissance d'un courant de 1 ampère sous une différence de potentiel de 1 volt.

Kilowatt : 1.000 watts.

Hectowatt : 100 watts.

Tableaux de transformation des puissances

Les nombres indiqués dans les tableaux suivants permettent la transformation rapide des unités ; pour la transformation on multiplie la valeur exprimée en unités indiquées sur la ligne par le chiffre indiqué dans la colonne correspondante :

Puissances

	Kilogrammètre par seconde	Cheval	Watt	Kilowatt
Kilogrammètre par seconde	1	0,0133	9,81	0,00981
Cheval	75	1	736	0,736
Watt	0,102	0,00136	1	0,001
Kilowatt	102	1,36	1.000	1

Energie ou travail

	Kilogrammètre	Cheval-heure	Watt-heure	Kilowatt-heure
Cheval-heure	270.000	1	736	0,736
Watt-heure.	367	0,00136	1	0,001
Kilowatt-heure . . .	367.000	1,36	1	1

Générateurs et moteurs

Dans les filatures et tissages, les générateurs d'électricité ou dynamos sont actionnés soit par une machine à vapeur ou moteur à gaz, soit par une chute d'eau. La construction des générateurs et moteurs intéresse les constructeurs ; les industriels, dans la commande des machines électriques, n'ont qu'à remettre aux constructeurs toutes les données pour l'établissement du transport de force motrice en tenant compte des renseignements donnés dans les tableaux ci-dessous :

Distribution à potentiel constant

Tous les appareils sont en dérivation sur les 2 conducteurs de distribution

Circuit pour	Potentiel	Dynamo génératrice enroulée en	Moteur récepteur enroulé en
Eclairage par incandescence	110 ou 120 volts pour système à 2 fils 220 ou 240 volts pour système à 3 fils	Dérivation ou compound	Dérivation
Distribution de force	500 à 600 volts	Dérivation ou compound	Dérivation pour moteur fixe

Distribution à courant constant

Tous les appareils sont en série et traversés par le même courant

Circuit pour	Courant	Dynamo génératrice enroulée en	Moteur récepteur enroulé en
Eclairage à arc Distribution de force	Variable suivant le type de lampe ou la puissance maximum des moteurs	Série avec régulateur de courant	Série avec régulateur de vitesse

Accumulateurs

Appareils susceptibles d'emmagasiner l'énergie électrique. Se font en plomb.

Les *modèles courants* varient en capacité de 10 à 10.000 ampères-heures et en débit de 1 à 3.000 ampères. Les durées normales de décharge ne descendent guère en dessous de 1 à 1,5 heure.

Fonctionnement. — Le liquide doit être composé d'acide sulfurique 66° et d'eau distillée ou de pluie. La densité du liquide doit être de 18° Beaumé, la densité augmente avec la charge jusqu'à 23 ou 24°.

Le voltage d'un accumulateur complètement chargé est de 2,5 volts quand le courant de charge y circule ; à circuit ouvert le voltage tombe à 2,1 volts et conserve une valeur supérieure à 1,9 volt environ pendant les $^2/_3$ de la décharge. Celle-ci est arrêtée quand le voltage atteint 1,8 volt à circuit fermé.

La *charge* se fait généralement à courant constant,

on règle le courant de charge de manière à le maintenir à 0,75 ou 1 ampère par kilogramme de plaques. On arrête la charge quand le voltmètre indique 2,5 volts ou quand des bulles gazeuses se dégagent dans le liquide.

La décharge se fait à raison de 1 à 2 ampères par kilogramme de plaques.

La *capacité utile* peut être prise de 10 ampères-heures par kilogramme de matière active des plaques, c'est-à-dire que si on a 7 plaques on en compte que 6 pour évaluer le poids, puisqu'il n'y a que 12 faces actives.

Le *rendement* est variable : industriellement on compte sur 0,85 à 0,90 pour le **rende**ment en quantité et 0,60 pour le rendement en énergie.

Calcul des accumulateurs et de la dynamo de charge. — Pour le calcul des accumulateurs, on compte comme voltage final à fin de décharge 1,8 volt, de sorte que si on doit débiter, par exemple, 50 ampères pour 110 volts, on doit prendre $\dfrac{110}{1,8} = 82$ éléments. Au début de la décharge, alors que le voltage est d'environ 2 volts par élément, on n'aura besoin que de $\dfrac{110}{2} = 55$ éléments. Les 7 autres éléments s'ajouteront au fur et à mesure que le voltage baissera.

Pour calculer la capacité des accumulateurs, supposons que la décharge doive durer 12 heures avec une intensité de 50 ampères : pendant ce temps, la batterie débitera $50 \times 12 = 600$ ampères-heures ; si on admet une capacité de 10 ampères-heures par kilogramme de plaques, on doit employer un poids total de $\dfrac{600}{10} = 60$ kilogrammes par élément.

Pour le calcul de la dynamo de charge, il faut compter 1 ampère par kilogramme de poids utile pour le courant de charge et de 2,5 volts par élément pour le voltage. Dans le cas de la charge à potentiel constant, il faudra admettre au début un courant égal à 6o °/₀ de la capacité totale en ampères-heures ; ainsi une batterie de 5oo ampères-heures demandera 3oo ampères au début.

Éclairage électrique

1° *Par lampes à incandescence.* — Les lampes les plus employées pour l'éclairage des salles de filature et tissage sont celles de 10, 16 et 20 bougies absorbant en moyenne 3 à 4 watts par bougie : on peut adopter pour une installation à faire 4 watts. Dans ces conditions, la consommation des lampes d'un usage courant est de :

```
Lampe de 32 bougies  . . . . . . .  112 watts
  »       20   »        . . . . . .   90    »
  »       16   »        . . . . . .   56    »
  »       10   »        . . . . . .   35    »
  »        8   »        . . . . . .   28    »
  »        4   »        . . . . . .   14    »
```

La durée de ces lampes atteint :

```
1.000 heures quand elles consomment  4    watts par bougie
  900   »                    »        3,5              »
  350   »                    »        3                »
  130   »                    »        2,5              »
```

Nombre de lampes à employer pour l'éclairage d'un local :

1° On a un éclairage suffisant en employant des lampes de 8 à 20 bougies donnant une intensité totale lumineuse en bougies égale à la moitié de volume du local exprimé en mètres cubes. Cours et couloirs des filatures et tissages.

2° On a un éclairage brillant en prenant 4 à 5 bougies par mètre carré de surface de plancher. Salles de préparation, salles de filature, salles de tissage. Pour les tissages on compte une lampe par métier placée au-dessus de l'étoffe.

Les 16 bougies sont les plus employées en filature et tissage.

2° *Par lampes à arc.* — Pratiquement, ces lampes exigent 50 à 60 volts. Le voltage dépend de l'intensité du courant : pour 8 ampères on compte 45 volts et pour 80 ampères, 55 volts.

Elles réalisent des intensités lumineuses variant de 30 à 500 becs carcels. Les intensités de 100 à 150 carcels sont les plus employées dans les usines. Les intensités des courants nécessaires sont à peu près les suivantes :

```
De  30 à  40 carcels . . . . .    4 ampères
     95 à 100    »  . . . . . .    8    »
    120 à 150    »  . . . . . .   12    »
```

Dans les filatures et tissages, on compte généralement 1 lampe de 100 à 150 carcels par 200 mètres carrés de surface à éclairer. Pour les cours, 1 lampe par 500 mètres carrés.

Comme usure des charbons, il faut compter, par heure, 80 millimètres de crayon de charbon.

Installations électriques en général

Pour tout ce qui concerne les installations électriques, et pour permettre aux industriels de se rendre compte des conditions dans lesquelles leur achat de matériel devra être fait et l'entretien de leurs machines assuré d'une manière économique, il y a lieu pour eux de s'en rapporter aux :

Règlements pour les offres, la fourniture et les essais de machines électriques et transformateurs, rédigés par les Associations françaises de propriétaires d'app. à vapeur ayant un service électrique (Amiens, Lyon, Nancy, Nantes), l'Association des Industriels du Nord de la France (Lille) et l'Association normande pour prévenir les accidents du travail (Rouen). Leur écrire directement pour avoir leurs conditions.

Généralités sur les fibres textiles

Diverses espèces de fibres textiles

On appelle fibres textiles celles qui servent à la fabrication des tissus et, accessoirement, à des industries annexes (corderie, brosserie et sparterie).

Elles se divisent en trois catégories :

I. FIBRES VÉGÉTALES constituées par une substance chimique unique : la fibrose (Frémy), se divisent en :

1° *Fibres extraites des tiges et radicelles :*

Lin (voir p. 146);

Chanvre (voir p. 163);

Jute (p. 169);

Ramie (p. 173);

Sida, ressemble au jute, mais est plus uniforme (Indes anglaises).

Ortie, donne des produits très fins — se rouit — (Europe):

Fibre du mûrier, donne une fibre ressemblant au coton.

Lin du Brésil, ressemble à la ramie (Brésil);

Tourka ou kendyre, sert à la fabrication des filets de pêche (Russie);

Tiges de houblon, fournit une toile d'une solidité supérieure (Europe);

Fibre de bambou, donne un fil ténu ressemblant à la soie;

Sunn, chanvre de madras, chanvre brun — corderie — (Indes);

Pailles, fabrication des chapeaux.

2° *Fibres extraites des feuilles* :

Feuille d'ananas, sert à faire les batistes d'ananas (Cuba) ;

Chanvre pite ou aloès, corderie (Antilles) ;

Hennequen, sorte de chanvre pite ;

Raphia, sert à faire des liens (Congo et Madagascar) ;

Phormium tenax, sert à faire des toiles d'emballage (Pays tropicaux) ;

Alfa et sparte, papier et sparterie (Algérie) ;

Chiendent, brosserie, (Europe).

3° *Fibres extraites des fruits* :

Fibres de la noix de coco, câbles et cordes (Afrique).

4° *Fibres extraites des semences* :

Coton (v. p. 57) ;

Caoutchouc, fibres vulcanisées.

5° *Papier*, bande de papier filé, (voir p. 198).

2. FIBRES ANIMALES. — 1° Poils des animaux ;

Laine (voir p. 109) ;

Lapin angora blanc, crin de cheval, poil de chameau (se file mal et se feutre).

2° Soies, soie du mûrier (voir p. 177) ;

Soie d'araignée, soie marine du pinna.

3. FIBRES MINÉRALES. — Soie artificielle (voir p. 187).

Laine minérale venant de scories des forges en fusion dans l'eau ;

Amiante, incombustible et infusible. Les pierres à amiante sont broyées dans un moulin. Les fibres passent à un batteur puis sont cardées et filées au banc à broches. Le fil est retordu, cablé et tissé (origine : Le Cap, Canada).

Numérotage et titrage des fils

1. Numérotage des fils de coton

Deux sortes : français et anglais. Le numérotage français est basé sur le système métrique, le mètre et le kilogramme étant bases pour la longueur et le poids.

Le N° 1 est de	1 000	mètres et pèse . . .		500 gr.	
Le N° 2	» 2 000	» et pèse . . .		500 gr.	
Le N° 3	» 3 000	» et pèse . . .		500 gr. etc.	

Cette longueur de 1 000 mètres est dénommée écheveau et chaque écheveau contient 10 échevettes de 100 mètres chacune. Les échevettes s'enroulent sur un dévidoir de 1^m,415 : ce dévidoir fait 70 tours pour une échevette. Le nombre d'écheveaux contenu dans 500 grammes indique le numéro du fil.

				Longueur	Poids
Dans les retors 2 bouts,	le N° 1 indique .			1 000 m.	1 000 gr.
» 2 »	le N° 2 indique .			2 000 m.	1 000 gr.
					etc.
» 3 »	le N° 1 indique .			1 000 m.	1 500 gr.
» 3 »	le N° 2 indique .			2 000 m.	1 500 gr.
					etc.

Dans la pratique on se sert d'une romaine qui donne immédiatement le N°.

Dans le numérotage anglais, le numéro indique le nombre d'écheveaux anglais ou hanks de 840 yards (768 mètres) qu'il faut pour peser une livre anglaise de 453 grammes.

Tableau comparatif
des numéros anglais et français

Règle : pour changer le N° anglais en N° francais il faut diviser le N° anglais par 118 :

Numéro anglais	Numéro français	Numéro anglais	Numéro français	Numéro anglais	Numéro français
1	0,85	32	27,10	86	72,84
2	1,69	33	27,95	88	74,54
3	2,54	34	28,80	90	77,23
4	3,39	35	29,65	92	77,92
5	4,23	36	30,49	94	79,62
6	5,08	37	31,34	96	81,31
7	5,93	38	32,19	98	83,00
8	6,78	39	33,03	100	84,70
9	7,62	40	33,88	110	93,17
10	8,47	42	35,57	120	101,64
11	9,32	44	37,27	130	111,11
12	10,16	46	38,96	140	118,58
13	11,08	48	40,56	150	127,05
14	11,86	50	42,35	160	135,32
15	12,70	52	44,04	170	143,99
16	13,55	54	45,74	180	152,46
17	14,40	56	47,43	190	160,93
18	15,25	58	49,13	200	169,40
19	16,09	60	50,82	210	177,87
20	16,94	62	52,51	220	186,34
21	17,79	64	54,21	230	194,81
22	18,63	66	55,90	240	203,28
23	19,48	68	57,60	250	212,75
24	20,33	70	59,30	260	222,82
25	21,27	72	60,99	270	228,69
26	22,02	74	62,68	280	237,16
27	22,87	76	64,37	290	245,63
28	23,72	78	66,07	300	254,10
29	24,36	80	67,76	400	338,80
30	25,41	82	69,45	500	423,50
31	26,26	84	71,15		

Tableau comparatif
des numéros français et anglais

Règle : pour changer un Nº français en Nº anglais il faut multiplier le Nº français par 118.

Numéro français	Numéro anglais	Numéro français	Numéro anglais	Numéro français	Numéro anglais
1	1 $3/16$	32	37 $3/4$	86	101 $1/2$
2	2 $3/8$	33	39	88	104
3	3 $1/2$	34	40 $1/8$	90	106 $1/4$
4	4 $3/4$	35	41 $1/4$	92	108 $1/2$
5	5 $7/8$	36	42 $1/2$	94	111
6	7 $1/16$	37	43 $3/4$	96	113 $1/4$
7	8 $1/4$	38	44 $7/8$	98	115 $3/4$
8	9 $7/16$	39	46	100	118
9	10 $5/8$	40	47 $1/4$	110	130
10	11 $3/4$	42	49 $1/2$	120	141 $3/4$
11	13	44	52	130	153 $1/2$
12	14 $1/8$	46	54 $1/4$	140	165 $1/4$
13	15 $3/8$	48	56 $3/4$	150	177
14	16 $1/2$	50	59	160	189
15	17 $3/4$	52	61 $1/2$	170	200 $3/4$
16	18 $7/8$	54	63 $3/4$	180	212 $1/2$
17	20	56	66	190	224 $1/4$
18	21 $1/4$	58	68 $1/2$	200	236
19	22 $1/2$	60	70 $3/4$	210	248
20	23 $5/8$	62	73 $1/4$	220	259 $3/4$
21	24 $3/4$	64	75 $1/2$	230	271 $1/2$
22	26	66	78	240	283 $1/4$
23	27 $1/8$	68	80 $1/4$	250	295
24	28 $1/4$	70	82 $3/4$	260	307
25	29 $1/2$	72	85	270	348 $3/4$
26	30 $3/4$	74	87 $1/4$	280	330 $1/2$
27	31 $7/8$	76	89 $3/4$	290	342 $1/2$
28	33	78	92	300	354
29	34 $1/4$	80	94 $1/2$	400	472
30	35 $1/2$	82	96 $3/4$	500	590
31	36 $5/8$	84	99 $1/4$		

Tableau des poids des fils de coton

1. *Numérotage français.* — Règle : pour trouver le poids en grammes d'une longueur de fil simple en mètres, il faut multiplier le nombre constant o,5 par le nombre de mètres et diviser par le numéro du fil. S'il s'agit de retors 2, 3, 4 bouts, le nombre constant est double, triple, quadruple, etc.

Tableau du poids d'un écheveau de 1 ooo mètres de fil simple en divers numéros français.

Numéros	Grammes	Numéros	Grammes	Numéros	Grammes
1	500	22	22,727	62	8,065
2	250	24	20,833	64	7,812
3	166,666	26	19,231	66	7,576
4	125	28	17,857	68	7,353
5	100	30	16,666	70	7,113
6	83,333	32	15,625	72	6,944
7	71,429	34	14,706	74	6,757
8	62,500	36	13,889	76	6,529
9	55,555	38	13,158	78	6,410
10	50,000	40	12,500	80	6,250
11	45,454	42	11,905	82	6,098
12	41,667	44	11,364	84	5,952
13	38,461	46	10,869	86	5,814
14	35,715	48	10,417	88	5,682
15	33,333	50	10	90	5,355
16	31,250	52	9,615	92	5,435
17	29,412	54	9,259	94	5,319
18	27,778	56	8,928	96	5,208
19	26,316	58	8,621	98	5,102
20	25	60	8,333	100	5

Tableau des poids des fils de coton

2. *Numérotage anglais.* — Règle : pour trouver le poids en grammes d'une longueur de fil simple en yards (0^m,914), il faut multiplier le nombre constant par le nombre de yards et diviser par le numéro du fil. S'il s'agit de retors 2, 3, 4 bouts le nombre constant est double, triple, quadruple.

Tableau des poids d'un écheveau de 840 yards en fil simple en divers numéros anglais :

Numéros	Grammes	Numéros	Grammes	Numéros	Grammes
1	453,6	22	20,618	62	7,316
2	226,8	24	18,9	64	7,088
3	151,2	26	17,446	66	6,873
4	113,4	28	16,2	68	6,671
5	90,72	30	15,12	70	6,480
6	75,6	32	14,175	72	6,3
7	64,8	34	13,341	74	6,128
8	56,7	36	12,6	76	5,968
9	50,4	38	11,937	78	5,815
10	45,36	40	11,340	80	5,67
11	40,236	42	10,80	82	5,544
12	37,8	44	10,309	84	5,4
13	34,892	46	9,861	86	5,274
14	34,4	48	9,450	88	5,155
15	30,24	50	9,072	90	5,04
16	28,95	52	9,723	92	4,93
17	26,682	54	8,4	94	4,825
18	25,2	56	8,1	96	4,725
19	23,874	58	7,821	98	4,628
20	22,680	60	7,56	100	4,536

2. Numérotage des fils de laine

1. *Numérotage des fils de laine peignée.* — 1° A Roubaix, Tourcoing, Amiens. La base du numérotage est un fil d'une longueur de 714 mètres avec un poids constant de 1 kilog. Chaque écheveau est divisé en 10 échevettes composées chacune de 50 tours d'un dévidoir dont le périmètre est de $1^m,428$ soit $71^m,40$.

Ainsi :

No 1 = fil dont 1 écheveau de 714 mètres pèse 1 kilog.
   2 = fil dont 1 écheveau de 2×714 mètres pèse 1 kilog.
  80 = fil dont 1 écheveau de 80×714 mètres pèse 1 kilog.

2° Titrage officiel et titrage de Reims et du Câteau. La base du numérotage est un fil d'une longueur de 1 000 mètres avec un poids constant de 1 kilog.

Ainsi :

No 1 = 1 écheveau de 1 000 mètres pesant 1 kilog.
   2 = 2 écheveaux de 1 000 mètres pesant 1 kilog.
  60 = 60 écheveaux de 1 000 mètres pesant 1 kilog.

Il est facile de trouver le numéro métrique étant donné le numérotage de Roubaix-Tourcoing. Ainsi du 80 pour 714 mètres indiquera $80 \times 714 = 57.120$ mètres au kilog. : soit du n° 57.

Inversement, étant donné un numéro métrique, pour trouver le numéro correspondant en 714 mètres, il suffit de diviser le numéro donné par 714 et de multiplier le quotient par 10. Ainsi la trame 84 correspond à

$$\frac{84}{714} \times 10 = 120 \text{ pour } 714 \text{ mètres.}$$

3° A Fourmies, la longueur est de 710 mètres et le poids de 1 kilog.

2. *Numérotage des fils de laine cardée.* — 1° A Reims, la base de numérotage est un fil d'une longueur de 1 000 mètres avec un poids constant de 1 kilog. (Périmètre du dévidoir, $1^m,42$; nombre de tours, 70).

Ainsi :

N° 1 = 1 échevette de 1 000 mètres pesant 1 kilog.
30 = 30 échevettes de 1 000 mètres pesant 1 kilog.

L'écheveau se subdivise en 10 échevettes.

2° A Elbeuf la base est une longueur de 3 600 mètres (3 000 aunes) avec un poids constant de 500 grammes. Cette longueur est divisée en 4 quarts ou pérots de 900 mètres et le quart se divise en 10 tors de 90 mètres, soit 90 mètres dans 1/2 kilog.

3° A Sedan, la base est une longueur de 1510^m,08 pour un poids de 500 grammes. Périmètre du dévidoir : 2 mètres.

4° A Vienne (France), la longueur de l'écheveau est de 66 marques pour 1 kilog. Périmètre du dévidoir, 1^m,50 ; tours, 44. Le numéro indique le nombre de marques pour 1 kilog.

3. *Numérotage anglais des fils de laine.* — La base du numérotage est un fil d'une longueur de 560 yards ou 512 mètres avec un poids constant de 1 livre anglaise (453 gr.) Cette longueur de 560 yards porte le nom de Hank et se divise en 7 échevettes composées chacune de 80 yards. Le numéro indiqué donne le nombre de hanks nécessaire pour peser 453 grammes. Le numéro français est égal au numéro anglais × 1.13.

Tableau comparatif des numéros français et anglais

N° F.	N° A.	N° F.	N° A.	N° F.	N° A.	N° F.	N° A.	N° F.	N° A.
2	1,7	22	19,4	42	37,1	62	54,8	82	72,5
4	3,5	24	21,2	43	39	64	56,6	84	74,3
6	5,3	26	23	46	40	66	58,3	86	75,9
8	7	28	24,7	48	42,4	68	60	88	77
10	8,8	30	26,5	50	44,2	70	62	90	79
12	10	32	28,3	52	46	72	63,7	92	81
14	12,3	34	30	54	47,7	74	65,5	94	83
16	13,2	36	31,8	56	49	76	67,2	96	85
18	15,9	38	33,6	58	51,3	78	69	98	86,7
20	17,6	40	35,4	60	53	80	70,4	100	88

Tableau comparatif des numéros anglais et français

N° A.	N° F.	N° A.	N° F.	N° A.	N° F.	N° A.	N° F.	N° A.	N° F.
2 =	2,26	22 =	24,86	42 =	47,46	62 =	70,06	82 =	92,66
4 =	4,52	24 =	27,12	44 =	49,72	64 =	72,32	84 =	94,92
6 =	6,78	26 =	29,38	46 =	53	66 =	74,58	86 =	97,18
8 =	9,04	28 =	31,64	48 =	54,24	68 =	76,84	88 =	99,44
10 =	11,30	30 =	33,90	50 =	56,50	70 =	79,10	90 =	101,70
12 =	13,56	32 =	36,16	52 =	58,76	72 =	81,66	92 =	103,96
14 =	15,82	34 =	38,42	54 =	61,02	74 =	83,64	94 =	106,22
16 =	18,08	36 =	40,62	56 =	63,28	76 =	85,88	96 =	108,48
18 =	20,34	38 =	42,94	58 =	66,54	78 =	88,14	98 =	110,74
20 =	22,60	40 =	45,20	60 =	67,80	80 =	90,40	100 =	113

3. Numérotage des fils de lin.

Se fait au numérotage anglais. Le lin se vend par paquets :

1 paquet comprend 100 écheveaux.
1 écheveau comprend 12 échevettes.
L'échevette est de 300 yards (de $0^m,914$).
L'écheveau est de 3 600 yards.
Le paquet est de 360 000 yards.
Le fil n° 1 est celui dont une échevette pèse 1 lb ang.
Le fil n° 2 est celui dont 2 échevettes pèsent 1 lb ang
Le fil n° 100 est celui dont 100 échevettes pèsent 1 lb ang.

Le numéro du fil représente le nombre d'échevettes de 3oo yards à la lb.

Le yard étant de $0^m,914383$ et la lb de $0^{kg},453526$, il en résulte que le titrage en numéro français est le suivant :

L'échevette a une longueur de $300 \times 0,914 = 274^m,20$
L'écheveau a une longueur de $12 \times 274,20 = 3\,290^m,40$
Le paquet a une longueur de $100 \times 3\,260,40 = 329\,040^m$
L'échevette n° 1 pèse . . . . $0^k,453$
L'écheveau pèse $12 \times 0,453$ . . . . . . $= 5^k,436$
Le paquet pèse $100 \times 3,436$ . . . . . . $= 543^k,60$
(dans la pratique on prend 540 kilos)

Le fil n° 1 pèse donc au paquet. . . . . . 540 kilos
Le fil n° 2   —   —   . . . . . 270 —
— n —   —   . . . . . $\dfrac{540}{n}$ —

A Angers, on emploie le numérotage métrique, soit pour le n° 1 une longueur de 1 000 mètres pour un poids de 1 000 grammes.

4. Titrage des fils de soie.

1° Fils de soie — Grège — Organsin — Trame

	Longueur de l'échevette	Unité de poids	Périmètre du dévidoir	Nombre de tours
1° France :				
a) **Titre ancien** . .	400 aunes ou 476 m.	0ᵍʳ,0531 (1 denier)	variable	variable
b) **Titre nouveau** .	500 m.	0ᵍʳ,0531	1ᵐ,25	400
c) **Titre officiel** . .	500 m.	1 gr.	1, 25	400
a) Nombre de deniers pour 400 aunes.				
b) Nombre de grammes pour 10 000 m.				
c) Nombre de grammes pour 500 m.				
2° Italie :				
Turin titre ancien .	476 m.	0ᵍʳ,0531	1ᵐ,25	400
Milan titre ancien .	474 m.	0, 0511	1, 25	400
Titre nouveau . .	450 m.	0, 0500	1, 25	400
3° Suisse :				
Titre ancien . . .	450 m.	0, 0530		
4° Allemagne :				
Titre ancien . . .	476 m	0, 0530		

2° Bourre de soie — Schappe — Filoselle

	Longueur de l'échevette	Unité de poids	Périmètre du dévidoir
France :			
Paris.	500 m.	453 gr.	1^m,28 à 1^m,43
Calais	768 m.	453 gr.	1^m,28 à 1^m,50
	(hank de 840 yards)		
Lyon.	1 000 m.	1 000 gr.	
Angleterre :			
Comme le coton. .	768 m.	453 gr.	1^m,25

5. Numérotage de la soie artificielle (Chardonnet)

L'unité de numérotage est le denier qui correspond à un poids de :

0gr,0531   pour une longueur de fil de   476 m.

ou

0oz,185   pour une longueur de fil de   550 yards 1/2

Tableau ci-contre :

Les crins et laines artificiels se numérotent en deniers et en yards.

6. Numérotage du jute, du chanvre, de la ramie, du phormium tenax et autres textiles

On emploie généralement le titrage anglais. L'unité de longueur est 1 écheveau de 3oo yards, soit 274 mètres pour un poids de 1 lb (453 gr.).

     N° 1 = 1 écheveau de 274 mètres pesant 453 grammes
     N° 7 = 7 écheveaux de 274 mètres pesant 453 grammes

Le titrage français est le titrage métrique, soit une longueur de 1 000 mètres pour un poids de 1 000 grammes.

Soie artificielle

Numéros du fil en deniers	Longueurs correspondantes en		Numéros correspondants	
	Mètres au kilo	Yards à la livre anglaise	du coton	de la schappe
80.	112,000	55,000	56	112
85.	105,000	52,000	53	105 .
90.	100,000	49,000	50	100
95.	94,500	47,000	47	94,5
100.	90,000	44,000	45	90
105.	85,500	43,000	43	85,5
110.	81,500	40,000	41	81,5
115.	78,000	39,000	39	78
120.	75,000	37,000	37,5	75
125.	72,000	36,000	36	72
130.	69,000	34,000	34,5	69
135.	66,500	33,000	33	66,5
140.	64,000	32,000	32	64
145.	62,000	31,000	31	62
150.	60,000	30,000	30	60
155.	58,000	29,000	29	58
160. , . . .	56,000	28,000	28	56
165.	54,500	27,000	27	54,5
170.	53,000	26,000	26,5	53
175.	51,500	25,500	26	51,5
180.	50,000	25,000	25	50
185.	48,500	24,000	24	48,5
190.	47,000	23,500	23,5	47
195.	46,000	23,000	23	46
200.	45,000	22,000	22,5	45

Tableau universel de numérotage des fils donnant pour le coton, la laine, le lin, la soie, etc., la correspondance des numéros en Poids (Poids constant, longueur variable). Emploi du tableau : le poids pris comme base est celui du coton (5oo gr. pour 1.ooo mètres). Le numéro qui se trouve dans chaque colonne. en face du numéro coton est celui qu'il faut prendre pour avoir le même poids que le numéro coton envisagé : ainsi le numéro 5 en laine peignée est égal au n° 2 du coton ; tous deux sont basés sur 5oo grammes.

Tableau universel de numérotage des fils

Coton fil simple (titrage français) 500 grammes pour 1 000 mètres	Laine peignée (Titrage Roubaix-Tourcoing) Formule : $\dfrac{\frac{N^o\ coton \times 1\,000}{914 \times 500}}{1\,000}$ ou $N^e\ coton \times 2,80$	Lin, Chanvre, Jute, Ramie (Titrage anglais) Formule : $\dfrac{\frac{N^o\ coton \times 1\,000}{274 \times 500}}{453}$ ou $N^e\ coton \times 3,33$	Soie grège, soie artificielle (Titrage en deniers) Formule : $\dfrac{\frac{476\,000 \times 500}{N^o\ coton \times 531}}{1\,000}$	Lin, chanvre, jute laine peignée et cardée (Titrage métrique) Formule : $\dfrac{\frac{N^o\ coton \times 1\,000}{2}}{1\,000}$ ou $\dfrac{N^o\ coton}{2}$
1	2,80	3,33	»	0,5
2	5,60	6,66	»	1
4	11,20	13,32	»	2
6	16,80	20	»	3
8	22,40	26,65	»	4
10	28	33,30	»	5
12	33,50	40	»	6
14	39,20	46,60	»	7
16	44,80	53,28	»	8
18	50,40	60	240	9
20	56	66,66	224	10
22	61,60	73,26	200	11
24	67,20	80	185	12
26	72,80	86	175	13
28	78,40	93,25	160	14
30	84	100	150	15
32	89,60	106,55	140	16
34	95,20	113,22	130	17
36	108	»	124	18
38	106	»	118	19
40	112	»	112	20
42	116	»	106,50	21
44	123	»	101	22
46	»	»	97,50	23
48	»	»	93	24
50	»	»	90	25
52	»	»	86,50	26
54	»	»	83	27
56	»	»	80	28
58	»	»	77	29
60	»	»	75	30
62	»	»	72,50	31
64	»	»	70	32
66	»	»	67,80	33
68	»	»	66	34
70	»	»	64	35
72	»	»	62,50	36

Tableau universel de numérotage des fils

(Suite et fin)

Coton fil simple (Titrage français) 500 grammes pour 1 000 mètres	Laine peignée (Titrage Roubaix-Tourcoing) Formule : $\dfrac{N^o\ coton \times 1\,000}{\dfrac{214 \times 500}{1\,000}}$ ou N^o coton $\times$ 2,80	Lin, Chanvre, Jute, Ramie (Titrage anglais) Formule : $\dfrac{N^o\ coton \times 1\,000}{\dfrac{274 \times 500}{453}}$ ou N^o coton $\times$ 3,33	Soie grège, soie artificielle (Titrage en deniers) Formule : $\dfrac{476\,000 \times 500}{\dfrac{N^o\ coton \times 531}{1\,000}}$	Lin, chanvre, jute, laine peignée et cardée (Titrage métrique) Formule : $\dfrac{N^o\ coton \times 1\,000}{\dfrac{2}{1\,000}}$ ou $\dfrac{N^o\ coton}{2}$
74	»	»	60	37
76	»	»	57	38
78	»	»	56,5	39
80	»	»	56	40
82	»	»	54	41
84	»	»	53	42
86	»	»	52	43
88	»	»	50,50	44
90	»	»	50	45
92	»	»	49	46
94	»	»	48	47
96	»	»	46,8	48
98	»	»	5	49
100	»	»	43	50
110	»	»	»	55
120	»	»	»	60
130	»	»	»	65
140	»	»	»	70
150	»	»	»	75
160	»	»	»	80
170	»	»	»	85
180	»	»	»	90
190	»	»	»	95
200	»	»	»	100
240	»	»	»	120
260				130
280				140
300				150

(Le numéro 1 soie grège équivaudrait théoriquement au numéro 4 480 coton si ce numéro pouvait être filé).

Détermination du numéro moyen résultant de deux numéros de fils de matières différentes et retordus ensemble. — On ramène le numéro de l'un des fils au système de numérotage de l'autre fil et on établit le numéro moyen. Exemple : on a à retordre du 3o/¹ anglais coton avec du 6o/¹ anglais laine peignée, on aura :

$$60/^1 \; l \cdot p \cdot = \frac{60 \times 2}{3} = 40/^1 \text{ coton} ;$$

$$30 \times 40 = 1.200 \text{ écheveaux} ; \quad \frac{1.200}{\dfrac{1.200}{30} + \dfrac{1.200}{40}} = \text{nombre}$$

d'écheveaux à la livre = numéro.

Essais des fils

Les essais faits sur les fils portent sur :

1º Le titrage, c'est la détermination du numéro exact que fait le fil (son poids par rapport à sa longueur) par rapport à celui qu'il doit faire. La tolérance varie de 2 à 5 $^0/_0$ suivant les fils ;

2º Le pesage, c'est la constatation du poids livré ;

3º Le conditionnement ou état hygrométrique convenable. Cet état est déterminé par le conditionnement qui consiste à déterminer la quantité de vapeur d'eau contenue dans un fil afin de le ramener à la condition ordinaire et marchande. Cette condition varie suivant la matière textile. Elle consiste à tolérer une certaine quantité de vapeur d'eau ajoutée après dessiccation à l'absolu, qu'on appelle reprise ;

La reprise est de 11 $^0/_0$ pour la soie
18 $^1/_4$ $^0/_0$ pour la laine peignée
17 $^0/_0$ pour la laine cardée
8 $^1/_2$ $^0/_0$ pour le coton
12 $^0/_0$ pour le lin et pour le chanvre
13 $^3/_4$ $^0/_0$ pour le jute et le phormium
12 $^1/_2$ $^0/_0$ pour les étoupes.

4° Le coefficient de rupture, point où un fil se rompt sous une traction ou sous un poids quelconque ;

5° L'élasticité, ou allongement qu'un fil subit jusqu'à sa rupture ;

6° Analyse chimique et examen microscopique servant à différencier les fibres de nature ou d'origine diverses qui peuvent se trouver dans un fil (laine et coton) ou à déterminer la composition élémentaire d'un fil ;

7° La torsion, ou nombre de tours, sur un décimètre de long, fait par les fibres originelles d'un fil simple, ou par les fils simples dans un fil retors, ou par les fils retors dans un fil cablé. La tolérance varie de 2 à 5 % suivant les fils.

8° La régularité c'est-à-dire que le fil doit être d'une section toujours équivalente. Il ne doit contenir ni places fines ni places grosses. C'est à la force du fil qu'on reconnaît sa régularité ;

9° La propreté, c'est-à-dire que le fil doit être exempt de défauts tels que : boutons, bouchons, vrilles, etc.

Appareils pour titrage et essais des fils

1° *Titrage.* — On se sert de la romaine qui se compose d'un cadran formé par un secteur et d'une aiguille formant levier. A l'extrémité de l'aiguille on accroche une longueur de fil connue (100 ou 1.000 mètres) et l'aiguille se déplace le long du cadran ; lorsqu'elle s'arrête, on lit sur le cadran le numéro que fait le fil ;

2° *Pesage.* — On se sert d'une balance quelconque de précision, en ayant soin de noter le poids brut et le poids net ;

3° *Conditionnement.* — On se sert d'étuves spéciales que possèdent les bureaux de conditionnement.

4° *Force, élasticité, coefficient de rupture.* — On se sert d'appareils dynamométriques (appareil Alcan). L'essai se fait :

1º *Fil à fil (appareil dit sérimètre)*. — L'appareil repose sur le poids que peut supporter un fil isolé d'une longueur connue. On fait 10 épreuves et on prend la moyenne des forces ;

2º *Par échevette*. — L'appareil repose sur le poids que peut supporter une échevette d'une longueur connue (100 mètres) sans se rompre. On fait 10 épreuves et on prend la moyenne des forces.

Dans certains appareils automatiques l'inscription des forces du fil ou des échevettes se fait automatiquement sur une bande de papier (Brevet Moscrop, Construction Cook de Manchester).

L'élasticité est donnée par l'allongement que subit le fil ou l'échevette avant sa rupture, et est indiquée par un index dans les appareils dynamométriques au moyen d'une graduation déterminée en centimètres.

5º *Analyse chimique* ([1]) (voir tableau A). — *Examen microscopique* (voir tableau B).

6º *Torsion*. — On se sert du torsiomètre, appareil dans lequel on prend un fil d'une longueur connue dont on prend une extrémité dans une pince fixe et dont l'autre extrémité est reliée à une manivelle. Le nombre de tours de la manivelle est indiqué sur un cadran et donne la torsion. La torsion est faible, forte ou très forte.

7º *La propreté et la régularité* du fil sont constatées sur un tableau noir qui fait ressortir les défauts.

TABLEAU B. — **Examen microscopique**

Coton. — Les poils sont plats et souvent tortillés en tire-bouchon. De chaque côté des rubans on aperçoit

---

([1]) Un moyen rapide de reconnaître une fibre végétale d'une fibre animale est de la brûler. La première dégage en brûlant une odeur empyreumatique de bois brûlé et fait une cendre grise. La seconde dégage une odeur de corne brûlée et se boursoufle en brûlant.

On traite la fibre par une lessive de potasse ou de soude :

Tout se dissout — Chlorure de zinc :
- dissout tout } solution alcaline { noircit par addition d'un sel de plomb . . . . = Soie.
- dissout en partie ou ne dissout rien } soluble partiellement { partie soluble, ne noircit pas par un sel de plomb . . . = Soie et laine.
- dissout en partie ou ne dissout rien } insoluble { partie insoluble, noircit par un sel de plomb . . . . = Laine.

Rien ne se dissout :
- Eau de chlore et ammoniaque colorent en rouge. Fibre rougit par l'acide nitrique ou le peroxyde de fer . . . . = Phormium.
- Eau de chlore et ammoniaque ne colorent pas. Fibre se colore par une solution alcoolique de fuschine au 1/20 et la coloration résiste au lavage. Iode et acide sulfurique colorent en jaune . . . . = Chanvre.
- Potasse aqueuse colore la fibre en rouge. Iode et acide sulfurique colorent en bleu . . . . = Lin.
- Coloration par fuschine ne résiste pas au lavage. La potasse ne colore pas la fibre en jaune . . . . = Coton.

Une partie se dissout et les fibres s'attaquent :
- Chlorure de zinc dissout une partie. Une partie noircit par un sel de plomb. Potasse dissout partiellement la fibre insoluble dans le chlorure de zinc; celle qui résiste se dissout dans le réactif de Schweitzer . . . . = Laine, soie et coton.
- Sel de plomb ne noircit pas. Acide picrique colore en jaune, l'autre partie reste blanche . . . . = Soie et coton.
- Chlorure de zinc ne dissout rien. Acide nitrique colore une partie, l'autre reste blanche . . . . = Coton et lin.

une bordure brillante en forme de bourrelet. Les pointes sont longues et arrondies. Les coupes présentent des cellules isolées de formes arrondies et allongées repliées sur elles-mêmes vers les extrémités. Enfin la cavité centrale est représentée par une ligne qui suit la forme extérieure de la coupe.

Lin. — Se présente sous forme d'un tube de verre à parois épaisses portant en son milieu un canal capillaire excessivement fin. Si on examine les coupes de lin, on voit que les cellules se présentent sous forme de groupes de section polygonale accolés les uns aux autres suivant leur côté droit. Ces polygones portent en leur centre un point tout petit qui indique la cavité.

Laine. — C'est une fibre organisée se composant d'une membrane épithéliale, d'une substance corticale et d'une troisième partie dite membrane médullaire. La membrane épithéliale est constituée par de minces lamelles imbriquées les unes sur les autres.

Soie. — C'est une fibre lisse et d'aspect vitreux. Sa coupe est celle d'un haricot ; elle est formée de deux filaments réunis avec canal intérieur.

Chanvre. — Sa fibre a la forme d'un tube portant à l'intérieur des stries longitudinales, des cannelures et des sillons ; leur diamètre varie de $0^{mm},013$ à $0^{mm},052$, leur longueur de 5 à 55 millimètres. Très grande adhérence mécanique des faisceaux.

Jute. — Ses fibres forment un faisceau très compact composé d'éléments cellulaires très petits et très pointus et reliés ensemble. Elles ressemblent beaucoup à celles du lin et il est difficile au microscope de les différencier de celles-ci. Prend une couleur fauve à l'air et au soleil.

Ramie. — Est formée d'une cellule très longue de 25 centimètres, constituée soit par plusieurs cellules qui auraient perdu leur cloison soit d'une cellule originelle.

Soie artificielle. — Est constituée par un ruban nettement strié avec rainures profondes dont le fil est creusé ; on y trouve quelquefois des bulles.

Phormium tenax. — Soumis à la chaleur et aux alcalis, puis examiné au microscope, on voit une désagrégation des fibres et une production d'étoupes.

Essais des soies

La condition des soies de Lyon soumet les soies à 5 sortes de preuves :

1° Conditionnement proprement dit ou dosage de l'humidité. Les échantillons prélevés sont pesés puis placés pendant $^3/_4$ d'heure dans les dessicateurs Talabot, Persoz, Rogeat, à la température de 125 à 130° C. et, quand toute l'eau est évaporée, pesés à nouveau. La reprise étant de 11 $^0/_0$ on augmente le poids de ce pourcentage.

2° Pesage, a pour but de constater si le poids indiqué comme livré est exact.

3° Décreusage, l'échantillon prélevé est débarrassé, en le cuisant dans 2 bains de savons successifs, du grè et des matières étrangères introduites dans la soie, et, par une double pesée, avant et après, on détermine la proportion de fibroïne techniquement pure que celle-ci contient.

4° L'analyse chimique révèle celle des matières étrangères que le décreusage n'a pu enlever.

5° Le titrage permet d'apprécier la grosseur et la régularité des fils de soie. 20 longueurs de fil, égales entre elles, sont prélevées et pesées au milligramme. La moyenne est le titre qui est exprimé à la fois en grammes pour une longueur de 500 mètres (titre ordinaire) et en deniers ($0^{gr},0531$) pour une longueur de 400 aunes ou 476 mètres (ancien titre).

On conditionne aussi : les forces du coefficient de rupture au dévidage qu'on détermine en dévidant 5 flottes pendant 2 heures et qu'on exprime par le nombre de tavelles ou de flottes qu'une ouvrière peut conduire simultanément en supposant qu'elle répare 80 ruptures à l'heure.

L'élasticité et la ténacité, mesurées au décimètre.

La torsion mesurée au torsiomètre.

Conditions publiques en France

Villes où fonctionnent des conditionnements. — Amiens, Aubenas, Avignon, Calais, Le Cateau, Caudry, Elbeuf, Fourmies, Lyon, Marseille, Mazamet, Montélimart, Mulhouse, Nîmes, Paris, Privas, Reims, Roubaix (2), Saint-Etienne, Saint-Chamond, Tourcoing, Valence, Vienne (Bureau non officiel), Lille (Fabricants de toile de la région du Nord).

Tous ces bureaux de conditionnement font les opérations suivantes :

Pesage des caisses, des paquets, des échevettes, des tissus.

Conditionnement des matières brutes, des fils et des tissus.

Titrage et numérotage des fils.

Détermination des fils dans un tissu.

Décreusage, dégraissage et détermination des charges.

Tare des balles, des paquets, des caisses, des tubes.

Dévidage des échevettes.

Essais dynamométriques : essais sur les fils, les tissus, (à la traction et à la perforation pour ces derniers).

Analyse des fils (essai qualitatif et quantitatif).

Echantillonage.

Opérations supplémentaires : doublage, marquage, cordage, réencaissage.

Service de laboratoire et Bureau des essais.

PREMIÈRE PARTIE

—

FILATURE

CHAPITRE PREMIER

—

PRINCIPES GÉNÉRAUX DE FILATURE

La Filature a pour but de transformer un filament textile de quelque origine qu'il soit en un fil.

Un Fil est un cylindre d'une longueur indéfinie composée de filaments textiles réunis entre eux par la torsion. Le fil doit être cylindrique et élastique pour pouvoir être tissé.

Les principes généraux de filature sont de deux sortes :

1° Principes généraux sur lesquels repose le traitement de la fibre ;

2° Principes généraux des machines.

Principes généraux du traitement des fibres

1° *Le Battage* s'applique aux fibres floconneuses et spécialement au coton. A pour but de séparer les fibres qui ont été tassées, d'en éliminer les poussières et les matières inertes ;

2° *Le Cardage* a pour but de démêler les brins, de les paralléliser et de les nettoyer. Il repose sur le principe suivant : prenons deux plaques, l'une A fixe est recouverte de fines dents métalliques recourbées et flexibles montées sur toile ou cuir. On y amène la matière textile qu'on fait pénétrer dans les dents au moyen d'une autre plaque mobile B ayant des dents inclinées en sens inverse. On imprime à cette plaque B un mouvement de va et vient dans un sens, de manière à ce que les fibres se parallèlisent dans le sens de ce mouvement et à ce que les matières inutilisées restent dans ce peigne. En imprimant ensuite à la plaque B, un mouvement rétrograde, on force les filaments à sortir de la plaque A et on a ainsi une mèche cardée ;

3° *Le Peignage* a pour but d'éliminer les fibres courtes ou celles présentant des défauts. Repose sur l'action d'un peigne qui s'enfonce dans la fibre, retenue par une de ses extrémités, et qui se meut dans le sens de la fibre ;

4° *L'Etirage* a pour but d'allonger la mèche en faisant glisser les filaments les uns sur les autres, et par conséquent à répartir ceux-ci sur une plus grande longueur. L'étirage se combine avec le

5° *Le Doublage* a pour but de réunir plusieurs mèches ensemble, de manière à répartir les défauts qui pourraient se produire sur l'une d'elles (coupures, grosseurs) ou sur les autres et d'obtenir ainsi la régularité du fil ;

6° *La Torsion* a pour but d'enchevêtrer les filaments et de les disposer en spirale, afin de rendre le fil élastique et résistant.

Principes généraux des machines

Les machines doivent assurer ces six fonctions.

Le Battage est fait dans un batteur au moyen d'un volant ou batte en acier qui vient frapper la fibre avec force pour la séparer de sa voisine et faire tomber les poussières et matières inutilisables.

Le Cardage est fait à la Carde qui se compose d'un grand cylindre métallique recouvert de dents et jouant le rôle de la plaque A visée plus haut, et de petits cylindres garnis de dents également et jouant le rôle de la plaque B.

Le Peignage est fait sur la peigneuse qui doit effectuer cinq opérations, peignage de la tête de la mèche, du centre, de la queue de la mèche, nettoyage du peigne, élimination des fibres courtes ou défectueuses.

L'Étirage et le Doublage se font au moyen d'une série de cylindres entre lesquels passe la mèche. Celle-ci passe généralement entre quatre paires de cylindres animés de vitesses progressives. Le premier ou plus éloigné est dit : délivreur ou étireur. Les cylindres sont placés l'un au-dessus de l'autre : celui inférieur est métallique et présente des cannelures parallèles à leur axe. Celui supérieur (en bois pour le lin, en métal pour le coton et la laine) repose sur l'inférieur par son propre poids ou par une pression.

Dans les étirages, la commande vient toujours du délivreur et se transmet à l'alimentation.

On appelle étirage, le rapport entre la vitesse des cylindres délivreurs et celle des cylindres alimentaires

$$E = \frac{Vd}{Va}.$$

Pour chercher la vitesse de ces deux cylindres, il faut procéder ainsi : La vitesse V*d* du cylindre délivreur, de diamètre D, pour un tour, est πD ; il faut chercher la vitesse V*a* du cylindre **alimentaire pendant** le même temps. Pour un tour du cylindre D et du pignon δ calé sur son axe, la roue δ' de la tête de cheval fait un nombre de tours représenté par $\dfrac{\delta}{\delta'}$. Pour un tour de δ' ou de c (pignon de change solidaire de la tête de cheval)qui en est solidaire, la roue a (calé sur le cylindre alimentaire A) ou le cylindre A fait un nombre de tours représenté par $\dfrac{c}{a}$, et, pour une fraction de tours $\dfrac{\delta}{\delta'}$, le cylindre A fait un nombre de tours $\dfrac{\delta}{\delta'} \times \dfrac{c}{a}$. Sa vitesse est égale à $\pi A \times \dfrac{\delta}{\delta'} \times \dfrac{c}{a}$. L'étirage est égal à

$$\frac{VD}{VA} = \frac{\pi D}{\pi A \times \dfrac{\delta}{\delta'} \times \dfrac{c}{a}} = \frac{D}{A} \times \frac{\delta' a}{\delta c} \text{ c'est-à-dire que l'éti-}$$

rage est égal au rapport des diamètres des deux cylindres multiplié par le produit du nombre des dents des roues commandées, divisé par celui des pignons de commande. Dans cette formule, le pignon de change étant au dénominateur, plus il sera grand, plus l'étirage sera petit et réciproquement, c'est-à dire que les étirages sont inversement proportionnels aux pignons de change $\dfrac{E}{E'} = \dfrac{C'}{c}$.

ÉCARTEMENT ET PRESSION. — L'écartement entre deux paires de cylindres est égal à la distance entre leurs axes, mais dans la pratique, à cause de l'aplatissement dû à la pression, cet écartement est plus faible. Il ne doit jamais être inférieur à la longueur extrême des filaments et doit toujours dépasser celle-ci de quelques millimètres. On doit tenir compte aussi dans le calcul de l'épaisseur de la nappe, de l'étirage et de la pression. Plus la nappe est épaisse, plus l'écartement peut être grand ; plus l'étirage est faible, plus l'écartement peut être grand ; plus la pression est faible, plus l'écartement peut être grand.

Pour exercer la pression sur les cylindres, on emploie plusieurs dispositifs :

1° La pression directe ; le poids du rouleau supérieur fait pression par lui-même, exemple : le rouleau d'appel des cardes. La pression P dans ce cas = poids du rouleau ;

2° La pression par levier du 1er et du 2e genre. La pression s'exerce au moyen d'un contrepoids accroché à la partie inférieure de la selette dont la partie supérieure repose sur le collet du cylindre (Banc d'étirage pour coton, Banc à broches). P = Poids du cylindre supérieur + poids de la selette + poids du contrepoids ;

3° La pression par levier du 3e genre où la pression s'exerce entre le point d'appui et la résistance ou le contrepoids (métier à filer renvideur). Dans ce cas, le produit de la pression P' par son bras de levier l est égal au produit de la résistance ou du contrepoids Q par son bras de levier L. $P'l = QL$ d'où $P' = \dfrac{QL}{l}$. Plus le bras du levier L augmente plus la pression Q' augmente. La pression totale exercée P = poids du cylindre supérieur + poids des selettes $+ \dfrac{QL}{l}$.

La Torsion. — On appelle torsion, le rapport du nombre de tours à la longueur de mèche correspondante. Pour des filaments de même longueur, elle est inversement proportionnelle à la racine carrée des sections fils, c'est-à-dire des numéros des fils $\dfrac{T'}{T} = \dfrac{\sqrt{N}}{\sqrt{N'}}$. Pour des filaments de longueurs différentes, elle est inversement proportionnelle à la longueur des filaments et dépend de l'élasticité des filaments, du plus ou moins de crochets qu'ils ont et de leur faciliter de se marier.

La torsion est donnée : 1° Au moyen de manchons ou de frottoirs (rota-frotteur du lin et des déchets de coton) ; 2° au moyen d'ailettes (banc à broche) ; 3° au moyen de broches (métier à filet renvideur et à retordre renvideur) ; 4° au moyen d'anneaux et de curseur (métier à filer et à retordre au continu à anneaux).

La torsion « droite » est dite de droite à gauche et « reverse » de gauche à droite. Les retors sont tordus en sens inverse. Dans les tissus de soie, de laine et la dentelle mécanique le sens de la torsion a une grande influence sur l'aspect des tissus. (Tissus crêpe). La torsion droite est l'inverse de celle d'un pas de vis.

Retrait dû à la torsion. — Le retrait θ est déterminé par la formule : $\theta = \sqrt{1 + k^2\pi^2\delta^2\mathfrak{C}^2}$ dans lequel k est un coefficient constant pour chaque matière, mais variable suivant les matières, δ est le diamètre du fil et $\mathfrak{C}$ est la torsion ou nombre de tours par unité de longueur. Le retrait dans les B. à B. est en moyenne de 2 à 3 °/$_0$ et dans les métiers à filer ou à retordre de 7 à 10 °/$_0$. Dans les retors, plus la torsion est forte, plus le retrait est élevé.

Différentes sortés de fils au point de vue de leur fabrication en filature

Fil simple. — Formé directement par le métier à filer renvideur ou continu.

Fil retors. — Formé par la réunion de deux ou plusieurs fils simples tordus ensemble. Les torsions sont plus ou moins fortes suivant les emplois : les plus employés sont : torsion chaîne, pour constituer la chaîne dans les tissus, torsion trame pour constituer la trame. Retors, 2 bouts, 3 bouts.

Fil câblé. — Formé par la torsion de plusieurs retors retordus en sens inverse de celle des retors. Câblé six fils, obtenu par la torsion de trois retors deux fils.

Fil jaspé. — Fil retors dans lequel chacun des fils simples qui le compose a une couleur différente ou est constitué par une matière différente : jaspé noir et blanc, jaspé laine et coton.

Fil gazé. — Fil simple ou retors ou câblé dont le duvet a disparu par un grillage au gaz ou électrique.

Ce grillage diminue le poids du fil de 6 à 8 °/₀ et par conséquent diminue le numéro du fil d'autant.

Fil mouliné. — Formé par la réunion de plusieurs fils simples tordus faiblement ensemble. Mouliné cinq bouts, 12 bouts.

Fil chiné. — Fil teint qui présente sur sa surface des teintes différentes et dégradées obtenues par impression superficielle.

Fil ombré. — Fil teint à fond qui prend des teintes décroissantes fondues entre elles.

Fil de chaîne. — Fil présentant une grande résistance due à une torsion forte, servant au tissage pour faire la chaîne.

Fil de trame. — Fil présentant une faible résistance, due à une faible torsion, servant au tissage pour faire la trame.

Fil demi-chaîne. — Fil présentant une résistance moyenne, due à une torsion intermédiaire entre la chaîne et la trame et servant surtout en bonneterie.

Fil cardé. — Fil provenant d'une matière qui a été simplement cardée. Se dit de la laine et du coton.

Fil double cardé. — Fil provenant d'une matière qui a été cardée deux fois. Se dit du coton.

Fil peigné. — Fil provenant d'une matière qui a été cardée et peignée. Se dit du coton ou de la laine.

Fil double peigné. — Fil provenant d'une matière qui a été cardée et peignée deux fois. Se dit du coton longue soie et de la laine.

Fil surfilé. — Fil qui a subi une torsion supérieure à celle que pouvait supporter la matière.

Fil sous-filé. — Fil qui a subi une torsion insuffisante pour celle que pourrait supporter la matière.

Fil double spun. — Fil simple qui a subi une torsion supplémentaire pour lui donner une résistance presque égale à celle du fil retors.

Fil à voiles. — Fil blanc de très bonne qualité servant à coudre les voiles.

Fil de caret. — Fil de chanvre blanc ou goudronné qui prend son nom des carets sur lesquels on l'enroule.

Fil de marque. — Fil de caret de couleur ou blanc (marque de l'État) intercalé dans un filin pour indiquer sa provenance.

Fil plat. — Fil formé de deux ou trois brins à peine tors.

Fil droit ou fil fixe. — Fil qui, fortement tendu dans le tissage des gazes, se trouve toujours en-dessous de la trame.

Fil d'Écosse. — Fil de coton rond, imitant le grain du cordonnet et le brillant de la soie.

Filoselle. — Fil de bourre de soie.

Fil à gants. — Fil très fort, sorte de cordonnet, qui sert à coudre les gants.

Fil de lacs. — Fil très fort à trois brins, servant à arrêter les cordes que la liseuse a retenues.

Fil de pennes. — Fil qui reste attaché aux ensouples des tisserands après qu'ils ont levé la toile.

Fil pers ou à marqueur. — Fil teint avec de l'indigo.

Fil vergé. — Fil ayant diverses couleurs.

Fil de remisse. — Fil très fin à trois brins avec lequel on fait les mailles des lisses, dans lesquelles sont passés les fils de chaîne.

Fil de tour. — Fil de chaîne qui, dans la confection des tissus, exécute un croisement alternatif de droite à gauche et de gauche à droite en passant en dessous du fil droit.

Fil de Turquie. — Poil de chèvre filé. On l'appelle aussi laine de chevron.

Fil à gorre. — Ficelle fortement câblée que les emballeurs d'objets de vannerie emploient pour les emballer.

Fil de plain. — Fil provenant du chanvre le plus fort dans les fabriques de lacets.

CHAPITRE II

—

FILATURE DU COTON

Du coton

C'est le duvet qui recouvre la graine d'une plante annuelle croissant dans les pays chauds.

Lieux de production et classements

États-Unis. — *Uplands* : Orléans, Texas, Mobile, Géorgie, Mississipi, Louisiane, Tenessee.
Les cotons d'Amérique se classent en :
Ordinary;
Srict ordinary;
Fully ordinary;
Barely ordinary;
G. O. : Good ordinary;
      Strict good ordinary;
      Fully good ordinary;
L. M. : Low middling;
      Strict low middling;
Mid. : Middling;
      Strict middling;
G. M. : Good middling;
      Strict good middling;
M. F. : Middling fair;
      Strict middling fair.
Sea Islands. — Floridas, Georgias, Carolinas, Croplots.

Sortes de coton, leur qualité, leur emploi en filature

Sortes	Qualité	Emploi en filature	
Coton d'Amérique . .	Ce sont les sortes les plus nombreuses comme quantité et les plus variées comme qualité. Ce lui d'Orléans est le plus important et sa fibre est très régulière et forte en même temps que douce et flexible.	Orléans, chaîne et trame jusqu'au .	40
		Uplands, trame jusqu'au . . .	35
		Mobile, trame jusqu'au . . .	25
		Texas, chaîne et trame jusqu'au.	40
Sea Islands .	Ses fibres longues, fines, soyeuses et douces sont les plus appréciées. Elles sont très régulières surtout dans la variété américaine Le S I. à fibres courtes se mélange bien avec les bonnes qualités de Jumel.	Sea Islands Croplots et Carolinas chaîne et trame	150
		Au-dessus jusqu'au	300
		Floridas et Georgias, en chaîne et trame de . . . . 100 à	150
Jumel . . .	Sorte très appréciée, en général soyeuse mais forte et dure. Les Jovanovitch et Gallini constituent les meilleurs classements. Les Nubari et Mitafifi sont roux, les Abassi sont blancs, mais rudes.	Jovanovitch et Gallini, chaîne et trame jusqu'au	110
		Nubari, chaîne et trame du 50 au	80
		Abassi » du 50 au	100
East indian.	Très appréciées, fines, longues et soyeuses, mais très variables.	Chaîne et trame du 50 au. . .	100

Sortes	Qualité	Emploi en filature	
Indes . . .	Soie courte et brune, limitée à la fabrication d'articles inférieurs. En général elle est forte mais sale. Les meilleures qualités telles que Hingunghat peuvent être mélangées avec les cotons d'Amérique.	Seconde chaîne jusqu'au . . .	8
		Hingungbat, chaîne et trame jusqu'au	20
		Omra, chaîne et trame, jusqu'au.	10
Pérou . . .	Fibre blanche, dure, assez longue comme fibre, irrégulière.	Chaîne et trame jusqu'au. . .	125
Brésil . . .	Coton variable qui renferme des qualités rudes et douces. Les qualités rudes et fortes ont bonne apparence et sont propres ; elles se mélangent bien avec la laine pour faire des fils à tricoter. Les qualités douces sont souples et flexibles et grâce à leur couleur peuvent être mélangées au coton d'Orléans.	Qualités dures, chaîne jusqu'au.	60
		Qualités douces, chaîne jusqu'au.	60
		Autres variétés, chaîne et trame jusqu'au	50
Tahiti. . .	Fidji, longues et soyeuses mais irrégulières.	Chaîne et trame jusqu'au . . .	80
Algérie . .	Qualités implantées de coton d'Amérique ou de Jumel.		
	Déchets de filature (déchets de peignage Orléans ou Jumel).	Chaîne et trame du 1 au . . .	10
	Déchets de carde (déchets de carde ou de batteur).	Chaîne et trame du 1 au . . .	4

Egypte. — Les sortes sont classées dans le Jumel sous les noms de : Nubari, Mit-afifi, Abassi, Jovanovitch.

Les classements de qualité sont : Mid, Midfair, Fair, Fully good fair, Good, Fine, Extrafine.

East indian. — Les classements sont : Good fair, Fully good fair, Good, Fully good, Fine, Superfine.

Indian. — Les sortes sont : Tinnevelly, Dharivar, Omra, Madras, Bengale.

Pérou. — Les classements sont : Ordinary, Middling, Middling fair, Fair, Good fair, Good, Fine, Extrafine.

Brésil. — Les classements sont : Middling, Middling fair, Fair, Good fair, Good, Fine.

Les sortes sont : Pernambuco, Surinam. Maceo, Pariba, Cera.

Iles Fidji. — *Tahiti, Chine, Afrique* (Algérie, Sierra Leone, Dahomey).

Traitement dans le pays d'origine

Récolte et égrenage. — Le coton, récolté, passe à l'égreneuse qui sépare le duvet de la graine (égreneuse Mac-Carthy).

Mise en balles. — Le coton égrené est amené dans des centres où il est pressé et mis en balles par des presses hydrauliques.

Les égreneuses et les presses étant utilisées seulement dans les pays de production n'offrent ici aucun intérêt.

Traitement en filature

BRISE-BALLES. — Cette machine détache le coton directement des balles. Le coton y est ouvert d'une façon plus efficace et plus régulière qu'à la main. Il s'en fait de 2 types : les brise-balles avec chargeuse, les brise-balles étireurs.

Force employée. . . . . 1 ½ à 2 HP
Poids net . . . . 1 400 à 2.000 kilog.
Encombrement . . . . 2 à 2m,90
Production . . { 1 balle d'Amérique (230 kg.) en 10 minutes
{ 1 balle Jumel ou Indes, de 2 à 5 minutes

MÉLANGE. — Se fait à la main ou en transportant le coton par des tabliers sans fin dans des salles de mélange. Le mélange est fait en vue du numéro à obtenir au filage. Les fibres sont réunies par longueur de soies et sont employées, les plus nerveuses et les plus fines, pour la chaîne, et les moins résistantes et les plus grossières pour la trame.

Le prix de revient total du mélange s'obtient en prenant les prix partiels de revient de chaque qualité employée.

CHARGEUSE ET OUVREUSE. — La chargeuse alimente automatiquement l'ouvreuse et fournit des nappes d'une épaisseur uniforme pour le battage. Ces machines sont construites avec régulateur breveté pour contrôler l'alimentation du coton à la chargeuse.

Force employée . . . . 1 à ½ HP
Poids net . . . . 1.200 à 1.500 kilog.
Encombrement . . . . 2,40 à 1,85
Production (1) . . . . 2.000 kg. en 10 heures

'L'ouvreuse verticale est adoptée dans les filatures où la quantité de coton travaillée et l'emplacement disponible ne demandent pas l'emploi d'une ouvreuse com-

---

(1) Les productions indiquées ci-après sont toujours indiquées par journée de 10 heures de travail.

binée avec batteur. Elle est à 1 ou 2 cylindres verticaux (ouvreuse Crighton).

```
Force employée, ouvreuse simple  .  .  .  .     4 HP
       »              »     double .  .  .  .     8 HP
Poids, ouvreuse simple.  .  .  .  .  .  .  .     2 à 4.000 kg.
    »       »    double.  .  .  .  .  .  .       4 à 6.000 kg.
Encombrement, ouvreuse simple  .  .  .  .       5 × 1,50
       »              »     double .  .  .  .     6,50 × 2
Production .  .  .  .  .  .  .  .  .  .  .  .     4.000 kg. en 10 h.
```

Dans l'ouvreuse combinée avec batteur, l'ouvreuse est généralement pneumatique et elle est précédée d'une petite ouvreuse dite : porc épic. Celle-ci a une largeur d'environ 1 mètre et consiste en un tambour muni de dents en acier durci, un cylindre d'entrée, un cylindre à pédales cannelé, une grille et une chambre à poussière.

Le volant du batteur a 400 m/m de diamètre et est à 2, 3 ou 4 règles.

```
Force employée .  .  .  .  .  .  .  .  .  .  .     9 à 10 HP
Poids .  .  .  .  .  .  .  .  .  .  .  .  .  .     5 à 7.000 kh.
Encombrement.  .  .  .  .  .  .  .  .  .  .  .     6 × 2m.
Production .  .  .  .  .  .  .  .  .  .  .  .  .   2.000 kg. en 10 h.
```

Tableau du poids des nappes

Grammes par mètre	Numéros
300	0,00166
325	0,00154
350	0,00143
375	0,00133
400	0,00125
425	0,00118
450	0,00111
475	0,00105
500	0,00100

Le poids de la nappe peut varier de deux façons : soit en modifiant la quantité de coton livré sur la table d'alimentation de la petite ouvreuse préliminaire, soit en changeant la poulie sur l'arbre transversal qui commande l'enroulement de la nappe.

Mouvement de mesurage. — Pour trouver la roue de rechange nécessaire sur le mouvement de mesurage pour débrayer à toute longueur du rouleau, la formule est :

$$\frac{\text{Circonférence du rouleau à consolider la nappe} \times \text{roue de vis sans fin} \times \text{roue de débrayage}}{\text{Roue de change} \times \text{vis sans fin simple} \times 1.000 \text{ m/m}} = \text{constante.}$$

Ce nombre constant divisé par la longueur désirée du rouleau en mètres donne la roue de change nécessaire. Les limites des roues de change qu'on peut employer sont 24 à 30.

Vitesse de la batte du batteur. — Formule :

$$\frac{\text{Vitesse du renvoi} \times \text{poulie sur le renvoi}}{\text{poulie sur la batte}} = \text{vitesse théorique.}$$

Vitesse du tambour vertical. — Formule :

$$\frac{\text{Vitesse du renvoi} \times \text{poulie sur le renvoi}}{\text{poulie sur le tambour vertical}} = \text{vitesse théorique.}$$

Vitesse du ventilateur aspirant. — Formule :

$$\frac{\text{Vitesse du renvoi} \times \text{poulie sur le renvoi}}{\text{poulie sur le ventilateur}} = \text{vitesse théorique.}$$

Batteur. — Cette machine nettoie la fibre sans l'endommager et produit une nappe régulière ayant les bords plats des 2 côtés. Elle est à simple ou double volant.

Les volants ont 400 m/m et comprennent 2 à 3 battes en acier trempé. Ils sont placés de façon à battre le coton soit en sortant des cylindres alimentaires, soit directement à la sortie des cylindres à pédales.

Le batteur est muni d'un régulateur d'alimentation à cônes et à pédales.

La vitesse du volant doit être de :

1.000 tours par minute pour	Jumel		Avec 2 battes
1.150 » »	Amérique		
1.250 » »	Indes		
850 » »	Jumel		Avec 3 battes
1.000 » »	Amérique		
1.100 » »	Iudes		

Force employée : simple.	4 HP
» double.	8 HP
Poids employé : simple	3.500 kg.
» double	5.090 kg.
Encombrement : simple	5 × 2 m.
» double	6 × 2 m.
Production	1.000 à 1.200 kg.

Tableau du poids des nappes. (Voir celui à la sortie de l'ouvreuse batteuse).

Réglage des volants. — La distance des volants aux pédales ou aux cylindres alimentaires est à :

Pour Indes et Amérique court.	5 à 6 m/m.
Pour Jumel	7 à 10 »
Pour Géorgies et Croplots	10 à 15 »

L'écartement doit être réduit si le coton est chargé.

Réglage de la grille. — Varie suivant la longueur des fibres et leur propreté. La grille doit être excentrée de 8 à 10 m/m par rapport à la circonférence décrite par le volant. Moyenne, 20 à 25 m/m.

Réglage des aspirateurs. — Vitesse du ventilateur : 1.200 à 1.500 tours. L'aspiration doit être bien égale, elle se règle par des coulisses placées de chaque côté.

Réglage des crémaillères. — La pression donnée par les crémaillères doit être uniforme et leurs galets doivent appuyer également sur les axes.

Déchets :

A l'ouvreuse. . . . .   2 à 3 %
Au batteur . . . .   2 à 6 »

Batteur quadrupleur. — Lorsque le coton a passé à un premier batteur, on réunit 4 rouleaux à un batteur quadrupleur pour n'en former qu'un d'épaisseur suffisante pour passer à la carde. Le travail d'épuration est mieux fait. Il est surtout employé pour les cotons sales ou de longue soie.

Organes de commande. — Calculs :

Pour trouver la roue de rechange nécessaire sur le mouvement de mesurage pour débrayer à toute longueur du rouleau, la formule est :

$$\frac{\text{Circonférence du rouleau à consolider la nappe} \times \text{roue de vis sans fin} \times \text{roue de débrayage}}{\text{Roue de change} \times \text{vis sans fin simple} \times 1.000 \text{ m/m}} = \text{constante.}$$

Ce nombre constant divisé par la longueur désirée du rouleau en mètres donne la roue de change nécessaire,

$$\text{Poulie du volant} = \frac{\text{tour de la transmission} \times \text{son tambour} \times \text{tambour du renvoi}}{\text{vitesse du volant} \times \text{diamètre de la poulie de renvoi}}$$

$$\text{Poulie du ventilateur} = \frac{\text{tour du volant} \times \text{poulie du volant pour la commande de ventilateur}}{\text{cour du ventilateur}}$$

Volant cardeur. — A la place du volant à règle d'acier on met quelquefois un volant cardeur à 3 règles recouvertes de plaques garnies de dents en acier trempé. La rapidité du nettoyage est augmentée et la nappe est plus homogène.

Carde

Le *but* de cette machine est de nettoyer le coton, de séparer les fibres et de les paralléliser. Ce travail se fait au moyen de fines pointes d'acier implantées dans une garniture enroulée autour d'un grand tambour qui tourne à une vitesse déterminée et de chapeaux garnis également de pointes d'acier qui font l'office de peigne sur le grand tambour.

La plus employée est 3, 4 ou 5 points de réglage, c'est-à-dire que les chapeaux reposent sur un cintre qui se règle à 3, 4 ou 5 endroits du grand tambour, et à chapeaux tournants ou marchants. Elle a 100 à 110 chapeaux de 35 m/m de large, dont 42 à 44 travaillent constamment. Elle est munie d'un appareil d'aiguisage.

Force	$^3/_4$ à 1 HP
Poids	2.500 kg.
Encombrement.	3 × 1,50
Production { Indes et Amérique.	4 à 500 kg.
Jumel	100 kg.
Georgie et soie	30 à 100 kg.

Table des poids de nappe. — Voir tableau des poids de nappe à l'ouvreuse.

Étirage :

$$\frac{\begin{array}{c}\text{Roue du cylindre enrouleur} \times \text{diamètre des rouleaux comprimeurs} \times \text{roue d'angle de l'arbre latéral} \times \text{roue du peigneur} \times \text{roue du cylindre alimentaire}\end{array}}{\begin{array}{c}\text{Roue de commande du cylindre enrouleur} \times \text{pignon d'alimentation d'étirage} \times \text{roue d'angle commandant l'arbre latéral} \times \text{pignon des rouleaux d'appel} \times \text{diamètre du cylindre enrouleur}\end{array}} = \text{nombre constant.}$$

Ce nombre constant divisé par la roue d'étirage donne l'étirage théorique sans compter le déchet.

Tour du peigneur :

$$\frac{\text{Tour du tambour} \times \dfrac{\text{poulie sur l'arbre du tambour}}{} \times \dfrac{\text{poulie double du briseur}}{} \times \dfrac{\text{roue de la partie de la brouette}}{} \times \dfrac{\text{roue de la brouette}}{}}{\text{Poulie du briseur} \times \text{poulie de la brouette} \times \dfrac{\text{roue intermédiaire de la brouette}}{} \times \dfrac{\text{roue du peigneur}}{}} = \text{nombre constant.}$$

Le produit de ce nombre constant multiplié par le nombre de dents de la roue de la brouette donne le nombre de tours du peigneur par minute.

Réglage :

Distance du cylindre alimentaire au briseur   0 m/m 3
     »   du briseur au grand tambour . .   0 m/m 25
     »   des chapeaux ou du peigneur au grand tambour . . . .   0 m/m 6 à 0 m/m 2

Production : $\mathrm{P} = \dfrac{p}{\mathrm{E}} \times \pi d \, 600 \, n.$

$p =$ poids de la nappe entrante ;
$\mathrm{E} =$ étirage ;
d et $n =$ diamètre et nombre de tours par minute des rouleaux d'appel.

Déchets. — Indes 7 $^0/_0$, Amérique 5 $^0/_0$, Jumel 5 $^0/_0$, Géorgie 4,5 $^0/_0$.

Garnitures. — N° des garnitures employées :

	Tambour	Peigneur	Chapeaux	
1° Cardes à chapeaux marchant				
Indes.	26	28	28	
Amérique . . .	28	30	30	
Jumel	30	32	32	
2° Cardes à hérissons				
			Travailleurs	Nettoyeurs
Gros cotons . .	24-26	26-28	24-26	24-26
Carde fileuse . .	24	26	1-24	26

Double cardage. — S'emploie pour numéros supérieurs à 34 chaîne Am., au-delà le coton est peigné. Pour le double cardage on emploie pour le premier cardage des cardes à hérissons et pour le deuxième des cardes à chapeaux marchant.

Machine à réunir

But. — Réunir les rubans venant des cardes en une nappe destinée soit à la peigneuse soit à l'étirage. S'emploie surtout pour numéros fins. Un casse-mèche y est adapté, de la sorte les nappes sont régulières, la machine s'arrêtant à la rupture d'un ruban. Les rubans subissent un léger étirage ; en sortant des cylindres il passent entre deux rouleaux presseurs qui en font une nappe homogène s'enroulant autour d'un rouleau en bois.

Force employée	$1/_2$ HP
Encombrement	2,50 × 1,50
Poids.	4.000 kg.
Production.	200 à 250 kg.

Étirage avant peignage

But. — Supprimer le premier passage d'étirage et
préparer les nappes pour la peigneuse après qu'elles
sont passées par la machine à réunir. 6 nappes sont
placées en même temps derrière la machine et sortent
en ruban d'épaisseur régulière.

Force employée	1 HP
Encombrement	4,30 × 1,20
Poids.	4.000 kg.
Production	200 à 250 kg.

Peigneuse

But. — Retirer les fibres trop courtes et celles qui
ont des boutons. Ne s'emploie que pour les Jumels
longs et les Géorgies longue soie.

Peigneuse Heilmann. — Le type est la peigneuse
Heilmann à peignes circulaires. Elle a 6 ou 8 têtes et
peut travailler des nappes de 190 m/m jusqu'à 207 m/m
en marchant de 80 à 90 coups de peigne par minute.
Elle peut peigner du coton de 22 m/m jusqu'à 64 m/m.
Dans la peigneuse Duplex, les peignes circulaires ont
2 séries de peigne et 2 segments cannelés : ce qui permet à cette machine de produire 50 % de plus en qualité égale.

Force employée	Simple.	$^5/_8$ à $^3/_4$ HP
	Double.	$^3/_4$ à 1 HP
Poids.		1 500 à 2.000 kg.
Encombrement	Simple.	6 têtes 3,85 × 1
	Double.	8 » 4,70 × 1
Vitesse	Simple.	305 tours 80 coups
	Double	229 » 120 »
Production — Simple	Nombre de coups	80
	Déchets	18 à 20 %
	Quantité, Géorgie	3.000 kg.
	» Jumel et Amérique. .	4.000 kg
Production — Double	Nombre de coups	120
	Déchets	18 à 20 %
	Quantité, Géorgie.	4.500 kg.
	» Jumel et Amérique .	6.000 kg.

Peigneuse Nasmith. — Produit plus que la peigneuse Heilmann. Elle est calculée pour faire de 8 à 25 % de déchets avec une moyenne de 15 %.

Dimensions des nappes :

Largeur . . . .   10 ¹/₂ inch

Poids

Pour Amérique . . . . . .   26 à 32 dwt par yard
   »   Jumel . . . . . .   24 à 27   »
   »   Floride . . . . . .   18 à 22   »
   »   Sea Island . . . . . .   12 à 18   »

Peigneuse Hubner. — Pour cotons courts. Elle est calculée pour faire de 14 à 25 % de déchets. Les déchets de la peigneuse Heilmann se repeignent à la Hubner.

Tours de l'arbre moteur . . . . . .   115 à 120 par minute
Tours de la turbine . . . .   12,4 à 12,9   »
N° entrant : 9 à 10 pour 5 mètres à la Romaine (grand modèle)
   »   15   »   »   (petit modèle)
Alimentation : 7 à 10 m/m suivant la nature du coton.
Production : Jumel, 18 kg. par jour de 10 heures (petit modèle)
             25   »   »   (grand modèle)

Peigneuse Imbs. — Fait 95 à 100 arrachages par minute.

Déchets . . . .   de 10 à 25 %
Production : 22 kg. par jour de 10 h. pour Jumel, Amérique et Indes
             15   »   »   Géorgie et Sea Island.

Banc d'étirage

But. — Étirer la mèche et la doubler. Le banc est muni d'un casse-mèche, d'un mouvement d'arrêt double pour éviter les barbes aux cylindres et arrêter le métier quand le ruban est trop lourd ou trop léger, et d'un mouvement d'arrêt quand les pots sont pleins.

Force employée . .   1 HP pour 12 têtes
Encombrement . .   3 passages, 3 têtes : 5,60 × 1
Poids . . . . . .   3.000 kg. avec les poids pour 3 passages
Production . . . .   35 à 90 kilog. par tête.

Poids des rubans et production en kilogrammes par tête finisseuse

N°' Fr.	Poids de 5 mètres en grammes	Vite·se des cylindres de 35 mm. de diamètre				
		320	350	380	400	Kilogrammes par tête finisseuse en 60 heures
102	24,5	529	580	628	661	
106	23,6	507	555	604	625	
110	22,8	488	534	580	608	
114	21,9	466	512	555	584	
119	21	449	493	536	565	
123	20,3	437	478	519	546	
127	19,6	423	464	502	529	
131	19.1	406	444	483	507	
135	18,5	396	435	471	493	
144	17,4	374	408	444	466	
154	16,4	350	384	418	439	

Poids à employer pour le système de pression directe (Dobson and Barlow)

Désignation	Devant	2	3	4
	kilog.	kilog.	kilog.	kilog.
Indes	9.092	9.980	9.072	9.072
Low ou Middling	8.165	9.072	8.165	8.165
Jumel et Georgie	7.258	8.165	7.258	7.258

Calcul

A, pignon d'étirage ;

B, poulie de commande intérieure ;

C, poulie du cylindre de devant ;

D, roue du cylindre devant ;

E, roue à couronne ;

F, pignon du cylindre de derrière ;

G, pignon du cylindre commandant le 2ᵉ cylindre ;

H, pignon du 2ᵉ cylindre ;

J, pignon du cylindre de derrière commandant le
3e cylindre ;

K, pignon du 3e cylindre ;

Formule. — 1° Étirage entre le cylindre de devant et le cylin-
dre de derrière $= \dfrac{E \times F \times \text{diamètre du cylindre de devant}}{D \times A \times \text{diamètre du cylindre de derrière}}$;

2° Pour trouver le pignon de rechange A (A dans la formule *t*
représente le pignon de rechange ; ainsi, en substituant à A
l'étirage demandé, le résultat donnera le pignon de rechange
demandé pour cet étirage) $=$

$$= \frac{E \times F \times \text{diamètre du cylindre du devant}}{D \times \text{étirage} \times \text{diamètre du cylindre de derrière}};$$

3° Étirage entre les 2 et 4e cylindres $=$

$$= \frac{G \times \text{diamètre du } 2^e \text{ cylindre}}{H \times \text{diamètre du } 4^e \text{ cylindre}};$$

4° Étirage entre les 3 et 4e cylindres :

$$= \frac{J \times \text{diamètre du } 3^e \text{ cylindre}}{K \times \text{diamètre du } 4^e \text{ cylindre}};$$

5° Étirage entre le cylindre du devant et le 2e cylindre $=$

$$= \frac{\text{étirage total}}{\text{étirage entre les } 2^e \text{ et les } 4^e \times \text{étirage entre les } 3^e \text{ et } 4^e};$$

6° Poids de la mèche produite $=$

$$= \frac{\text{nombre de machines} \times \text{poids de la mèche produite par la carde}}{\text{étirage}}$$

Ecartement
entre les cylindres pour différents cotons

Organes	Amérique			Jumel			Géorgie		
	1er passage	2e passage	3e passage	1er passage	2e passage	3e passage	1er passage	2e passage	3e passage
Du 1er au 2e cylindre .	32	31	31	38	37	36	40	39	39
» 2e au 3e . » .	36	35	35	42	41	40	44	43	42
» 3e au 4e » .	41	40	40	46	46	44	48	47	46

Banc à broches

But. — Étirer la mèche, lui donner une torsion et l'enrouler sur une bobine au moyen d'un mouvement différentiel à cônes ou à engrenages.

La mèche subit, suivant les qualités, 1 ou 2 ou 3 ou 4 passages au banc à broches.

Dans le cas des quatre passages, on les appelle : banc en gros, intermédiaire, en fin et surfin.

Banc à broches en gros.

Diamètre des broches. . . .	21 à 22 millimètres
3 rangs de cylindres cannelés à 1 mèche par table	
Distance des broches. . . .	200 à 260 millimètres
Diamètre de la bobine pleine.	140 à 156 »
Force employée	90 broches pour 2 HP
Encombrement.	12,35 $\times$ 1,50
Poids	3.500 kilog. sans poids

Banc à broches intermédiaire.

Diamètre des broches . . .	19 à 21 millimètres
Distance des broches. . . .	140 à 178 »
Diamètre de la bobine pleine .	120 à 127 »
Force employée	130 broches pour 2 HP
Encombrement.	11 $\times$ 0,90
Poids	3 500 kilog. sans poids

Banc à broches fin.

Diamètre des broches . . .	16 à 18 millimètres
Distance des broches. . . .	121 à 140 »
Diamètre de la bobine pleine .	100 à 120 »
Force employée.	160 broches pour 2 HP
Encombrement.	11,50 $\times$ 0,90
Poids	5.000 kilog. sans poids

Banc à broches surfin.

Diamètre des broches. . . .	15 à 18 millimètres
Distance des broches. . . .	89 à 114 »
Diamètre de la bobine pleine .	50 à 80 »
Force employée.	200 broches pour 2 HP
Encombrement.	12 $\times$ 0,90
Poids	5.000 kilog. sans poids

Production par broche en 60 heures
(B. à B. Brooks and Doxey)

(Voir tableaux pages 76 et 77).

Pour les Jumels, augmenter les chiffres de production de 15 $^0/_0$.

Pour les Indes, diminuer les chiffres de production de 8 $^0/_0$.

Calculs des bancs à broches (Dobson and Barlow).

A, pignon d'étirage ;
B, pignon des torsions ;
C, rochet ;
D, pignon de changement de marche ;
E, pignon commandant la grande roue J ;
F, pignon du cône inférieur ;
G, roue de la commande de la bobine ;
H, roue de la commande des broches ;
I, pignon du cylindre de derrière ;
J, grande roue du mouvement différentiel ;
K, roue extérieure des broches ;
L, pignon de commande des broches ;
M, pignon conique des broches ;
N, roue extérieure des bobines ;
O, roue conique motrice du mouvement différentiel ;
P, pignon de commande des bobines ;
Q, pignon conique des bobines ;
R, roue de l'encliquetage ;
S, roue conique du chariot ;
T, pignon conique de l'arbre vertical ;
U, roue conique du changement de marche ;
V, pignon du cône supérieur ;
W, pignon de marche du cône supérieur ;
X, grande roue du cylindre de devant ;
Y, petit pignon du cylindre de devant ;
Z, roue de commande du haut ;

1º Vitesse du cylindre de devant =

$$= \frac{\text{Nombre de tours de M} \times B \times W}{V \times X};$$

2º Vitesse des broches $= \dfrac{\text{Nombre de tours de M} \times H \times L}{K \times M};$

3º Développement du cylindre de devant =

$$= \frac{\text{Tours de B} \times B \times W \times \text{diamètre du 1}^{er} \text{ cylindre} \times \pi}{V \times X};$$

4º Tours par décimètre (Torsion) =

$$= \frac{X \times V \times H \times L}{W \times B \times K \times M \times \text{diamètre du 1}^{er} \text{ cylindre} \times \pi};$$

5º Pignon de torsion B =

$$= \frac{X \times V \times H \times L}{W \times \text{tours par décim.} \times K \times M \times \text{diam. du 1}^{er} \text{ cylind.} \times \pi};$$

6º Étirage total $= \dfrac{\text{diamètre du cylindre de devant} \times I \times Z}{\text{diamètre du cylindre de devant} \times A \times Y};$

7º Pignon de rechange A =

$$= \frac{\text{diamètre du cylindre de devant} \times I \times Z}{\text{diamètre du cylindre de derrière} \times \text{étirage demandé} \times Y}$$

8º Rochet $C = \dfrac{\sqrt{\text{rochet actuel}^2} \times N^o \text{ demandé}}{N^o \text{ actuel}}.$

Écartements entre les cylindres	Indes	Amérique	Jumel	Georgie
B. à B. en gros	29-36	33-36	38-40	38-42
B. à B. intermédiaire . .	28-36	29-38	35-40	36-42
B. à B, en fin	27-36	29-36	33 40	35-41
B. à B. en surfin	»	»	33-38	31-41

Métier à filer

But. — Former un fil par une torsion déterminée et le mettre en bobine.

Sont de deux sortes : renvideurs ou self-acting dans lesquels la torsion et le renvidage sont successifs ; continus ou ringthrostles dans lesquels la torsion et le renvidage sont simultanés.

Production par broche en 60 heures (B. à B. Brooks and Doxey)

1º Banc en gros		*2º Banc intermédiaire*
Course	254 millimètres	254 millimètres
Écartement	4 br. en 444ᵐᵐ	6 broches en 495 millimètres
Diamètre de la bobine pleine . .	150 millimètres	127 millimètres
Poids du coton sur bobine pleine.	737 grammes	595 grammes
Torsion par décimètre.	$\sqrt{N^o}$ F. × 5,13	$\sqrt{N^o}$ Fr. × 5,13
Temps de la levée	6 minutes	8 minutes
Nettoyage	2ʰ 1/2 p. semaine	3 heures
Production :		

Nº F.	$\sqrt{N^o}$	Torsion par décimètre	Vitesse des broches		Nº F.	$\sqrt{N^o}$	Torsion par décimètre	Vitesse des broches	
			600 tours	700 tours				700 tours	800 tours
0,425	0,652	3,345	62 kg.	70 kg.	0,85	0,922	4,73	26 kg	30 kg.
0,51	0,714	3,665	48 »	55 »	0.93	0,964	4,94	23 »	26 »
0,59	0,768	3,94	38 »	44 »	1	1	5,13	20 »	23 »
0,68	0,825	4,23	32 »	37 »	1,10	1,049	5,38	18 »	21 »
0,76	0.872	4,47	27 »	31 »	1,19	1,091	5,59	16 »	19 »
0,85	0,922	4,73	23 »	27 »	1,27	1,127	5,78	15 »	17 »
0,93	0,964	4,94	20 »	23 »	1,35	1,162	5,96	13 »	15 »
1	1	5,13	18 »	21 »	1,44	1,200	6,15	12 »	14 »
1,06	1,03	5,284	17 »	20 »	1,52	1,233	6,32	11 »	13 »
1,10	1,049	5,38	16 »	19 »	1,61	1,289	6,51	10 »	12 »
1,14	1,068	5,48	15 »	18 »	1,69	1,309	6,69	10 »	11 »
»	»	»	»	»	1,91	1,382	7,09	8 »	9 »
»	»	»	»	»	2,12	1,486	7,469	7 »	8 »
»	»	»	»	»	2,33	1,528	7,826	6 »	7 »

3° *Banc en fin*		4° *Banc en surfin*
Course	178 millimètres	178 millimètres
Écartement	8 br. en 520mm	8 broches en 457 millimètres
Diamètre de la bobine pleine . .	95 millimètres	79 millimètres
Poids du coton sur bobine pleine.	285 grammes	227 grammes
Torsion par décimètre.	$\sqrt{N^o}$ Fr. × 513	$\sqrt{N^o}$ Fr. × 4.277
Temps de la levée	12 minutes	12 minutes
Nettoyage	3 h. p. semaine	3 heures
Production :		

Nº F.	$\sqrt{N^o}$	Torsion par décimètre	Vitesse des broches		Nº F.	$\sqrt{N^o}$	Tension par décimètre	Vitesse des broches	
			1.000 tours	1.200 tours				1.100 tours	1.200 tours
1,69	1,300	6,669	12 kg.	14 kg.	6,8	2,61	11,163	2kg,395	2kg,61
1,91	1,382	7,09	10 »	12 »	7,6	2,76	11,804	2,01	2,20
2,12	1,456	7,26	9 »	11 »	8,5	2,92	12,489	1,72	1, 8
2,33	1,526	7,82	8 »	9 »	9,3	3,05	13,045	1,5	1,63
2,54	1,594	8,17	7 »	8 »	10	3,16	13,528	1,3	1,44
2,96	1,720	8,83	5 »	7 »	11	3,31	14,182	1,17	1,27
3,39	1,841	9,44	4,5	5,50	11,8	3,43	14,691	1,05	1,14
3,81	1,952	10,013	4 »	4,9	12,7	3,56	15,243	0,94	1,03
4,23	2,057	10,55	3,5	4,25	13,5	3,67	15,512	0,85	0,94
4,66	2,159	11,07	3 »	3,7	»	»	»	»	»
5,08	2,254	11,56	2,75	3,3	»	»	»	»	»
5,50	2,346	12,03	2,5	2,9	»	»	»	»	»
5,93	2,434	12,48	2,25	2,6	»	»	»	»	»
»	»	»	»	»	»	»	»	»	»

Le travail se fait en trois parties :

1° *Formation du fil.*
- 1° Sortie du chariot . . .
  - rotation des cylindres cannelés.
  - rotation de la broche.
  - sortie du chariot.
- 2° Etirage supplémentaire .
  - arrêt du cylindre cannelé.
  - rotation des broches.
  - sortie ralentie du chariot.
- 3° Torsion supplémentaire .
  - arrêt des cylindres cannelés.
  - rotation accélérée des broches.
  - arrêt du chariot.

spéciaux aux numéros fins

2° *Dépointage.* . .
- arrêts des cylindres cannelés et du chariot.
- rotation des broches en sens inverse.
- mouvement de la baguette et de la contrebaguette.

3° *Renvidage* . . .
- arrêt des cylindres cannelés.
- rotation normale des broches.
- rentrée du chariot.
- Guidage du fil sur la bobine par la baguette et la contrebaguette.

Longueur de l'aiguillée varie de 1^m,40 à 1^m,80.

1. MÉTIER SELF-ACTING. — Les bobines sont placées derrière le métier sur un râtelier ou porte-systèmes. Le coton subit un étirage en passant par des cylindres cannelés, reçoit sa torsion de la broche placée sur un chariot animé d'un mouvement de va et vient parallèle au râtelier, et s'envide sur une bobine placée sur la broche.

Données générales

Force employée : 1 HP pour 120 b. pour les Indes et Amérique
    »   1 HP pour 140 b. pour les Jumels et Géorgie

Encombrement
$$\begin{cases} \text{longueur} = \text{multiplier le nombre de broches} \\ \qquad \text{par l'écartement des broches et ajouter } 1^m,80 \\ \qquad \text{pour la têtière.} \\ \text{largeur} = 2 \text{ mètres à } 2^m,50 \text{ suivant l'aiguillé}_e \end{cases}$$

Tableau   des torsions
    »   des productions $\Big\}$ voir plus loin au
    »   des vitesses   métier continu.

1° Compteur de torsion :
$$\frac{\text{Nombre de centim. de fil par aiguillée} \times \text{torsion par centim.}}{\text{Tours de broches pour un tour de volant}} =$$
= 2 fois compteur de torsion ;

2° Nombre de tours du 1ᵉʳ cylindre par aiguillée =
$$= \frac{\text{Longueur de la mèche partant des cylindres}}{\text{diamètre du 1}^{er}\text{ cylindre} \times \pi},$$

3° Longueur de la mèche sortant des cylindres = aiguillée — étirage du chariot demandé :

4° Roue de marche des cylindres =
$$= \frac{2 \text{ fois le compteur de torsion} \times \text{roue de commande sur l'arbre du volant}}{\text{Nombre de tours du 1}^{er}\text{ cylindre par aiguillée}} ;$$

5° Pignon d'étirage des cylindres =
$$= \frac{\text{Roue de la tête de cheval} \times \text{roue du 3}^{e}\text{ cylindre}}{\text{Roue du 1}^{er}\text{ cylindre} \times \text{étirage demandé}} ;$$

6° Pignon de marche du chariot =
$$= \frac{\text{Roue de la main douce} \times \text{roue de l'étirage du chariot} \times \text{tour de l'arbre de main douce variable suivant l'aiguillée}}{\text{Nombre de tours du 1}^{er}\text{ cylindre par aiguillée} \times \text{roue de commande sur le 1}^{er}\text{ cylindre}} ;$$

7° Roue de l'étirage du chariot =

$$= \frac{\text{Nombre de tours du 1}^{\text{er}}\text{ cylindre par aiguillée} \times \text{roue de commande sur le 1}^{\text{er}}\text{ cylindre} \times \text{pignon de marche du chariot}}{\text{Roue de l'arbre de main douce} \times \text{tour de l'arbre de main douce}};$$

Ecartements des cylindres

Ecartements des cylindres	Indes	Amérique	Jumel	Géorgie
Du 1er au 2e cylindre . .	22-23	26-28	28-30	32-34
Du 2e au 3e » . .	30-34	35-37	36-38	38-40

Tableau des coefficients de torsion par centimètre à multiplier par la racine carrée du numéro

Qualités			Torsion		
			Trame	1/2 chaîne	Chaîne
Indes		»	1,30	1,40	1,85
Amérique	du 8 au	24	1,15	1,25	1,70
	24	40	1,20	1,30	1,75
Jumel	20	40	0,95	1,15	1,60
	40	80	1	1,20	1,70
Géorgie	60	150	0,90	1	1,60

2. MÉTIER CONTINU. — Les bobines sont placées sur un porte système ou ratelier au milieu et sur la longueur du métier qui est généralement à double face. La torsion est donnée par un curseur et un anneau.

Force employée : 1 HP par 100 broches.

Encombrement : $^1/_2$ du nombre de broches $\times$ écartement des broches — 0,85 pour têtière.

Poids : Avec poids de pression avec   344 br. 325 kg. 2 $^1/_4$
   »   »   400   400   2 $^5/_8$

Diamètre des anneaux et écartements convenables pour filer différents numéros

Pour N⁰ˢ

4 à 20 Amér.	écartement 2 $3/4$ pas	diam. de l'anneau 1 $3/4$ pce
20 à 40 »	2 $5/8$	»	1 $5/8$ »
40 et au-dessus »	2 $1/2$	»	1 $1/2$ »

Avec plaques d'antiballonnement :

Pour N⁰ˢ

4 à 20 Amér.	écartement 2 $5/8$ pas	diam. de l'anneau 1 $3/4$ pce
20 à 40 »	2 $1/2$	»	1 $5/8$ »
40 et au dessus »	2 $1/4$	»	1 $1/2$ »
Pour filer la trame	2 $1/4$	»	1 $1/4$ »

Curseurs. — Il n'y a pas de règle pour déterminer le numéro du curseur nécessaire, ce numéro variant suivant la vitesse de la broche, le diamètre de l'anneau, la torsion, le classement des cotons et la disposition d'antiballonnement. Le tableau suivant est à titre d'indication pour les Amériques. Pour les Jumels et Géorgie, prendre 4 ou 5 numéros plus lourds, pour les Indes 5 numéros plus légers.

Nos anglais	Nos français	Diamètre de l'anneau	Tours de broche	Nos du curseur
8	6,8	51	6.000	12
10	8,5	51	6.500	8
12	10	51	6.500	6
14	12	45	7.000	4
16	13,5	45	7.500	2
18	15,25	45	8.000	1
20	17	45	8.500	$1/0$
22	18,6	45	8.500	$2/0$
24	20,3	45	8.500	$3/0$
26	22	41	9.000	$4/0$
28	24	41	9 000	$5/0$
30	25,4	41	9.500	$6/0$
32	27	41	9.500	$7/0$
34	29	38	9.500	$8/0$
36	30,5	38	9.500	$9/0$
38	32	38	9.500	$9/0$
40	34	38	9.500	$10/0$

Production, Torsion, Vitesse

Numéros		Torsion au décimètre (trame)	Renvideur		Continu	
A	F		Vitesse par minute (tours)	Production en gr. par 10 h. et par broche	Vitesse par minute (tours)	Production en gr. par 10 h. et par broche
Qualité Amérique						
16	13,55	64,8	7.690	160	8.500	267
18	15,25	67	8.150	142	8 500	227
20	16,94	70	8 594	123	8.500	195
22	18,63	73,4	9.000	116	8.500	168
24	20,33	75	9.405	106	8.500	149
26	22,02	80	9 783	99	9.500	140
28	23,92	82	10.173	91	9.500	127
30	25,31	84,8	10.272	87	9.500	113
32	27,10	86	10 330	80	9.500	100
34	28,80	89,3	10.396	74	9.500	90
36	30,49	94,7	10.472	69	8.500	82
40	33,88	101,3	10.511	60	9.500	77
Jumel						
40	33,88	92,2	8.923	54	8.500	77
42	35,57	96	8.825	51	8.500	73
44	37,27	97,6	8.730	48	8 500	68
46	38,96	98,8	8.692	45	8.500	63
48	40,56	101,2	8.658	43	8.500	59
50	42,35	102,4	8.628	40	8.500	56
52	44,64	103,6	8.604	38	8.500	54
54	45,74	104,8	8.582	36	8.500	51
56	47,43	106,1	8.564	34	8.500	48
58	49,13	108,2	8.550	32	8.500	45
60	50,82	111	8.500	31	8.500	43
62	52,51	116	9.000	28	Ne se font plus au continu	
64	54,21	118	9.000	23	»	
66	55,90	122	9.000	22	»	
68	57,60	123	9.000	21	»	
70	59,30	125	9.000	20	»	
72	60,99	127	8.500	19	»	
74	62,68	129	8.500	18,5	»	
76	64,37	130	8.500	18	»	
78	66,07	132	8.500	17	»	
80	67,76	134	8.500	16,5	»	
Géorgie						
90	76,23	143	6.500	16	»	
100	81,70	150	6.500	13	»	
110	93,17	157	6.000	11	»	
120	101,64	164	6.000	8,8	»	
130	111,11	175	6.000	7,5	»	
140	118,58	180	5.500	6,8	»	
150	127,05	195	5.500	5,7	»	
160	135,52	200	5.000	4,5	»	
180	152,46	200	5.000	3,9	»	
200	169,40	200	5.000	3,4	»	
220	186,34	220	5.000	2,5	»	
250	212,65	220	4.500	1,8	»	

Calculs :

$$1.\ \text{Pignon d'étirage} = \frac{\substack{\text{Roue} \\ \text{à} \\ \text{couronne}} \times \substack{\text{diam.} \\ \text{du cyl.} \\ \text{de dev.}} \times \substack{\text{roue} \\ \text{sur cyl.} \\ \text{arr.}}}{\substack{\text{Roue} \\ \text{sur} \\ \text{cyl. dev.}} \times \substack{\text{diam.} \\ \text{du cyl.} \\ \text{arr.}} \times \text{étirage}}$$

$$2.\ \text{Torsion} = \frac{\substack{\text{Roue} \\ \text{sur cyl.} \\ \text{de dev}} \times \substack{\text{intermédiaire} \\ \text{de} \\ \text{torsion}} \times \substack{\text{Diam.} \\ \text{du} \\ \text{tambour}}}{\substack{\text{Roue} \\ \text{du} \\ \text{tambour}} \times \substack{\text{pignon} \\ \text{de} \\ \text{torsion}} \times \substack{\text{diam.} \\ \text{de la} \\ \text{noix}} \times \substack{\text{diam.} \\ \text{du} \\ \text{cyl. de dev.}} \times \pi}$$

3. Rochet. — Dépend de la torsion, du tirage du fil, de la vitesse. Une fois le rochet voulu trouvé par tâtonnement, on emploie la règle suivante pour le rochet à mettre en changeant de numéro :

$$\frac{\text{Rochet actuel} \times \sqrt{N^\circ \text{ désiré}}}{\sqrt{N^\circ \text{ produit}}}.$$

Retordage et câblage

Les fils simples peuvent être retordus ou câblés en 2 ou plusieurs bouts sur les renvideurs « self acting » ou sur des continus :

1. Renvideur a retordre. — Il est construit d'après les mêmes principes et les mêmes données que le métier à filer renvideur. Il se fait avec chariot fixe et ratelier mobile et est alors connu sous le nom de « yorkshire twiner », ou avec chariot mobile et ratelier fixe et s'appelle alors « twiner français ».

Le retordage se fait au sec ou au mouillé, dans ce dernier cas le fil passe dans un bac à eau au sortir des bobines du ratelier.

Force employée : 1 HP par 200 br. (yorkshire twiner), 1 HP par 140 br. (Twiner français).

Encombrement : Nombre de br. × l'écartement + 1,60 pour la têtière.

Largeur : 1,60 à 1,80 suivant l'aiguillée.

Production : On fait le calcul en prenant 7 % de plus que la production du renvideur à filer, en considérant que le fil produit par le métier à retordre est double, triple, etc.

Poids : 6 à 7.000 kilog. suivant le nombre de broches.

Calcul : Comme ceux du renvideur à filer.

Torsion : Voir au continu.

2. CONTINU A RETORDRE. — Le continu à retordre se fait à anneaux ou à ailettes.

CONTINU A ANNEAUX. — Se fait au sec ou au mouillé

1. *Au mouillé*. — Se fait en 2 types : système anglais dans lequel les bacs pour l'eau sont placés derrière les cylindres ; système écossais dans lequel les cylindres inférieurs tournent dans le bac à eau. Le premier est le plus employé. Dans le second, les cylindres sont recouverts d'un manchon en cuivre.

Force employée : 1 HP par 60 br. avec anneau de 51 m/m, retord du 20/2 au 50/2 à 7.250 tours.

Encombrement : $\dfrac{\text{Nombre de br.}}{2} \times$ écartement des br. $+$ 0,90 pour la têtière ; largeur : 0,90 à 1 m.

Poids : 1.900 à 2.500 kilog. suivant le nombre de br.

Production : La production varie suivant la torsion. Celle-ci, par pouce, dans les fils retors pour les mêmes numéros, est si variable que les productions suivantes ne devront être prises que comme indication, la levée des bobines étant faite en marche.

Voir tableau (page 86).

2. *Au sec*. — Pour retordre à sec avec anneaux comme pour filer sur bobines forme fuseaux pour fils de lisière et fils de tissage.

Voir tableau (page 87).

Il n'y a pas de règle fixe pour déterminer le numéro du curseur nécessaire parce qu'il varie suivant la vitesse des broches, le diamètre de l'anneau, la torsion, le nombre de bouts et la qualité du coton.

Production (Brooks and Doxey)

| Numéros et bouts | | Vitesse des broches (tours) | Ecartement anneaux course (m/m) | Torsion | | Production par hr. en 60 b. (kilog) | Forme et n° du curseur |
A	F			par pouce	par décimètre		
10/6	8,5/6	4.000	89	6 $^1/_2$	25,39	17,95	9
20/6	17/6		63	9 $^1/_2$	39,4	6,95	10
30/6	25,4/6	4.500		11 $^1/_2$	45,28	3,86	11
30/9	25,4/9		127	9 $^1/_2$	39,4	6,95	10
16/3	13,5/3			11	43,3	4,585	13
20/3	17./3		76	12 $^1/_2$	49,21	3,235	14
20/6	17/6	5 500	57	9	35,43	8,830	11
30/6	25,4/6		127	11	43,3	4,920	12
40/6	34/6			12 $^1/_2$	49,21	3,235	13
20/2	17/2			16	63	2,220	16
30/2	25/2		70	19 $^1/_2$	76,77	1,220	16
40/2	34/2	7 250	51	22	86,61	0,770	18
50/6	42/6		102	14	55,12	2,990	15
60/6	51/6		127	16	63	2,220	16
80/6	68/6			18	70,85	1,500	17
50/2	40/2		63	25	98,82	0,640	18
60/2	51/2	8 000	45	28	110,24	0,470	19
80/2	68/2		102	31	122,05	0,315	20
			127				
100/6	85/6		57	20	78,75	0,395	21
120/6	102/6	8 500	38	22 $^1/_2$	88,58	0,270	22
140/2	119/2		102	41	161,42	0,150	24
160/2	136/2		127	45	177,16	0,120	25

Production (système écossais)

Numéros et bonts		Vitesse des broches (tours)	Ecartement anneaux course (m/m)	Torsion		Pression par hr. en 60 h. (kilog.)	Forme et n° du curseur
A	F			par pouce	par décimètre		
16/2	12,5/2		70	12	47,22	3,040	12
20/2	17/2	6.500	91	13	51,18	2,270	10
30/2	25,4/2		153	16	63	1,220	8
40/2	34/2			18	70,86	0,820	6

Torsion. — Varie suivant la destination ; on peut néanmoins donner quelques indications.

	Numéros		Torsions par décimètre
	A	F	
Tissage	60/2	51/2	$\sqrt{N^o\ Fr.}\ \times\ 21,4$
Lisière de tissage. . . .	30/2	25,4/2	» 19,1
Floche pour bonneterie. .	60/2	51/2	» 16
Prép. fil à coudre. . . .	60/2	51/2	» 21,4
Cablé fil à coudre. . . .	60/6	51/6	» 30
Cablé fil à coudre. . . .	30/3	25,4/3	» 30
Prép. pour filets	30/5	25,4/5	» 21,4
Prép. pour harnais . . .	30/3	25,4/3	» 21,4

Calculs :

$$\text{Torsion} = \frac{\begin{array}{c}\text{Roue} \\ \text{sur le} \\ \text{cyl. inf.}\end{array} \times \begin{array}{c}\text{interm.} \\ \text{sup. de} \\ \text{torsion}\end{array} \times \begin{array}{c}\text{interm.} \\ \text{inf. de} \\ \text{torsion}\end{array} \times \begin{array}{c}\text{diam.} \\ \text{du} \\ \text{tambour}\end{array}}{\begin{array}{c}\text{Roue} \\ \text{sup. de} \\ \text{torsion}\end{array} \times \begin{array}{c}\text{roue} \\ \text{de} \\ \text{torsion}\end{array} \times \begin{array}{c}\text{roue} \\ \text{sur le} \\ \text{tambour}\end{array} \times \begin{array}{c}\text{diam.} \\ \text{de la} \\ \text{noix}\end{array} \times \begin{array}{c}\text{circonf.} \\ \text{du} \\ \text{cylindre}\end{array}}$$

CONTINU A AILETTES est utilisé pour certaines qualités de retors deux bouts n°ˢ fins et de retors quatre bouts ou gros numéros. S'emploie toujours avec le bac à eau derrière les cylindres.

Force employée. 1 HP pour 55 broches
Ecartement . . 89 millimètres
Course . . . 87 »
Vitesse des br. . 3.500 tours

$$\text{Encombrement} = \frac{\text{nombre des broches}}{2} \times \text{l'écartement} +$$

$+ 0,90$ pour têtière — largeur 1 mètre.

Production $= 2.800$ à $3\ 800$ kilog. suivant le nombre des br.

Production à titre d'indication (Brooks and Doxey)

Emploi	Numéros et bouts		Vitesse des broches	Ecartement Course Diamètre de la bobine	Torsion par décimètre	Production par broche en 60 heures
	A	F				kilogrammes
Fil pour tulles et dentelles	100/2	84/2	5.000	57-51-41	137	0,125
	140/2	118/2	»	»	161	0,075
	200/2	170/2	»	»	196	0,045
Pour crêpes	50/2	42/2	4.500	70-47-55	126	0,245
	80/2	67/2	»	»	161	0,120
Pour harnais . . .	30/3	25/3	3 800	76-76-51	63	1,040
	50/3	42/3	»	»	78	0,495
Cablé pour harnais. .	30/9	25/9	3.500	89 89 62	55	3,280
	150/9	126/9	»	»	126	0,285
Pour filets de pêche .	20/5	17/5	3.500	89-89-62	39	3,830
	30/5	25/5	»	»	47	2,130
Cablé pour gros fils à coudre	20/9	17/9	3.200	102-102-70	47	5,250
	30/15	25/15	»	»	43	6,340
Cablé pour cordonnet.	10/21	8,5/21	1.800	152-152-106	21	30,060
	36/16	30,5/16	»	»	47	2,920

Bobinage

Le fil avant retordage est quelquefois assemblé ou doublé au bobinoir. Le fil après retordage est également bobiné, soit pour être gazé, soit pour être livré en bobines. Le bobinoir sert également à mettre en bobines des fils en écheveaux.

1 Bobinoir ordinaire et assembleuse destinés à faire des bobines ou tubes de bois ou de carton. Les bobines sont coniques ou cylindriques. Elles font des bobines pour produire des retors à fils sans vrilles et à tension parfaite.

Force employée : 1 HP par 120 tambours pour bobinoir simple
»   »   70   »   assembleuse

Encombrement : longueur $= \dfrac{\text{nombre de tambours}}{2} \times$ écartement $+ 0^m,90$ pour têtière.

Largeur $= 1^m,50$ à $1^m,80$.

Poids : 1.000 à 4.000 kilogrammes suivant le nombre de tambours.

Production : 1° assembleuse dépend de la vitesse d'enroulement qui varie de 140 à 180 tours par minute suivant le numéro du fil et le nombre de bouts ;

2° Bobinoir simple à 1 fil dépend de la vitesse d'enroulement qui est d'environ 180 tours pour 1 fil simple, de 139 tours pour de gros fils retors et de 100 tours pour de fins fils simples ;

2 Bobinoir à broches verticales avec nettoyeur de fil pour la bobine à plateaux soit droite, soit conique ou tronconique.

Force employée : 1 HP par 240 broches
Encombrement : longueur $=$ écartement des bobines $\times$
$\times \dfrac{\text{nombre de broches}}{4} + 0^m,50$ pour têtière.

Largeur $= 1^m,50$ à $1^m,70$.

Poids : 1 500 à 2.000 kilogrammes de 120 à 400 broches.

Production : Dépend du nombre de broches que peut soigner

l'ouvrière, de la qualité du fil et de la vitesse. On peut prendre en moyenne :

            450 kilogrammes pour N° F. 17/1 par 60 heures
            315   »   »   27/1   »
pour nettoyer les fils retors 2 bouts 195 kilogrammes 51/2 en 60 heures.

3. Bobinoir pour fil à coudre.

Bobinage des fils et des cablés sur des cartons pour la vente. L'enroulement des spires doit se faire d'une façon parfaite et sans éboulement. (Métier de la Winding Manuf. C°).

Force employée : 2 HP par 12 têtes.
Encombrement : 5^m × 0,70 pour 12 têtes.
Poids : 1.000 kilogrammes pour 12 têtes.
Production : Dépend de la largeur et de la course, de la longueur du fil sur la bobine et de l'adresse de l'ouvrier. En faisant des bobines de 2.000 yards (1.828 mètres) on peut produire par broche en 10 heures :

            5 kilogrammes de n° A 60/3   n° F 51/3
            6,125   »   50/3   » 42/3
            7,940   »   40/3   » 34/3

Gazage

But : Enlever le duvet du fil en le faisant passer dans une flamme d'un bec de gaz. Le fil gazé est renvidé sur tubes en bois ou bobines à plateaux. Le fil passe une ou plusieurs fois dans la flamme du gaz (Asalees-Arundel-Dobson). Le gaz est mélangé à l'air (Bec Bunsen). Le gazage sur tubes de bois est plus économique car le bobinage après gazage ou la mise en échevaux est plus rapidement fait.

Force employée : 1 HP pour 80 tambours.

Encombrement : longueur $= \dfrac{\text{nombre de tambours}}{2} \times 0,140 +$
+ 0,80 de tétière.
Largeur : 1^m,20.
Poids : 1.500 kilogrammes pour 40 broches, 4.350 kilogrammes pour 160 broches.

Production

Numéros anglais 2 bouts	Nombre de tours de l'arbre des tambours à la minute	Nombre de passages du fil dans la flamme	Kilogrammes par tambour par 10 heures
			kilogrammes
30/2	100	9 à 10	1,300
40/2	100	»	0,975
50/2	100	»	0,780
80/2	110	»	0,540
100/2	110	7	0,430
120/2	120	7	0,390
150/2	130	7	0,340

Flambage électrique. — A pour but d'utiliser pour la combustion des duvets la chaleur rayonnée par un conducteur électrique incandescent. Le brûleur est constitué par un long tube métallique fendu, de manière a réaliser une sorte de gouttière qui permet l'introduction et la rattache du fil. Ce système ne dégage que peu de chaleur et donne un fil régulièrement gazé. Il est d'un entretien et d'un réglage facile et comprend une aspiration des poussières et des gaz de combustion, répondant aux conditions d'hygiène actuellement imposées (Brevet de la Société anonyme Electro-Textile).

Dévidage

But : La mise en écheveaux des fuseaux ou bobines venant soit du métier à filer ou à retordre, soit du métier à gazer. On emploie :

1 Le dévidoir simple ; *a*) à la main ;

Encombrement suivant nombre d'échevaux :
   Pour 30 échevaux 3,40 × 0,90,
    » 50   »   4,10 × 0,90.
Poids : 10 dévidoirs pèsent 1.500 kilogrammes brut.
Production d'un dévidoir de 40 échevaux : 1.600 échevaux par jour de 10 heures, dépend de l'habileté de l'ouvrière.

b) mécanique ;

Force employée : 1 HP par 16 dévidoirs.
Encombrement suivant nombre d'écheveaux : 3,70 × 0,90 pour 30 écheveaux.
Production d'un dévidoir de 40 écheveaux : 2.480 écheveaux par 10 heures.

2 Dévidoir double à deux côtés ;

Force employée : 1 HP actionne 8 dévidoirs.
Encombrement : 3,60 × 1,20 pour 30 écheveaux.
Poids : 2 dévidoirs = 950 kilogrammes brut.
Production d'un dévidoir de 80 écheveaux : 4.700 écheveaux par 10 heures.

3. Dévidoir double perfectionné pour dévidage des bobines cylindriques ;

Force employée : 1 HP par 8 dévidoirs.
Encombrement : 4 × 1,20.
Poids : 1.100 kilogrammes.
Production d'un dévidoir de 80 écheveaux : 5.310 écheveaux par 10 heures.

Paquetage

But : La presse à paqueter sert à faire des paquets de 5 kilogrammes avec 4 ou 5 ficelles. Elle est actionnée à la main ou mécaniquement.

Force employée.	1 HP par presse.
Encombrement	1,20 × 0,78.
Poids	500 kilogrammes
Production	900 kilog. par jour.

Machine à fabriquer la ficelle à broches

But : Sert à faire les ficelles plates ou en forme de tubes pour renvideur et continu à filer. Elle est généralement à trois têtes de seize branches. Les têtes sont indépendantes les unes des autres. Sitôt qu'un fil casse à une tête, celle-ci s'arrête et les autres continuent.

Le mouvement d'enroulement de la ficelle est automatique.

Force employée.	1 HP par 6 têtes.
Encombrement	1,95 × 0,60 par 6 têtes.
Production	300 yards par tête et par jour.
Poids	400 kilogrammes.

Machine à faire les pelotes

Se fait en différentes grandeurs de une à huit têtes pour faire des pelottes de une once à neuf livres anglaises et marche à la main ou mécaniquement. La dimension de la pelote est donnée par la dimension de l'ailette.

Force employée : 1/4 de HP par tête.
Encombrement : 1,07 × 0,90.
Production : 1.080 lbs par 10 heures ; 150 lbs pour les machines à la main.
Poids : 300 kilogrammes pour métier mécanique, 40 kilogrammes pour métier à la main.

Laminage

But : Sert à aplatir le fil pour le rendre apte à certains emplois, notamment toutes les fois que les fils doivent passer dans des aiguilles : tulles, dentelles, bonneterie. Le fil passe entre des cylindres de bois ou d'acier.

Production.	500 kilogrammes par 10 heures.
Force employée. . . .	1/2 HP.
Encombrement	1 × 0,50.
Poids.	300 kilogrammes.

Certains types font le laminage fil à fil : d'autres le laminage par échevaux.

VISITAGE OU ÉPLUCHAGE. — Ce travail se fait à la main et a pour but d'enlever les impuretés restées dans le fil (grosseurs, vrilles, rattaches, etc.). La production dépend de la propreté du fil et de l'habileté de l'ouvrière.

Divers machines de filature

Dans les machines ordinaires de filature de coton, on comprend aussi :

1° *Effilocheuse* perfectionnée pour les déchets et mèches de préparation. Ces déchets ne peuvent être mélangés au coton brut ordinaire parce qu'ils abîmeraient les garnitures de carde. On les fait passer par l'effilocheuse qui les ouvre de manière à ce qu'ils puissent ensuite passer par la série des machines sans les endommager ou sans nuire à la qualité du fil.

```
Force employée.  . . . . . . . . .     4 HP.
Encombrement . . . . . . . . . . .     3,30 × 1,50.
Poids . . . . . . . . . . . . . .      1.100 kilog.
Production : 80 kilog. par 60 h. pour mèche de banc en fin.
            120      »        »        »       gros.
```

2° *Machine à retirer les fils durs* des barbes avec chargeuse automatique. Cette machine retire mécaniquement les bouts ou fils durs qui sont contenus dans les barbes ou déchets produits sur les nettoyeurs des continus ou des renvideurs. Elle est surtout employée pour les cotons courte-soie. On l'alimente à la main ou mécaniquement. Avec la chargeuse automatique on constate une meilleure régularité d'alimentation, une économie de temps et une augmentation de production.

```
Force employée.  .   3/4 à 1 HP.
Encombrement .  .   2 × 1,60 avec chargeuse automatique.
Poids . . . . .     800 kilogrammes.
Production . . .    480 kilogrammes par 60 heures.
```

Humidification et ventilation

L'humidification a pour but de supprimer les phénomènes électriques dus aux frottements des fibres sur les machines et qui nuisent au travail. En filature de coton, la teneur d'humidité varie suivant que l'on traite des trames un peu floches pour lesquelles 55 à 6o °/₀ suffisent, ou des chaînes fortement tordues qui néces- sitent 65 à 7o °/₀. A l'humidité se joint la question de la température, et il faut établir une table entre ces deux éléments. La température nécessaire pour obtenir un bon travail est de 25 à 28° avec une humidité moyenne de 5o à 6o °/₀; pour les Sea Islands, la tempé- rature doit atteindre 3o° au moins (voir tableau A).

Les appareils d'humidification sont de quatre sys- tèmes :

1. Emploi de la vapeur vive projetée directement dans les salles à humidifier. Procédé mauvais car il surchauffe l'air, rend la fibre plus électrisable et peut occasionner de la rouille sur les machines ;

2. Emploi de pulvérisateurs d'eau placés sur le par- cours de l'air de ventilation ou dans les salles à humi- difier.

Ces appareils, des types Mertz, Kœrting, Wiste et Daw, pulvérisent en moyenne 10 litres d'eau à l'heure. Si l'on désire obtenir une humidité A °/₀ et une tempé- rature de B° dans une salle, on considère l'humidité extérieure C °/₀ et la température extérieure D°. On prend les poids en grammes de vapeur d'eau contenu dans un mètre cube d'air saturé à B°. Un mètre cube d'air saturé à A °/₀ oontiendra :

$$\frac{M \times A \, °/_0}{100} = X \text{ gr. à } D° \text{ et } C \, °/_0 \quad \frac{N \times C \, °/_0}{100} = V \text{ gr.}$$

La différence d'eau à introduire est $X - V$ par m³ et par heure. Le nombre de pulvérisateurs à placer sera

$$= \frac{\text{Nombre de m}^3 \text{ à humidifier} \times (X - Y)}{10.000}.$$

3. Humidification préalable de l'air de ventilation au travers d'une pluie d'eau artificielle ou d'un tissu préa- lablement humecté. Systèmes Kestner, Lambert, Mehl, Schmidt et Kœchlin, Hauze et Morsfeld. L'appareil

A. — Tableau donnant la température et l'humidité dans les différentes salles de filature de coton.

Désignation		Carderie	Étirages et B. à B.	Peignage	Filage			
					Continu		Renvideur	
					Trame	Chaîne	Trame	Chaîne
Indes, nos .	4 à 20	22°50 °/0	22°55 °/0	»	22°65 °/0	22°70 °/0	22°55 °/0	22°60 °/0
Amérique .	12 à 40	»	»	»	24° »	24° »	24° »	24°55 °/0
Jumel . .	40 à 80	24°50 °/0	24°55 °/0	24°75 °/0	»	24° »	24° »	24° »
Georgie . .	80 à 110	25°55 »	25°60 »	25° »	»	»	27° »	27° »
Extrafin . .	110 à 200	25°55 »	25°60 »	25° »	»	»	30° »	30° »

Kestner, dénommé éjecto-atomiseur et garni d'un cylindre en tôle dans l'âme duquel sont placés des éjecteurs, est très employé ;

4. Substitution à l'humidification du courant à haute fréquence (Système Paillet, Ducretet et Roger) en neutralisant, par le courant à haute fréquence, l'électricité formée par les métiers.

Conditions à remplir pour une bonne humidification. — *a*) Déterminer l'humidité et la température convenables ;

b) Avoir un système qui assure dans toutes les parties de la salle, l'humidité et la température voulues ;

c) Assurer le renouvellement de l'air ;

d) Le système de ventilation doit permettre l'abaissement de la température par les fortes chaleurs en été s'il y a lieu.

Filage des déchets de coton

Se filent généralement à la carde fileuse.

Mélanges types. — 1° 3/4 débourrages des chapeaux et des tambours ;

1/4 duvets de cardes, briseurs et autres ;

2° 1/2 coton des Indes 1/2 débourrages, chapeaux Louisianne ;

3° 1/2 déchets de peigneuses (1ʳᵉ ou 2ᵉ) 1/2 middling ;

4° 1/2 déchets de peigneuses (3ᵉ peigneuse) 1/2 good middling ;

Fabrication. — 1° Batteur, 3 passages à 5 volants :

2° Cardage : un cardage préliminaire sur carde ordinaire ;

3° Cardage à la fileuse du type « hérisson » briseur, tambour 1ᵐ,20, 6 travailleurs et balayeurs, 1 volant de 300 millimètres, 1 ou 2 peigneurs.

Production au 1ᵉʳ cardage : 60 à 70 kilogrammes.
    »   2ᵉ   »   65 à 70   »   et quand 2 peigneurs, 80 à 85 kilogrammes.

Nᵒˢ au sortir de la carde 4 1/2 et 5 1/2 (pour faire 4 et 5 au filage)
    »   7 et 7 1/2 (»   8 et 9 »)

4° Filage sur renvideurs sans étirage (métier de 5oo br. à 45 millimètres d'écartement) ;

Production en n° 5 cannettes : 270 à 280 grammes par br. et par jour 10 heures.

Production en n° 8 cannettes : 140 à 145 grammes par br. et par jour 10 heures.

Pour les gros numéros, le filage est supprimé et la mèche au sortir de la carde passe directement à une canneteuse qui donne la torsion nécessaire au tissage.

Eléments d'un prix de revient de fil de coton

Le prix de revient d'un fil de coton varie suivant la qualité et le prix de la matière première, la production des machines de filature (renvideur ou continu), la torsion donnée au fil (chaîne ou trame), les frais généraux de l'usine et beaucoup d'autres facteurs. A titre d'exemple, prenons une filature de 4o.ooo broches filant de la chaîne 27/29 et de la trame 36/38.

1° *Main d'œuvre :*

Préparation : 70 ouvriers.
Filage : 90 ouvriers.
Finissage et expéditions : 8 ouvriers.
Ouvriers divers : 14 ouvriers.
formant un salaire total annuel de : A.

2° *Frais généraux comprenant :*

Contribution et assurance. Personnel de la direction. Employés et frais de bureau Charbon consommé (environ 8 000 kilos par jour de 10 heures). Huile de graissage. Frais d'éclairage. Cordes à broches, courroies, tubes de carton pour broches. Caisses et frais d'emballage. Port, commissions, frais de dépôt, etc , formant un total annuel de : B.

3° *Intérêt et Amortissement :*

1° Intérêt de 5 °/₀ sur le capital engagé dans l'usine (qui servira de base au prix de revient de la broche).

2° Intérêt à 5 °/₀ sur le fond de roulement.

3° Amortissement : 15 à 20 °/₀ sur le matériel ; 5 à 10 °/₀ sur les immeubles et le terrain, le tout formant un total annuel : C.

Le rapport $\dfrac{A + B + C}{30.000} = E$ qui donne l'ensemble des frais à la broche par an.

Production : Pour la chaîne 27/29 la production est de 15 kilogs par broche et par an (journée de 10 heures). Les frais de fabrication seront donc au kilog : $\dfrac{E}{15}$.

Pour la trame 36/38, la production est de 12ᵏᵍ,5 par an et par broche (journée de 10 heures). Les frais de fabrication seront donc au kilog : $\dfrac{E}{12,5}$.

Il n'y a qu'à ajouter à ces prix le coût du coton suivant le cours et tenir compte du déchet fait en fabrication.

Conditions de vente et écart des filés

Conditions générales : 3o jours 2 °/₀, à Lyon, 6o jours.

Tare des tubes : 2 °/₀ et 4 °/₀ pour tubes traversants en cannettes.

Écart de prix : 1° *Amérique. Chaîne continu.*

Base

28	26	24	22	20	18
12 cent. en plus que le 20	9 cent. en plus que le 20	6 cent. en plus que le 20	3 cent. en plus que le 20		3 cent. en moins que le 20

16	15	14	12	10
6 cent. en moins que le 20	15	1 ¹/₂ cent. en moins que le 15	3 ¹/₂ cent. en moins que le 25	5 ¹/₂ cent. en moins que le 15

Trame Amérique

40/42	36/38	34	32
Base	Base	6 cent. de moins que le 36/38	10 cent. de moins que le 36/38
30	28	26	24
14 cent. de moins que le 36/38	3 cent. de plus que le 26	Base	3 cent. de moins que le 26
22	20	18	16
3 cent. de plus que le 20	Base	3 cent de moins que le 20	6 cent. de moins que le 20
15	14	12	10
Base	1 1/2 cent. de moins que le 15	3 1/2 cent. de moins que le 15	5 1/2 cent. de moins que le 15

2° *Jumels* — Pour les jumels cardés, la base pour la chaîne est le n° 40 et pour la trame le n° 50 et un écart de 0 fr. 10 est adopté entre ces deux numéros.

Pour les jumels peignés, les écarts sont de 0 fr. 25, du 10 au 30 ; 0 fr. 40, du 30 au 40 ; 0,50, du 45 au 50 ; 0 fr. 60, du 50 au 60 ; 0 fr. 70 du 60 au 70 ; 0 fr. 80, du 70 au 80.

Devis pour filature et tissage de coton

pour produire 275 000 mètres de tissu par semaine de 60 heures
Chaîne et trame N° 17 Fr.

DÉTAIL DES MACHINES

ouvreuse de graines.
égréneuses doubles. Tablier de mélange.
3 petites ouvreuses porc-épic.

6.

Filature de coton

pour produire 3.750 kilog. de fil peigné N° 42 en 1 semaine de 60 heures

Machines totales nécessaires en comptant largement avec les arrêts	Poids total des fils et mèches nécessaires	Numéros des mèches aux machines	Production calculée pour 60 H par machine	Vitesse P. peigneur B, broche
	kilog.		kilog.	tours
1 chargeuse automatique.				
1 ouvreuse verticale pneumatique avec batteur simple porc-épic.				
2 batteurs simples (1 intermédiaire et 1 finisseur).	4.800	0,00145	5.790 p batteur	
30 cardes de 940 m/m	4.684	0,152	169 par carde	P. 8
4 réunisseuses de mèches, 16 bouts nappes de 190 m/m	4.637	0,152	1.207 par mach.	
4 réunisseurs de rubans nappes 215 m/m . . .	4.591	0,152	1 207 »	
24 peigneuses 8 têtes	3.936	0,17	193 par peigne	
3 étirages de 3 pass. de 7 têtes (21 têtes finisseuses).	3.897	0,17	193 p tête fin.	
2 b. à br. en gros 86 br.	3.853	0,85	22,6 par br.	Br. 650
6 b. à br. interméd. 126 br	3.817	2,54	6,63 »	Br. 700
16 b. à br. en fin 182 br., écartement 457 m/m, course 127 m/m, diamètre bob. pleine, 82 m/m.	3.779	8,5	1.725 »	Br. 1.100
28 continus à anneaux à filer de 360 br , écartement 63 m/m, anneau 38 p , courses 127 m/m.	3.750	42	0.372 »	Br. 9.500

Il y a lieu d'ajouter 1 atelier de mécanique avec raboteuse, perçeuse, etc. et 1 forge.

3 ouvreuses et batteuses combinées.
1 machine à retirer les fils dans les barbes.
10 batteurs simples : 5 interm. et 5 finisseurs.
84 cardes de 940 m/m sur la denture.
9 étirages de 3 pass. de 8 têtes (72 têtes finisseuses).
9 b. à br. en gros de 94 br., écart. 444 m/m. course 254 m/m
18   »   interm.   126   »   660   »   254   »
32   »   en fin   160   »   520   »   178   »

52 continus à anneau à filer 320 br., écart. 70 m/m ⎫ ⎧ 127
48   »   352   »   63   » ⎬ anneau ⎨ 45
2   »   352   »   70   » ⎭ ⎩ 127
                                                               38

Dévidage et empaquetage

6 dévidoirs doubles de 40 échev , écartement 89 m/m.
1 presse à paqueter.

Tissage

200 métiers à tisser, largeur du peigne 813 m/m.
100   »   »   915   »
     avec broches mobiles pour 4 navettes.
6 cannetières de 336 br.
12 ourdissoires de 9/8 br.
4 encolleuses ratelier pour 6 ensouples.
1 machine à mélanger l'apprêt.
4 machines à plier.
1 presse hydraulique pour tissus.
1 machine à marquer les tissus.

BLANCHIMENT, TEINTURE ET APPRÊTS

Blanchiment

1 bac à blanchir.
1 cuve en fer forgé pour les mélanges.
1 machine à rouleaux pour laver, savonner et bleuir.

Teinture

2 cuves en bois.
2 bâches en fonte pour teindre à l'indigo
1 moulin circulaire pour l'indigo.
1 machine à tordre.
1 essoreuse de 312 m/m.

Apprêt

2 machines à coudre.
1 calandre à empeser.
1 machine à sécher horizontale.
1 machine à humecter.
1 rame à humecter.
1 rame à allonger.
1 table à empeser en fonte.
1 calandre finisseuse 3 frictions.
2 établis doubles à agrafer pour mesurer.

Machines de préparation spéciales pour les métiers à boîtes mobiles

2 ourdissoires sectionnels 512 bob.
1 devidoir.
1 encolleuse simple pour écheveaux.
3 cannetières de 100 br.
6 machines à monter les chaînes.
5 machines à passer les chaînes.
20 supports d'ensouples.

Atelier de mécanique et forge

Devis pour fabrique de cotons à coudre

produisant 2.970 kilog. de N° Fr. 30,5 (36 A) 3 bouts par semaine de 60 heures

DÉTAIL DES MACHINES

Filage

1 ouvreuse simple avec porc-épic.
2 batteuses simples (1 interm. 1 finiss.).
15 cardes de 940 m/m sur la denture.
3 réunisseuses.
24 peigneuses à 6 têtes.
2 étirage à 3 pass. de 5 têtes (10 têtes finiss.).
2 b. à br. en gros de 94 br., écart. 444 m/m, course 254 m/m
5   »   interméd. 126   »   660   »   254   »
15   »   fin   160   »   520   »   178   »

Retordage

23 continus de 380 br., écartement 63 m/m.
7 continus   344   »   70   »
3   »   316   »   76   »

Finissage et apprêts

3 bobinoirs 120 br., écartement 114 m/m.
1 bobinoir 330 br., (bob. coniques).
6 dévidoirs doubles de 40 éch.
2 bobinoirs d'éch., 70 tambours écartement 127 m/m.
18 machines à polir de bob. à bob.

Blanchiment et teinture

2 bacs en acier à dessus ouvert.
2 cuves pour les acides.
1 pompe centrifuge.
4 machines à laver à 4 déméloirs.
1 machine à teindre en éch. à 10 déméloirs.
3   »   4   »
1 machine à savonner et à laver.
1 série de cuves en fonte pour l'indigo.
1 cuve circulaire en bois.
1 moulin à broyer l'indigo.
6 bacs de teinture.
2 essoreuses de 914 m/m.
2 machines à tendre les échev.

Bobinage

14 machines à bob. de 10 br.
2 machines Ferguslie à peloter.
1 machine à bob. à 12 têtes.

Atelier de fabrication de bobine

1 scie circulaire.
2 blocheteuses doubles.
1 aléseuse perçeuse.
8 tours finisseurs.
1 tambour à lustrer.
1 meule.

Atelier de mécanique

1 raboteuse.
1 perceuse.
1 fraiseuse.
1 tour de 305 m/m.
1 machine à tailler les engrenages.
1 moteur.

Coton. — Tableau des forces de fils simples et retors de Bowmann

Nº Angl.	Qualité	Poids brisé en lbs anglaises par échevette de 4.320 mèches	Poids moyen en grains par lb
20/1	Amérique	78,8	49,5
20/1	Amérique et Jumel	102,2	50,5
32/1	Amérique	54,7	31,6
40/1	Jumel	54,4	25,2
50/1	»	35,2	19,9
60/1	»	32,3	16,9
40/2	Amérique	101,8	52,7
40/2	Jumel	107,4	52,9
40/2	Jumel peigné	108,9	49,8
38/2	»	131	52,8
60/2	Jumel	73,8	33,1
60/2	Jumel peigné	85,5	33
80/2	Jumel	61	25,8
120/2	»	51,5	16,7
120/2	Géorgie peigné	63,6	16,7

Coton. — Tableau donnant la force et l'élasticité des fils de coton simples

Numéros français	Torsion au centimètre	Force de rupture sur appareil fil à fil rompant 2 brins (Moyenne en gram).	Sur le grand appareil rompant une échevette (Moyenne en kilog.)	Élasticité brute 0/0
		Chaînes		
Jumel peigné roux				
15	5,4	1.120	51	6,6
20	6,5	830	40	6,2
30	8	515	25,5	5,8
40	9,2	360	18	5,2
50	10,5	270	13,5	4,8
60	11,5	210	10,5	4,2
80	13,8	130	6,5	3,8
Louisiane cardé				
10	4,9	1.270	58	6,8
15	6,2	810	40	6,5
20	7,35	580	28,6	5,8
30	9,30	350	17,5	4,9
40	11,10	240	12	3,9
50	12,70	170	8,5	3
Géorgie peigné				
50	9,2	320	16	5,6
60	10,1	255	12,8	5,2
70	11	210	10,5	4,8
80	12,1	180	9	4,5
90	13	160	8	4,2
100	14	146	7,3	4

Coton. — Tableau donnant la force et l'élasticité des fils de coton simples (*suite et fin*)

Numéros français	Torsion au centimètre	Trames		Élasticité 0/0
		Force de rupture sur appareil fil à fil rompant 2 brins (Moyenne en gram.	Sur grand appareil rompant une échevette (Moyenne en kilog.)	
		Jumelle peigné roux		
15	3,95	740	»	5,2
20	4,75	550	»	4,8
30	6	340	»	4,3
40	7	240	»	3,9
50	8,3	180	»	3,6
60	9,5	140	»	3,4
80	12	86	»	3
		Louisiane cardé		
10	3,6	850	»	5,5
15	4,85	540	»	5,1
20	5,9	385	»	4,8
30	7,5	232	»	3,7
40	9,4	160	»	2,8
50	11,6	113	»	2,1
		Géorgie peigné		
50	»	»	»	»
60	»	»	»	»
70	»	»	»	»
80	»	»	»	»
90	»	»	»	»
100	»	»	»	»

CHAPITRE III

—

FILATURE DE LA LAINE

Généralités

La laine est la toison du mouton. Son poil présente des écailles sur sa longueur, c'est ce qui explique son toucher rugueux et sa propriété de feutrer, c'est-à-dire de former des étoffes sans filature ni tissage.

La laine est recouverte de suint, matière composée de carbonate de potasse, de matières grasses (oléine, stéarine, etc.) et de matières terreuses. La quantité de suint sur la laine est variable; elle augmente avec la finesse des brins, elle donne aux laines les plus fines une coloration jaune brun sale et aux laines les plus communes une teinte jaunâtre. Elle est de 20 $^{0}/_{0}$ pour les laines ordinaires, et de 75 $^{0}/_{0}$ pour les laines extrafines. Une partie du suint est soluble dans l'eau et c'est ce qui classifie les laines en deux catégories : laines en suint, laines lavées à dos.

Lieux de production : République Argentine, Australie, Espagne, Angleterre, France.

Classement des différentes sortes de laine par pays d'origine

Laine mérinos importée d'Espagne, laine serrée, fine et nerveuse. Sa toison lavée à dos pèse 800 à 1.500 grammes.

Laines des Ardennes, Bourgogne, Berry, Sologne et Midi. — Laines courtes, chargées en suint. La toison pèse de 1 à 2 kilogrammes.

Laines de Picardie, Flandre et Normandie. — Laines longues, laines à peigne. Toison pèse de 2 à 5 kilogrammes.

Laines de Champagne et Brie. — Douces et soyeuses. Servent comme laines à carder et à peigner.

Laines d'Angleterre. — Ce pays fournit des laines longues, nerveuses et brillantes comme la race dishley, cheviott et New Kent et des laines courtes, rudes et grossières comme la race South Down.

Laines de Russie. — La race de Pologne fournit une laine très fine. Celle d'Odessa fournit des qualités moyennes utilisées en draperie.

Laines d'Allemagne. — Laines de Saxe, douces, soyeuses, et fixes. Servent pour tissus ras et foulés.

Laines de Hongrie. — Belle qualité de mérinos.

Laines d'Italie. — Laines longues, blanches et fermes employées pour draperie.

Laines d'Espagne. — Laines de Léon et de Ségovie sont fortes et nerveuses.

Laines de Perse. — Laines longues servant de soutien dans les tissus.

Laines d'Algérie. — Laines de bonne qualité, mais sèches et lourdes, souillées de sable et de chardons.

Laines du Cap. — Laines de mérinos espagnol, de bonne qualité.

Laines de la République Argentine. — Laines

Tableau indiquant l'origine des races de moutons.

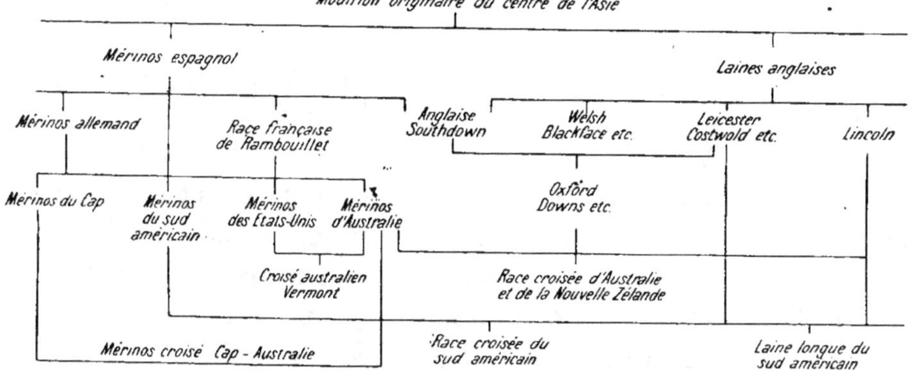

FIGURE 1.

EXPLICATION. — Les races mérinos sont placées à gauche, les races anglaises à droite et les croisés au centre. D'après toutes probabilités, les races peuvent ainsi être classées suivant leur origine. Ainsi la race française de Rambouillet était probablement à l'origine des mérinos Vermont, tandis que le pur mérinos espagnol a été transmis aux colonies de l'Amérique du Sud, La race de Leicester paraît être le seul représentant des laines anglaises pures.

longues et fortes, donnant lieu à une grosse production. S'expédient par la Plata, Montévidéo, Buenos-Ayres.

Laines d'Australie. — Laines ordinaires et laines fines. Servent à la fabrication des tissus ras et de la draperie fine.

Laine cachemire. — Poils de la chèvre du Thibet, fine et souple. S'emploie dans la fabrication des châles, cachemirs et robes de haute nouveauté. Elle n'a pas de suint. Elle est enlevée de la peau de l'animal vivant. Elle contient des poils jarreux. Elle varie de ton et de nuance depuis le blanc jusqu'au gris foncé. La plus blanche et la plus estimée est celle qui vient directement du Thibet.

Poils de chèvre angora. — Longs, blancs, soyeux et mélangés de duvets. Viennent d'Anatolie.

Laines d'Alpaga, de vigogne, de lama. Viennent de l'Amérique du Sud. Elles sont noires, brunes ou blanches et douces. Le vigogne fournit une toison rousse et fine.

Poil de chameau. — Longs et irréguliers, généralement durs, mais ils sont mélangés à un duvet très fin susceptible de donner un bon produit. Viennent de l'Inde, Perse, Arabie et Afrique.

Laine mohair. — Longue et soyeuse. Vient d'une chèvre, d'un chevreau ou d'un angora de l'Asie. Sert à la robe de dame ou au vêtement d'homme.

Pour l'*origine des races,* voir figure 1 (page 111).

Dénominations commerciales de certaines laines

Laine basse ou *basse laine.* — Laine la plus courte qui vient de la partie avant du mouton.

Laine mère ou *laine prime.* — Celle du dos et du dessus du mouton.

Laine seconde. — Celle des flancs.

Laine tierce. — Celle du ventre.

Laine cuisses. — Celle des cuisses.

Laine pailleuse. — Laine chargée de débris végétaux et difficile à nettoyer.

Laine morte. — Laine prise sur l'animal mort.

Laine artificielle. — Laine Renaissance. Laine extraite des vieux draps par effilochage et qui s'emploie, après peignage et filage, à la fabrication de tapis, de velours, des vêtements, etc. (Voir plus loin).

Laine crue. — Laine qui n'est point apprêtée.

Laine cavalière. — Laine d'Espagne bien triée et non mélangée.

Laine pelade ou *avalie.* — Laine que les mégissiers et les chamoiseurs détachent des peaux.

Laine riflard. — La plus longue laine des peaux non apprêtées.

Laine haute et laine chaine. — Laine à brins longs et grossiers.

Laine pignon. — Reste de la laine peignée.

Laine de chevron. — Sorte de laine noire qu'on tire du levant.

Laine d'Autruche ou *poils d'autruche.* — Sert à faire les lisières. Appelé aussi laine ploc.

Laine de Moscou ou *de Moscovie.* — Duvet très fin qu'on tire de la peau du castor sans enlever le poil. Long ou ordinaire.

Laine jarreuse. — Laine contenant des jarres ou poils longs, blanchâtres, durs et grossiers.

Laines d'écouailles. — Laine de qualité inférieure du ventre, des cuisses et de la queue.

Laine d'agneau. — Laine provenant d'agneaux.

Classification des laines

1° *Laines communes.* — Ce sont les moins ondulées et les moins frisées. Leur longueur et de $0^m,08$ à $0^m,12$. Leur caractère le plus distinctif est leur susceptibilité d'extension. Les plus plates et les plus lisses sont en

Graphique des Industries lainières n° 1

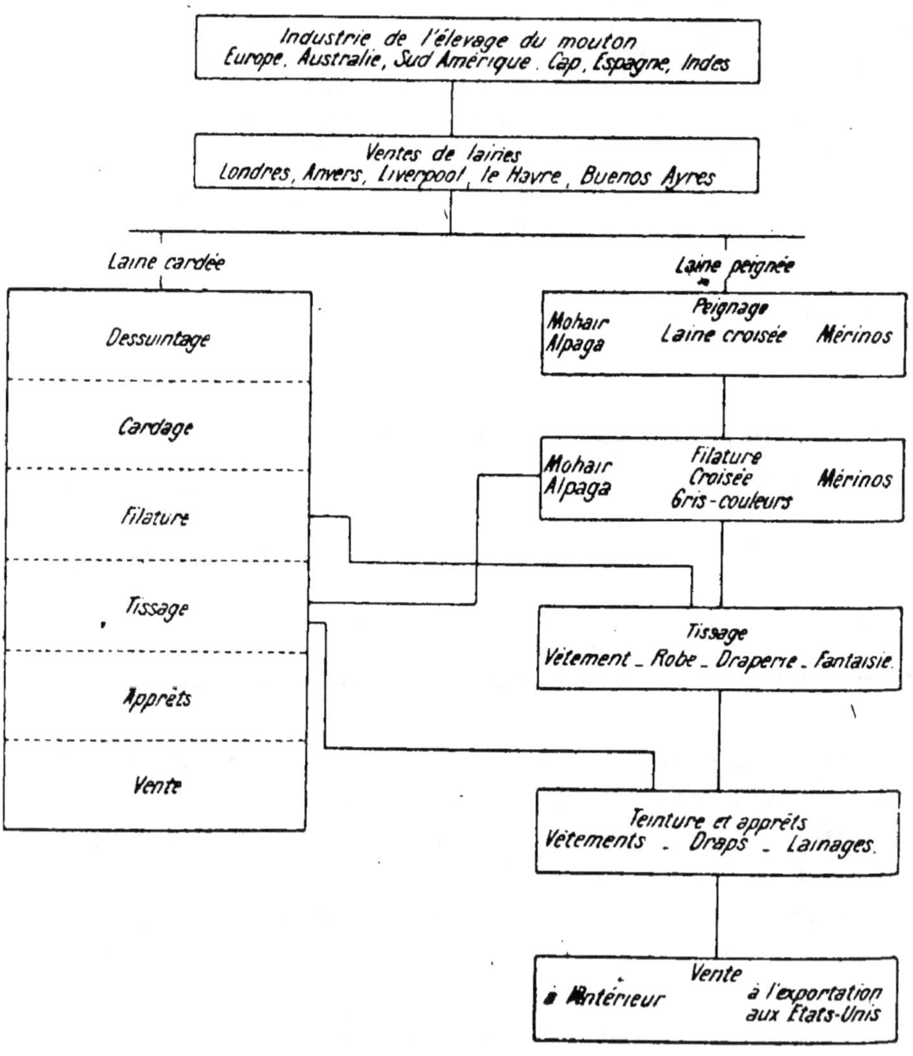

FIGURE 2

général grossières, mais comme elles sont unies et douces, elles conviennent au peignage : leur longueur est de 0^m,18 à 0^m,27 (Russie, Normandie, Picardie, Berry, Roussillon, Lorraine).

2° *Laines mérinos*. — Se divisent en quatre classes :

1° Laines de Haute finesse, diamètre 1/50 à 1/40 de millimètre, longueur de 0,054 ;

2° Laines de belle finesse, diamètre 1/40 à 1/35e de millimètre, longueur de 0,054 ;

3° Laines de finesse médiocre, diamètre 1/35 à 1/30e de millimètre, longueur de 0,054 à 0,10 ;

4° Laine de finesse inférieure, diamètre 1/30 à 1/25e de millimètre, longueur de 0,20 à 0,27.

La laine est dite :

Lisse, si le brin est droit et la mèche à surface unie.

Frisée, si le brin forme des angles nombreux et rapprochés.

Ondulée si le brin présente des flexuosités et des ondulations.

Vrillée, si la mèche est disposée en tire-bouchon.

Marché des laines en Europe. — Organisation de ces marchés

1° *Marché de Londres*. — Londres est le plus grand marché pour les laines australiennes. La laine y arrive sous trois formes : lavée à dos, lavée à chaud 27 % et en suint 64 %. La vente se fait par lots de 100 balles, et les catalogues en tête desquels se trouvent les conditions de vente, comprennent 7 à 800 lots.

Les ventes se font à la « Wool Exchange Building » 25 Coleman street, quatre fois par an durant un mois : la 1re en février-mars ; la 2e, mai-juin ; la 3e, août-septembre ; la 4e, novembre-décembre.

Les ventes ont lieu aux enchères, aux plus offrant ; les marchandises sont pesées par les garde-magasin et doivent être enlevées sous quinzaine ; le règlement est fait sept jours après la vente ; le courtage est de 1 sh. par lot.

Les courtiers sont acheteurs (buying brokers) ou vendeurs (selling brokers).

Les marchandises sont au « London Docks » ou au « West India Docks » et les échantillons dans la chambre des courtiers.

Le jour de l'ouverture de la vente est fixé quatorze jours à l'avance par un comité dit Comité des importateurs, composé de négociants en laine anglais ayant des intérêts en Australie.

Toute contestation est signée par les courtiers, à moins qu'il n'y ait une surenchère.

2° *Marché d'Anvers.* — Anvers reçoit surtout les laines de la République Argentine et de la Plata, et un peu de laines d'Australie.

Pour les laines de la Plata, les conditions de vente sont à peu près les mêmes qu'à Londres. Les frais de courtage sont de $1/2$ °/₀. Il y a quatre ventes publiques par an : 1re, janvier-février ; 2e, avril-mai ; $3°$, juillet ; 4e, octobre.

Marché à terme pour laines brutes et laine peignée. — Un marché à terme a été créé à Anvers, en 1887, par la Société commerciale industrielle et maritime d'Anvers et agréé par la Caisse de liquidation des affaires en marchandises. Toute personne peut y faire des affaires par l'intermédiaire d'une maison locale. Les affaires se font en laines brutes de Buenos-Ayres et en peigné de la Plata et d'Australie. Le type adopté pour les laines brut est dit : Prime courante d'Anvers à peigne d'un rendement de 35 °/₀. Les affaires s'y traitent par filière. Les paiements sont au comptant, sans escompte. Toute contestation est jugée par une Chambre arbitrale et de conciliation.

3° *Marché de Hambourg.* — Spécial aux laines du Cap. Les affaires se font à la Bourse, uniquement et au comptant. Courtage 1 $^0/_0$. Les importateurs vendent, par l'intermédiaire des courtiers, aux négociants de l'intérieur.

MARCHÉS FRANÇAIS : 1° *Marché du Havre.* — Alimente les centres lainiers d'Elbeuf, Mazamet, Castres, Roubaix, Tourcoing, Reims. Ce port reçoit directement des laines de la Plata et de Londres, des laines d'Australie. Il y a six ventes par an. Courtage 1/2 $^0/_0$. Les ventes sont soumises à un réglement spécial qui indique les conditions dans lesquelles elles se font. Les acheteurs sont des commissionnaires qui ont des agents dans les centres de consommation ;

2° *Marché de Dunkerque.* — Reçoit des laines de la République Argentine et de la Plata directement et les laines de Londres à destination de l'intérieur;

3° *Marché de Marseille.* — Reçoit toutes les laines d'Orient à destination du Nord.

Filature proprement dite

Au point de vue de la filature, les laines se divisent en deux catégories :

1° Laines courtes ou laines à carde qui doivent fournir beaucoup d'ondulations et servent à la fabrication des étoffes foulées ;

2° Laines longues dites « à peigne » qui s'emploient pour les tissus ras.

La classification d'une toison se fait en prenant une mèche à l'épaule.

Filature de la laine peignée

Triage

But : séparer les différentes parties des laines par qualités ; les plus fines pour les numéros les plus élevés ; les plus nerveuses pour chaîne, les autres pour trame ; enfin les qualités inférieures et les pailleuses sont mises à part. Les parties les plus fines d'une toison sont : les longées du cou, les épaules, les flancs, le dos, le haut de la cuisse et le ventre.

Les laines à chaîne doivent être plus élastiques que les laines à trame auxquelles on demande surtout d'être creuses. Les laines à chaîne sont celles d'Australie (Adélaïde), de la République Argentine, les laines françaises de Champagne, de la Beauce, du Soissonnais. Les laines à trame, sont celles d'Australie (Sidney), de Russie, de Hongrie, de Bourgogne.

Machines : le triage se fait à la main, sur des claies où les toisons sont étalées.

Production : un trieur peut produire 150 kilogrammes par jour.

Battage

But : a pour but d'ouvrir la laine restée en mottes. Se fait par une batteuse ouvreuse qui travaille la laine à sec pour en détruire les parties feutrées, faciliter la séparation des crotteux et éliminer les poussières qui nuisent au lavage.

Production : 1.000 kilogrammes par jour.

Procédés de peignage pour laines longues nº 2

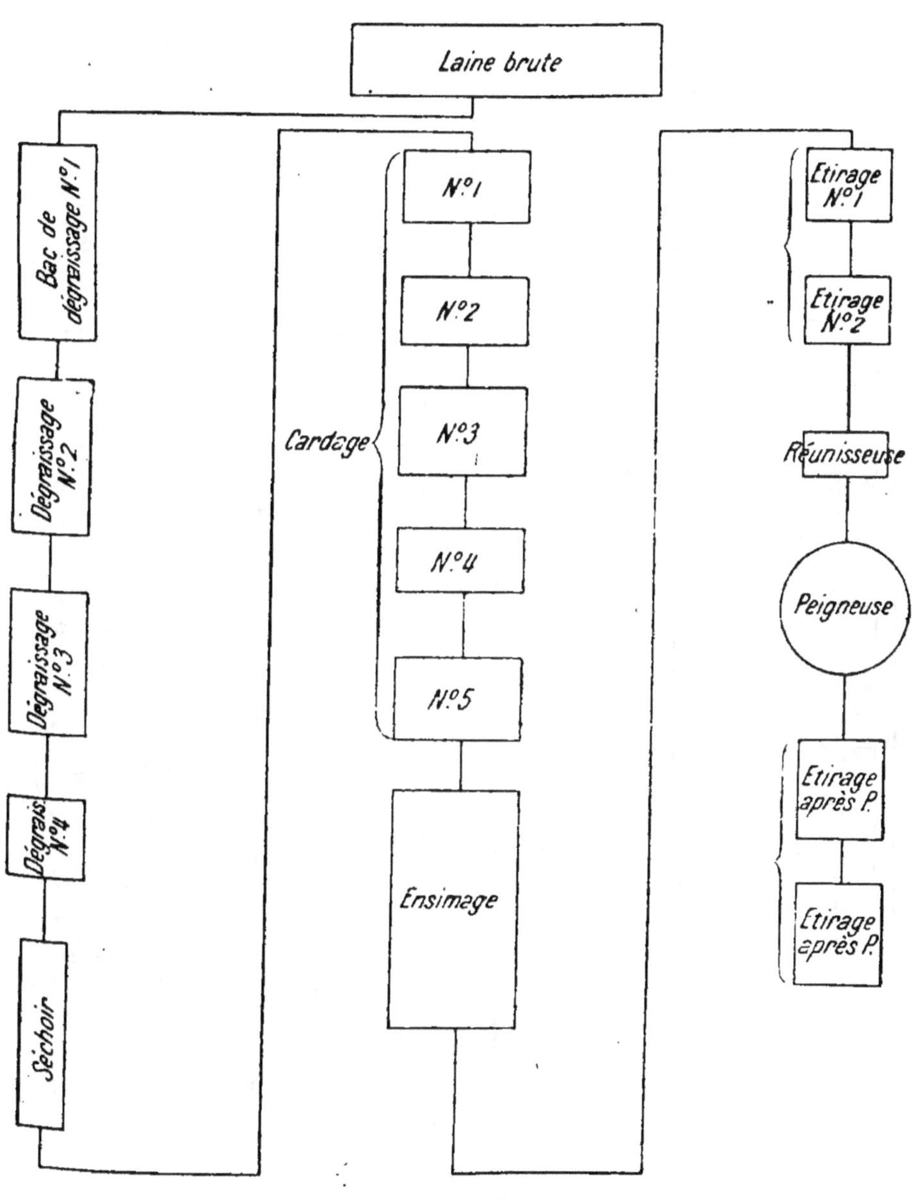

FIGURE 3

Procédés de peignage pour laines courtes n 3

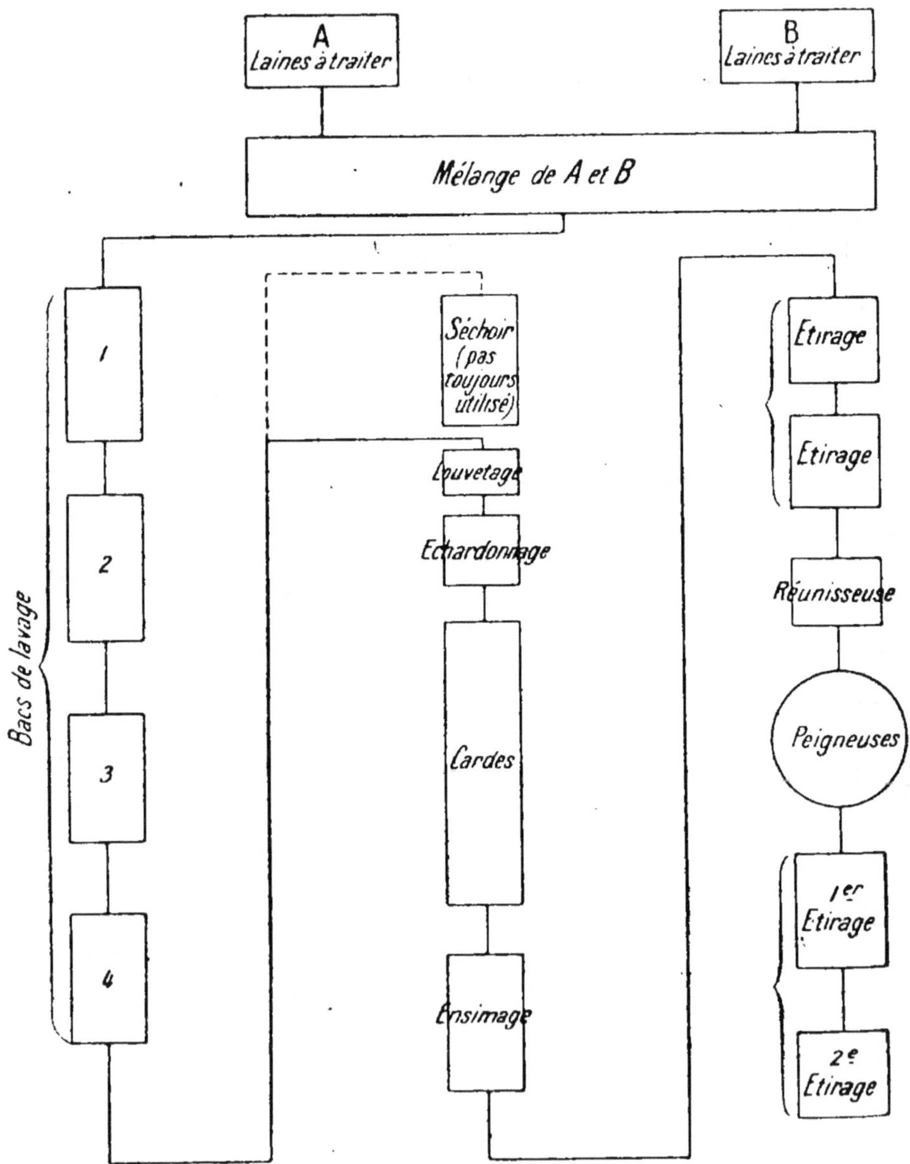

FIGURE 4

Filature de la laine peignée n° 4

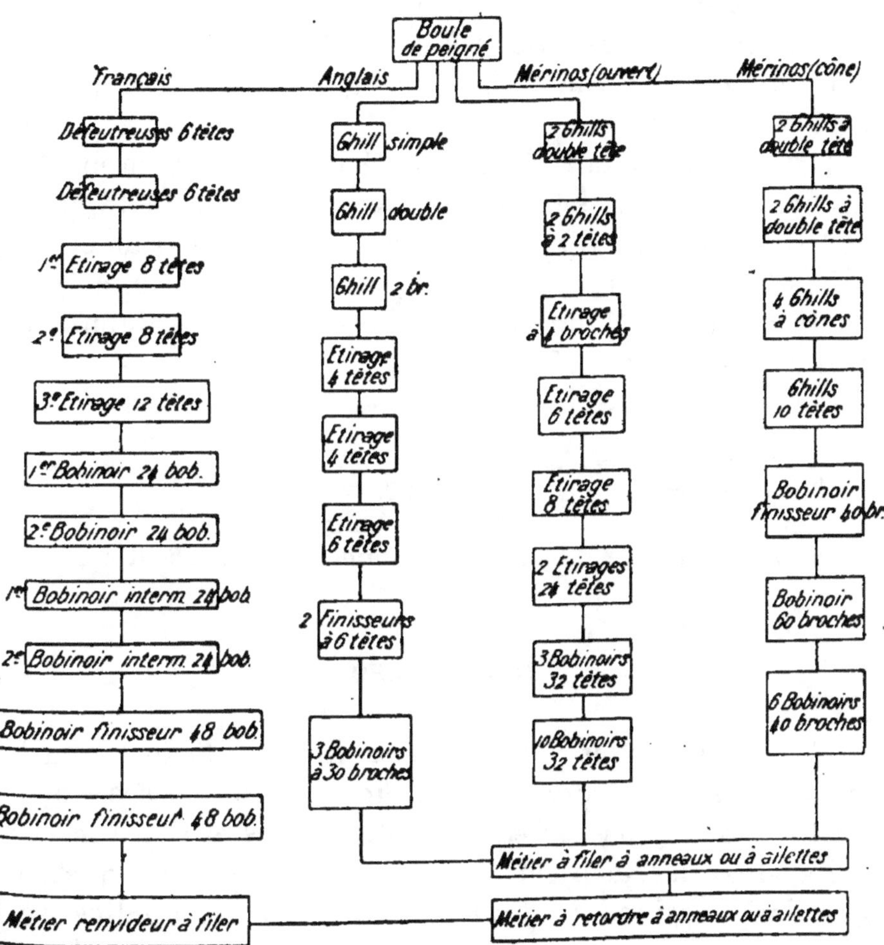

FIGURE 5

Dessuintage et lavage

But : enlever les parties solubles du suint par un trempage dans l'eau tiède (3o à 4o°). De l'eau du dessuintage on retire le carbonate de potasse par évaporation.

Le travail se fait dans une série de bacs composant la dessuinteuse. Les types les plus perfectionnés assurent un travail continu et automatique par un épuisement rationnel et méthodique du suint, et une évacuation automatique des liquides suinteux obtenus à haute densité 10 à 15° B.

Dessuinteuse Malard :

Force employée .	3 HP.
Encombrement .	6,50 × 1,50.
Poids	3 000 kilogrammes.
Production . . .	400 kilogrammes de laines à 70 %

Dégraissage

But : enlever les parties non solubles à l'eau. Se fait avec des savons mous à base de potasse. Ces savons sont dissous dans des eaux non calcaires et épurées.

La dégraisseuse est composée de trois à quatre grandes bassines à double fond, dans lesquelles se trouve l'eau de savon. Pour les laines fines on met dans la première bassine, dite de trempage, jusqu'à 12 kilogrammes de savon par 100 kilogrammes de laines et la température du bain s'élève jusqu'à 6o° ; pour les laines ordinaires, il suffit de 4 à 5 kilogrammes de savon et la température du bain est de 45°. La quantité de savon diminue jusqu'à la dernière bassine dite de rinçage. La laine est remuée à l'aide de fourches. Elle est bien dégraissée quand elle ne colle plus dans la main en prenant une poignée et en frottant.

Rendement des laines après dégraissage

Australie, en suint	0 53
» ' à dos	0,76
France, en suint	0,32
» à dos	0,63
République Argentine, en suint.	0,45
» » à dos	0.73

Dessuintage et dégraissage électrolytiques

Ces deux opérations se font simultanément dans un bain dans lequel passe un courant électrique (Société d'exploitation des brevets Baudot à Tourcoing).

Le traitement se fait de la manière suivante : la laine brute est amenée par un tablier chargeur dans un bac en bois dans lequel se trouvent d'abord une toile sans fin munie de broches, pour l'entraînement des laines, puis un faux fond métallique perforé, faisant fonction d'électrode négative dans sa partie supérieure, et, au-dessus des broches, des plaques métalliques formant les électrodes positives. La machine comprend en outre des rouleaux pour presser la laine, un bac pour la réception du suint, des bacs de décantation du suint, des pompes centrifuges, des appareils de récupération des corps gras et des appareils de levage. La laine est amenée par le tablier chargeur dans le bac où se trouve l'électrolyte qui est une solution formée par l'abandon des sels potassiques de la laine dans un bain d'eau pure. Le courant électrolytique amène la dissociation des suints et sels de potasse avec la laine.

L'économie provient de la suppression presque complète des savons employés lors du lavage de la laine. On obtient un meilleur rendement en laine peignée ou cardée.

Le fil obtenu avec ce peigné fournit un bon rendement tant au point de vue du numéro que de la régularité.

Traitement des sous-produits provenant du lavage et du dégraissage des laines

But : récupérer les matières grasses et le carbonate de potasse du suint.

Procédés de deux sortes : chimiques et mécaniques, quelquefois les deux procédés sont employés en même temps.

Procédés chimiques. — On emploie l'acide sulfurique pour précipiter les produits. L'acide rend libres les graisses combinées avec les alcalis employés dans les savons. Le magma produit est alors traité de diverses manières, soit par des hydrocarbures, tels que la benzine, qui dissolvent les graisses, soit par des filtre-presses qui en expriment la graisse. Dans le traitement par des dissolvants des graisses, ceux-ci sont mis ensuite à la distillation, la graisse reste et les produits de la distillation resservent pour une nouvelle opération, la perte en liquide dissolvant étant de 5 à 10 $\%$. Dans l'emploi des filtre-presses, le tourteau qui reste dans le filtre contient encore 15 $\%$ de graisse perdue. Le résidu, dans les deux cas, peut être utilisé pour en extraire le carbonate de potasse ou peut être employé comme engrais.

Procédés mécaniques. — Les divers procédés de ce genre employés sont :

1° Battage de la mousse jusqu'à obtention d'une mousse épaisse qui est enlevée continuellement et qui est ensuite traitée séparément; mais le liquide restant contient encore 20 à 25 $\%$ de graisse ;

2° Evaporation du liquide par des évaporateurs spéciaux, concentration du magma et traitement ultérieur de celui-ci dans des appareils centrifuges où la séparation des constituants (graisse de la laine, liquide savonneux contenant la potasse et matières terreuses) est effectuée d'une manière continue et automatique ;

3° Travail dans des sortes de barattes qui forment une crème et dont le traitement se fait par séparation des corps de densités différentes.

Epaillage ou carbonisage

But : enlever les impuretés qui souillent les laines (paille, gratterons, chardons). Se fait sur laine en bourre et sur tissus. Deux procédés :

Procédés chimiques. — Reposent sur le principe suivant : quand on trempe, dans un bain acide étendu, un mélange de laine et de matières végétales, l'acide se fixe sur les deux matières. Si on sèche ensuite le tout à une température un peu élevée et dans un air exempt d'humidité, l'acide se concentre sur la fibre animale sans l'attaquer et sur la matière végétale en l'attaquant. Cette dernière action se manifeste sous la forme d'une carbonisation que l'acide produit sur la matière végétale en s'emparant de son hydrogène. On fait intervenir une action mécanique pour broyer et éliminer les produits de la carbonisation. On enlève l'acide par un lavage alcalin et on rince à grande eau.

Les agents acides employés sont : acides minéraux : sulfurique et chlorhydrique ; acides organiques : acétique et oxalique ; sels acides : sulfate d'alumine, chlorure d'aluminium, chlorure de zinc.

Procédés mécaniques. — S'emploient surtout pour les tissus. Ils prennent le nom d'échardonnage ou égratteronage, et reposent sur l'action mécanique d'un peigne tournant.

L'épaillage ne diminue pas la propriété feutrante des laines et se fait sur laines teintes.

Séchage et ensimage

But : Sécher et lubrifier la laine pour lui permettre d'être cardée et peignée. Le séchage se fait par un courant de vapeur amené par des ventilateurs. L'ensinage consiste à lubrifier la laine avec 2 à 4 $^{\circ}/_{0}$ de son poids en huile d'olive afin de faciliter le glissement des filaments les uns sur les autres et éviter leur rupture pendant le cardage. L'ensimage se fait à la main en arrosant la laine étendue par nappes ou dans des ensimeuses mécaniques (Mehl) dans lesquels le liquide se répand automatiquement sur la laine.

Cardage

(Voir tableau, page 127).

Le grand tambour fait 96 tours par minute.

Production avec une largeur de $1^{m},20$: 50 à 55 kilogrammes par jour.

Le cardage se divise en deux phases :

1° *L'échardonnage* ou *égratteronage*. — La laine doit être bien sèche. Des rouleaux chauffés disposés à l'avant de la carde à proximité du roule-ta-bosse « licker in » et du « chasseur » ont pour fonction d'amener la laine à un état de siccité suffisante pour permettre à ces deux organes d'enlever les chardons que la laine contient et qui leur sont mieux présentés quand celle-ci est bien sèche. On obtient ainsi un bon échardonnage :

2° *Le cardage* a pour but de démêler les brins de laine et de les paralléliser, travail qui se fait en répartissant la laine en petite quantité sur une grande surface. Dans cette opération on fait subir à la laine des frottements considérables qui énervent et électrisent la fibre, et quand la laine est trop sèche, on éprouve les plus grandes difficultés dans le travail et le voile remonte constamment au peigneur.

Cardage

Mêmes principes et mêmes calculs que pour le coton. Les organes diffèrent :

Désignation	Diamètre	Développement pour 1.000 mètres du grand tambour
Table	»	0,76
Cylindre alimentaire	0.045	0,69
Briseur	0,300	139
Egratteronneur ou échardonneur.	0,100	731
Avant-train	0.600	243
Travailleurs	0,200	15,10
Nettoyeurs	0.110	503
Communicateurs	0,450	30,90
Grand tambour.	1,200	1.000
Travailleurs du grand tambour .	0,200	21,80
1ers Balayeurs	0,110	371
Balayeurs suivants	0.110	319
Peigneur	0,570	20,70
Volant.	0,300	1.287

Il faut donc, pour obtenir un bon cardage, que la laine soit humidifiée. Pour arriver à ce résultat, dans la plupart des usines, on a recours à un moyen terme qui consiste à régler la température des rouleaux sécheurs, de façon à laisser à la laine suffisamment d'humidité pour que le cardage se fasse dans de bonnes conditions. Pour cela on humidifie suffisamment les salles pour que la matière répartie en faible quantité sur une grande surface, reprenne l'humidité qui lui est nécessaire pour que les effets nuisibles de l'électricité disparaissent.

Graphiques indiquant les différents diamètres en pouces des cylindres de carde dans le cardage des différentes sortes de laines.

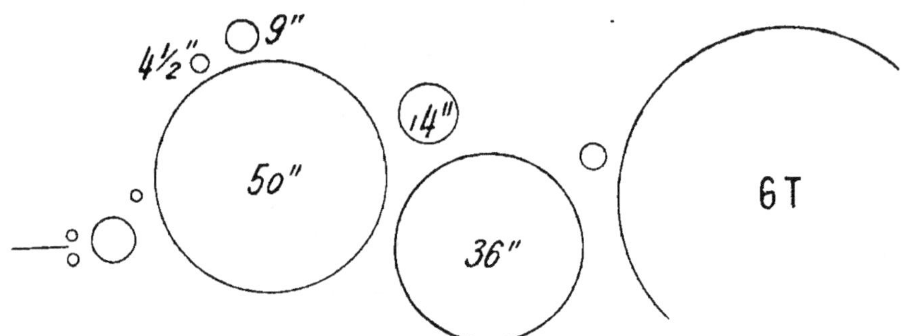

FIGURE 6. — Carde déchets Mungo.

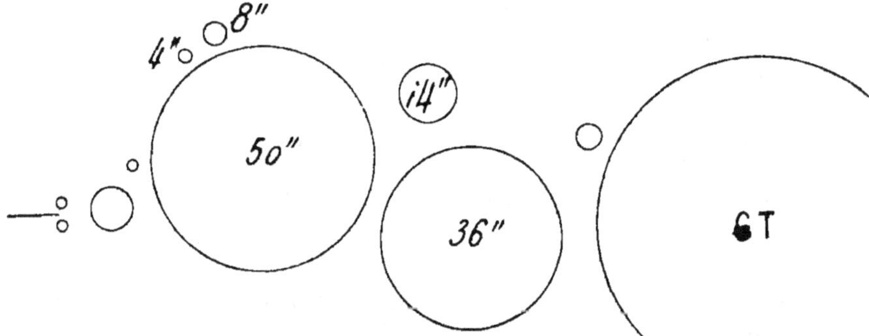

FIGURE 7. — Carde laine cardée.

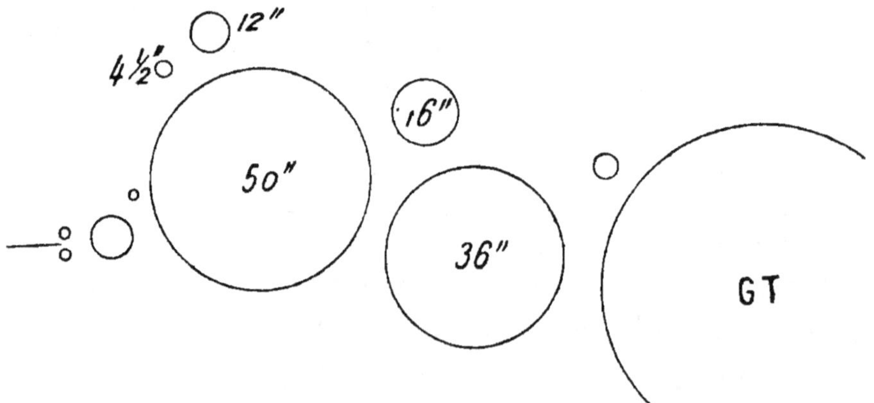

FIGURE 8. — Carde laine peignée.

Graphique donnant la vitesse des divers cylindres de la carde

A carde d Mango,   B carde d laine cardée,   C carde d laine peignée

Désignation des organes	Tours par minute	Vitesse circonféren- tielle par min. pieds	Graphique 100 pieds par minute
A Grand tambour .	67	901	
Travailleurs . .	4	11	
Débourreurs . .	202	290	
Peigneur. . . .	5	48	
Volant	300	1.256	
B Grand tambour .	80	1.068	
Travailleurs . .	5	12	
Débourreurs . .	288	376	
Peigneur. . . .	5	48	
Volant	357	1.495	
C Grand tambour .	100	1.335	
Travailleurs . .	3	11	
Débourreurs . .	195	280	
Peigneur. . . .	5	54	
Volant	356	1.771	

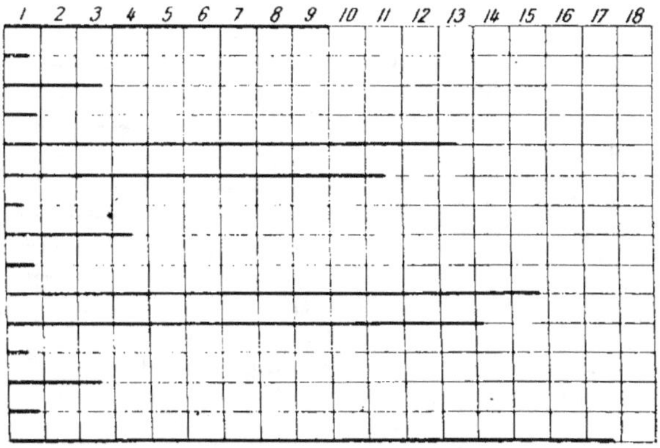

FIGURE 9

Graphique donnant les numéros des garnitures des cardes

A *carde à Mungo*,   B *carde à laine cardée*,   C *carde à laigne peignée*

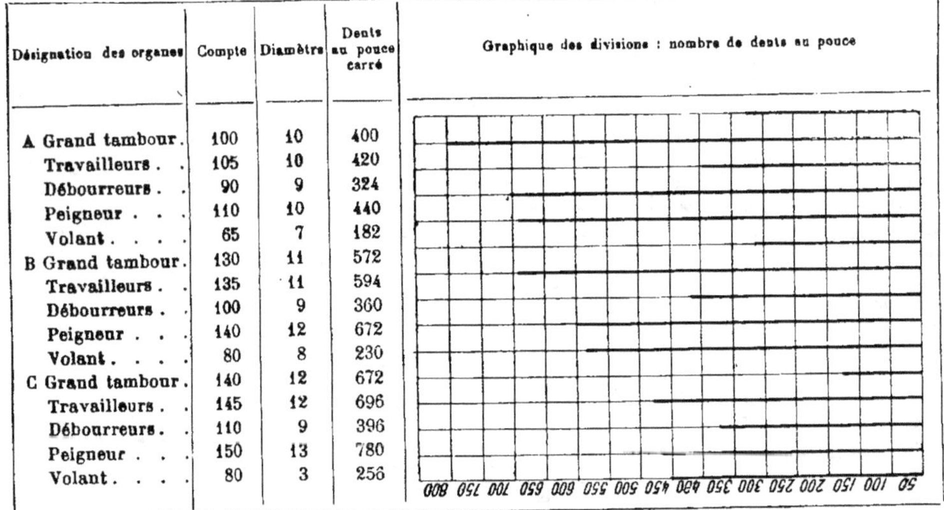

Désignation des organes	Compte	Diamètre	Dents au pouce carré
A Grand tambour .	100	10	400
Travailleurs . .	105	10	420
Débourreurs . .	90	9	324
Peigneur . . .	110	10	440
Volant	65	7	182
B Grand tambour .	130	11	572
Travailleurs . .	135	11	594
Débourreurs . .	100	9	360
Peigneur . . .	140	12	672
Volant	80	8	230
C Grand tambour .	140	12	672
Travailleurs . .	145	12	696
Débourreurs . .	110	9	396
Peigneur . . .	150	13	780
Volant	80	3	256

FIGURE 10

Premier étirage

La machine se compose du ratelier, du banc d'étirage, du chariot. Le banc d'étirage est muni de ghills. Les écartements entre les rouleaux sont calculés pour les laines les plus longues. Les barettes des ghills soutiennent les mèches.

Pour les calculs et les changements du pignon, voir les bancs d'étirage à coton.

Lissage

But : enlever l'huile de l'ensimage. Se compose de deux bassines à double fond, du cylindre sécheur et du chariot. Les bassines contiennent de l'eau de savon : 3 à 8 kilogrammes par 100 kilogrammes de laine et la température est de 40 à 55°. Les rubans ne sont pas étirés : il y a douze bobines à l'entrée et autant à la sortie de la lisseuse.

Second étirage

La laine passe à un ou deux étirages avant d'être peignée et à deux étirages après peignage. A l'un des passages, on doublera de 3 et l'on étirera de trois, les rubans sortant auront donc la même section qu'à l'entrée. A l'autre passage, on doublera de 3 et on étirera de 3,25.

Peignage

But : enlever les filaments contenant des gratterons et des pailles, et paralléliser les fibres qui pourraient être enchevêtrées.

Deux sortes de peigneuses : intermittentes (Heilmann), continues (Lister, Holden, Noble). Dans les 1res, le travail se fait à froid, dans les 2es, il se fait à chaud.

1° *Peigneuse Heilmann*. — Fournit un ruban très épuré, mais irrégulier et coupé : ce qui nécessite un passage à deux étirages avant de le soumettre à une préparation de filature. Construction Schlumberger.

Réglage : 1° il faut une distance de 1 ¹/₂ millimètre entre les mâchoires et les dents du peigneur pour que la laine entre bien dans les aiguilles ;

2° Les mâchoires doivent se fermer un peu avant l'arrivée de la première barette du peigneur et s'ouvrir un peu avant l'arrivée du segment de cuir ;

3° Il faut une distance moyenne de 32 millimètres entre la partie inférieure de la machine et le cylindre arracheur ; on augmentera pour les laines longues et on diminuera pour les courtes ;

4° Plus la distance entre les mâchoires et le cylindre arracheur sera grande, moins celui-ci entraînera de laine, et réciproquement ;

5° A sa partie inférieure, l'alimentation doit être à 10 millimètres de la partie inférieure de la machine ; elle doit descendre, quand la machine s'ouvre ;

6° Le peigne nacteur doit être dans sa position inférieure, aussi près que possible du secteur et du cylindre d'arrachage, et la brosse doit entrer jusqu'au fond des aiguilles du peigneur et effleurer seulement le rouleau de cardes.

Calculs. — Le nombre d'arrachages par minute est de 36/38.

Production : 80 à 100 kilogrammes par jour avec 10 °/₀ de blousses.

60 à 70 kilogrammes par jour avec 20 °/₀ de blousses.

Poids du ruban au sortir de la peigneuse : 1 kilogramme pour 80 mètres.

Nombre de dents au peigneur le plus fin : 60 par pouce.

Ce peignage peut se pratiquer de deux façons : en gras, lorsqu'on peigne avant lissage, en maigre, lorsqu'on peigne après cette opération.

Le peignage en maigre laisse moins de poussière dans le peigne et les machines de préparation se salissent moins.

Le rendement du peignage en gras est supérieur au précédent ; en outre, le peigné est plus blanc et a plus de cachet pour la vente.

Dans le peignage à mouvement intermittent qui se fait à froid, la laine subit une préparation spéciale, de façon à pouvoir supporter l'opération du peignage sans peignes chauffés.

Souvent, on fait passer la mèche avant peignage sur un rouleau humecteur, de façon à combattre l'électrisation de la fibre, mais on a l'inconvénient d'avoir des boutons. Il est préférable d'humidifier les salles.

2° *Peigneuse Holden.* — Elle se compose d'un grand peigne annulaire horizontal garni de dents, d'un appareil d'alimentation chargeant le peigne annulaire de laines, de barettes peignant cette laine tout autour de l'anneau, enfin d'un appareil d'arrachage l'arrachant hors du peigne annulaire en y laissant les laines courtes ou sales.

3° *Peigneuse Noble.* — Deux peignes annulaires sont tangents l'un à l'autre à l'intérieur. Au point de contact, un appareil d'alimentation les charge de laine. Les peignes en s'écartant peignent les mèches. Un système d'arrachage enlève les mèches. S'emploie pour laines longues. Le nombre de dents du peigne est déterminé par le diamètre des aiguilles du peigne et l'espace qu'il faut laisser libre pour que la fibre puisse passer librement, c'est-à-dire 1/5 d'aiguilles pour les 3/4 d'espace libre.

Toutes les opérations précédemment étudiées se font dans des établissements appelés Peignages, qui se contentent de livrer de la mèche peignée en grosses bobines

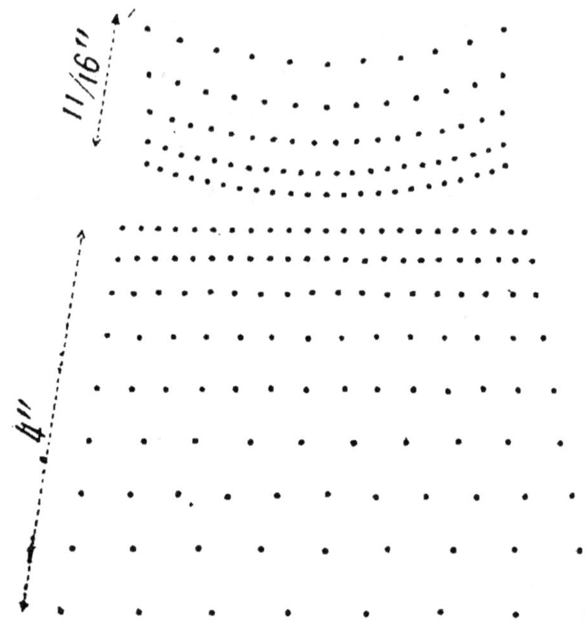

FIGURE 11. — Graphique de l'implantement des aiguilles dans les peigneuses circulaires

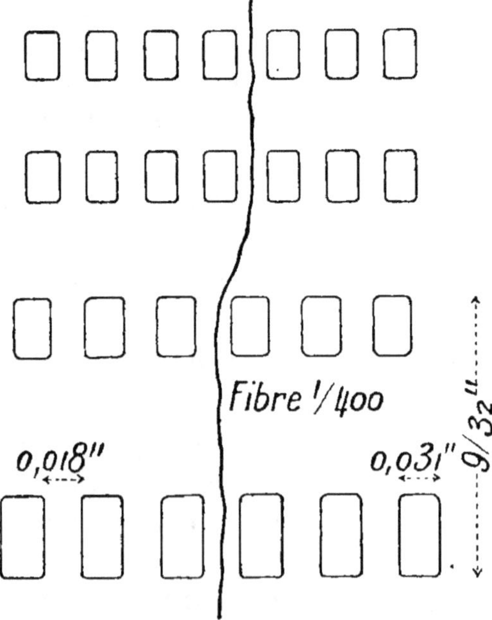

FIGURE 12. — Vue de la fibre de laine dans le peigne

de 5 à 6 kilogrammes facilement transportables. Les opérations suivantes de filature sont faites dans d'autres établissements appelés : Filatures de laine.

Ghill-box

But. — Sert à faire le mélange des laines. On réunit de 4 à 6 rubans pour en former un à la sortie.

Calculs. — Vitesse du cylindre cannelé : 9 à 10 tours par minute. Celle des barettes varie de 160 à 190 et l'étirage varie de 4 à 5.

Production. — Se détermine d'après la vitesse du cylindre délivreur ; le n° sortant du ghill étant généralement de 80 mètres au kilogramme. La production par tête et par ghill serait de 70 à 75 kilogrammes par jour.

Etirages

Défeutreur. — Au 1er passage, on double par 18, mais on a deux étirages l'un à la suite de l'autre ou étirage double, de sorte que l'étirage pour chacun étant de 4, l'étirage total est de 16.

Au 2e passage, on double de 4 avec un étirage de 4,75.

Au 3e passage, ou machine de chute ou à double pas, l'étirage est de 4,20 ; on fait passer deux rubans à la même table, et on forme des bobines à double mèche. Avantages : production double et moins de casse aux machines suivantes.

Bobinoirs

Ils ne diffèrent des étirages que par les dimensions plus faibles de leurs organes et par l'adjonction de « manchons » ou « frottoirs ».

La mèche avant de passer à la filature est mise au repos pendant 1 ou 2 jours dans une cave légèrement humide pour qu'elle puisse perdre l'électricité que tous les frottements qu'elle a subis lui ont fait acquérir.

Métier à filer

Même métier que pour le coton, mais avec des écartements plus grands. Pour les calculs, voir les machines à filer du coton. Ateliers de construction de Bitschwiller.

1. MÉTIER SELF ACTING OU RENVIDEUR. — Pour les calculs, voir les différences suivantes :

Longueur de l'aiguillée	1^m,40 à 1,60
Étirage	10 à 14
Vitesse des broches	5 à 10.000 tours

Étirage et torsion au renvideur

Numéros			Torsion au centimètre
Chaîne 75	10,50	1,05	4,95
» 78,80	10 à 11	»	4,95
» 80,82	10,4 à 11	»	4,95 à 5,12
» 82,84 . . .	10,25 à 11,7	»	5 à 5,12
» 85,86	11 à 11,3	»	5 à 5,12
Trame 90	11,5	1,04	4,85
» 100	11,50 à 11,75	»	5,13
» 107	11,50 à 12	»	5,27
» 114	12 à 12,10	»	5,50
» 120	12	»	5,60
» 125	12,20	»	5,80
» 130	12,50	»	5,90
» 135	12,50	»	6
» 140	12,50	»	6,12
» 145	13	»	6,20
» 150	13,50	»	6,32

2. **Métier continu.** — S'emploie pour des fils ne dépassant pas le n° 45 métrique en chaîne et 40 métrique en trame.

Le continu à laine ne diffère du continu à coton que par les dimensions des organes et les écartements entre les rouleaux.

Pour les calculs, voir : Continu à coton.

Classification des filatures de laine peignée

On appelle :

Filatures de gros numéros, celles qui produisent des fils jusqu'au numéro 35 métrique.

Filatures de numéros ordinaires, celles qui filent du 35 au 60 métrique.

Filatures de fin, celles qui filent au-dessus du numéro 60 métrique.

Filature de la laine cardée

La filature de la laine cardée a pour but de produire des fils destinés à la fabrication des tissus foulés et de la draperie cardée, employant pour les premières des laines grossières et des blousses, pour les secondes des laines fines et douces. On ensime davantage la laine pour lui donner plus d'adhérence.

Le seul but qu'on se propose est de former un fil résistant et régulier, cette dernière condition n'étant pas indispensable dans certaines fabrications.

Quand on fabrique des tissus communs, on emploie très peu de laine mère. On emploie principalement des mélanges à bas prix de matières différentes, quelques laines donnant de la force et d'autres de la douceur.

Mélange et battage

On fait le mélange à la fourche puis on passe à la pailleuse ou batteuse les blousses épaillées pour en faire tomber la paille. On les étend alors en couches superposées puis on introduit de nouvelles matières que l'on étend également par couches superposées. On obtient ainsi plusieurs sortes de laines à mélanger. Le dernier mélange s'obtient en remuant à la fourche les séries de couches et en les passant à la batteuse. On a ainsi un mélange suffisamment homogène.

Louvetage

S'emploie avec des laines feutrées ou enchevêtrées pour ouvrir les filaments. Le loup est garni de pointes métalliques de 3 à 4 centimètres de haut et espacées de 2 à 3 centimètres. Son volant tourne à la vitesse de 1.000 à 1.200 tours. La table d'alimentation tourne à la vitesse de 1 mètre par minute. Les cylindres cannelés d'alimentation tournent à la vitesse de la table et la laine, retenue d'une part par les cylindres alimentaires et enlevée d'autre part par les pointes du loup, se trouve ouverte et sort en flocons du loup.

Ensimage

Opération importante, car elle compense le peu de crochets dû à la faible longueur des filaments.

Se fait avec un mélange de savon et d'huile d'olive pure dont la proportion varie suivant que l'on fabrique des fils de chaîne ou de trame.

Après ensimage, on repasse la laine au loup pour faciliter le mélange avec le liquide d'ensimage.

Second louvetage

A pour but de régulariser le graissage.

Cardage

Se fait à l'aide d'un assortiment composé de 3 ou 4 cardes chargées d'épurer et de démêler les filaments.

Le 1er est la carde étoqueuse ou carde à matelas ;

La 2° et la 3° s'il y a 4 cardes est la repasseuse ;

La 4° est la carde fileuse dans laquelle on divise la nappe livrée par le peigneur de la carde en plusieurs mèches dont la largeur est proportionnée au numéro que l'on veut obtenir. Les tranches ainsi formées passent entre des frottoirs qui ont pour but de les rouler et de les transformer en mèches.

Métier à filer

Ce métier est comme celui qui file la laine peignée.

Traitement des laines renaissances

Les laines renaissances ou artificielles sont classées en 3 catégories ;

Le *Shoddy* s'obtient par le défibrage des étoffes pures non foulées et non tendues ainsi que des tricotages ;

L'*Extrait ou Extract* s'obtient par le défibrage des tissus mélangés ;

Le *Mungo* s'obtient par le traitement des draps foulés.

Ce sont des laines courtes et qui manquent de souplesse.

Les opérations sont :

1° Le *triage*. — On sépare d'abord les chiffons d'après la nature des fibres, le mode de triage, l'apprêt, la couleur et le degré de finesse, puis on les débarrasse des nœuds, coutures, boutons, etc. qui peuvent les garnir.

2° *Défibrage*. — Les chiffons de laine pure passent dans un débiteur mécanique formé d'un tambour dont la surface est hérissée d'un grand nombre de dents et qui, tournant à une vitesse de 7 à 800 tours à la minute, réduit les chiffons à l'état de fibres individuelles d'une longueur de 5 à 20 m/m, mais le plus souvent de 8 à 10. Les fibres les plus courtes sont impropres au tissage et tombent pendant le travail sous forme de poussière. Suivant la qualité de la matière on ajoute, au tissage, de la laine ordinaire ce qui est inutile avec le shoddy qui contient des fibres longues.

3° *Carbonisage*. — L'extract, que l'on retire des tissus mélangés de laine et coton ou laine et lin, nécessite la carbonisation préalable de ces tissus, c'est-à-dire qu'on les passe dans un bain faible d'acide sulfurique ou de chlorure de zinc pour les soumettre ensuite, après séchage parfait, à l'action d'un loup qui, par un battage énergique, sépare sous forme de poussières toutes les fibres végétables rendues friables par les acides. On lave ensuite la laine restante dans une lessive faible de potasse ou de soude. On sèche et on procède comme pour le shoddy.

4° *Filature*. — Les opérations de filature proprement dites sont analogues à celles de la laine cardée lorsqu'il s'agit de shoddy et à celles du coton lorsqu'il s'agit d'extract ou de mungo, les écartements étant plus réduits que ceux de la filature de laine ordinaire.

Humidification et ventilation

Dans la filature de la laine, en général, la proportion d'humidité la plus avantageuse est de 70 à 75 % par rapport à la saturation : ce qui correspond au degré hygrométrique 82 à 85°. La laine peignée se file avec 80 % d'humidité et les laines cardées avec 70 à 60 %. Les peignages de laine demandent 75 à 90 %.

La température dans les salles de cardage ne doit pas

descendre au-dessous de 22°; l'état hygrométrique doit être de 75 à 90 %.

La température dans les salles de peignage à peigneuse intermittente doit être de 25° et une humidité de 75 à 80 %; dans les salles de peigneuses continues, la température doit être aussi constante que possible, car la dilatation des organes joue un grand rôle dans le réglage et peut nuire à la qualité des produits; on chauffe les machines à l'avance. Etat hygrométrique 80 à 85 %.

La température dans les salles de filature ne doit pas être inférieure à 22°, l'état hygrométrique doit être de 75 %. Dans les salles de métiers continus, la température doit être de 22 à 23° et l'état hygrométrique de 75 à 80 %. Dans les salles de renvideurs, la température doit être de 24° pour les nos 10 à 65 et 25° pour les nos plus fins; l'état hygrométrique 80 % pour les nos 10 à 35, 85 % du n° 35 au n° 66, et 90 % du n° 65 au n° 120.

Renseignements sur la filature de la laine

1° PEIGNAGE DE LAINE

Assortiment et indication des machines d'un peignage de laine produisant 300.000 kg. de laine peignée par an

Matériel de peignage proprement dit :

    1 bac de dessuintage;
    1 batteuse ou loup pour pailleuse;
    1 dégraisseuse automatique;
    2 sécheuses;
    24 cardes avec avant-train de 1m,20 de large;
    3 étirages de 6 têtes, soit 18 têtes;
    3 lisseuses;
    3 étirages de 8 têtes, soit 24 têtes;
    4 étirages de 8 têtes, soit 32 têtes;
    24 peigneuses produisant 40 kg.;
    3 étirages à pots de 6 têtes, soit 18 têtes;
    3 étirages finisseurs de 6 têtes, soit 18 têtes.

Matériel accessoire : Moteur, machine de 80 HP. Générateur pour chauffage. Transmission. Eclairage. Installation électrique Outillage et atelier de réparation. Petit matériel, etc.

Bâtiment : Superficie couverte de 1.800 mètres carrés.

2° FILATURE DE LA LAINE PEIGNÉE

Filature de 15.680 broches produisant par jour 575 kg. de fil peigné n° 70.000 mètres au kg.

Matériel de filature proprement dit :

    2 défeutreuses à 2 têtes, soit 4 têtes ;
    1 ghill box à 4 têtes ;
    1 étirage à 12 têtes ;
    1 machine de chute double mèche à 18 têtes ;
    1 bobinoir double mèche à 40 têtes ;
    1   »   »   »   44 têtes ;
    2   »   »   »   30 têtes, soit 60 têtes ;
    4   »   »   »   40 têtes, soit 160 têtes ;
    2   »   »   »   50 têtes, soit 100 têtes ;
    3 bobinoirs finisseurs à 50 têtes, soit 150 têtes ;
    28 renvideurs de 560 broches de 43 mm. d'écartement.

Matériel accessoire : Moteur ou machine de 280 HP. Générateur pour chauffage. Transmission. Eclairage. Installation électrique. Outillage et matériel de réparation. Petit matériel d'usine.

Bâtiment : Superficie couverte : 1.500 mètres carrés.

3° FILATURE DE LA LAINE CARDÉE

Filature de 7.200 broches de continu produisant par jour 1.000 kg. de fil cardé n° 20.000 mètres au kg.

Matériel de filature proprement dit :

    1 batterie de laveuses continue ;
    2 machines à égrateronner ;
    3 loups avec chargeur ;
    12 assortiments de cardes à 3 cardes chacun avec chargeuses automatiques ;
    18 continus de 400 broches.

Matériel accessoire : Moteur ou machine de 150 HP. Générateur pour chauffage. Transmission. Eclairage. Installation électrique. Garnitures, bobines, rouleaux. Outillage et petit matériel de réparation.

Bâtiment : Superficie couverte : 1.000 mètres carrés.

Prix de revient

1º Prix de revient d'une laine peignée

Prenons le cas du peignage envisagé plus haut :

1º Intérêt du capital à 5 $^0/_0$: A ;

2º Intérêt du fonds de roulement à 5 $^0/_0$: B ;

3º Amortissement : 15 à 20 $^0/_0$ sur le matériel,
      5 à 10 $^0/_0$ sur les immobilisations,
formant un total annuel : C ;

4º Main d'œuvre pour 300 jours ouvrables :

Triage	14	ouvriers
Dégraissage et séchage	5	»
Cardage	8	»
Étirage et lissage	13	»
Peignage	8	»
Préparation après peignage. . .	6	»
Atelier de réparation	2	»
Contremaîtres	3	»
Ouvriers divers	8	»

formant un salaire total annuel : D ;

5º Frais généraux : Contributions et Assurances. Personnel de la Direction. Employés et frais de bureau. Charbon (3.000 kg. par jour). Graissage, ensimage, savon, soude. Entretien, réparations, accessoires, formant un total annuel : E.

La production annuelle étant de 300.000 kg. le prix de revient d'une façon de peignage sera de :

$$\frac{A + B + C + D + E}{300.000} = F.$$

Il y a lieu de tenir compte de la récupération des sous-produits (potasse).

2º Prix de revient d'un fil peigné

Prenons le cas de la filature de peigné envisagée plus haut :

1º Intérêt du capital à 5 $^0/_0$: A ;

2º Intérêt du fonds de roulement à 5 $^0/_0$: B ;

3º Amortissement : 15 à 20 $^0/_0$ sur le matériel,
      5 à 10 $^0/_0$ sur les immobilisations : C ;

4° Main d'œuvre pour 300 jours ouvrables :

Préparation	18 ouvriers
Fileurs	9 »
Grands rattacheurs	9 »
Bâcleurs	36 »
Atelier de réparation	2 »
Contremaîtres	2 »
Ouvriers divers	11 »

formant un salaire total annuel : D ;

5° Frais généraux : Contributions et assurances. Frais de direction. Employés et frais de bureau. Charbon (1.600 kg. par jour). Graissage et ensimage. Cylindres, cordes, courroies. Atelier de réparation et accessoires, formant un total annuel : E.

La production totale annuelle étant de 170.500 kg de fil, le prix de revient au kg. de la façon de filature sera de :

$$\frac{A + B + C + D + E}{170.500} = F.$$

Il y a lieu d'ajouter la valeur des déchets de peigné en filature (2 à 3 %) et la valeur d'achat de la mèche peignée pour avoir le prix de revient final.

3° Prix de revient d'un fil cardé

Prenons le cas de la filature de laine cardée envisagée plus haut :

1° Intérêt du capital à 5 % : A ;

2° Intérêt du fonds de roulement à 5 % : B ;

3° Amortissements : comme indiqués précédemment, formant un total : C ;

4° Main d'œuvre pour 300 jours ouvrables :

Lavage et dessuintage	2 ouvriers
Échardonnage	2 »
Battage et loup	3 »
Cardage	12 »
Métiers à filer au continu	18 »
Contremaîtres	2 »
Ouvriers divers	10 »

formant un salaire total annuel : D ;

3° Frais généraux : Contributions et assurances. Direction. Employés et frais de bureau. Charbon, graissage, savon, soude, ensimage. Courroies, cordes à broches, fuseaux. Entretien. Réparations. Frais accessoires, etc., formant un total annuel : E.

La production étant de 300.000 kg. par an, le prix de revient au kg. de la façon de filature sera de ;

$$\frac{A + B + C + D + E}{300.000} = F.$$

Il y a lieu d'ajouter le prix d'achat de la laine brute, la perte en poids au lavage et au dessuintage et de tenir compte du déchet de filature et de la récupération des sous-produits.

CHAPITRE IV

FILATURE DU LIN

Le lin est une plante annuelle dont la tige contient un filament textile avec lequel on produit la toile, la batiste, la dentelle, le fil à coudre, le fil pour cordonnier.

Pays de production : Russie méridionale, Belgique, Allemagne, Bohême, Hollande, Italie, Islande, France.

Classification des lins

LINS DE FRANCE

a) Région du Nord

1° Lins de Bergues (forts, souples, gris foncé, se blanchissent et se teignent facilement). Rendement : 65 à 75 $^0/_0$. Filent du n° 20 à 3o. Etoupe n°s 18 à 25 ;

2° Lins d'Hondschoote, Arnèke, Cassel, Hazebrouck, Audruicq, Bourbourg, valent à peu près ceux de Bergues ;

3° Lins de Lambersart, Leforest, Raimbaucourt, lins fins et bien travaillés ;

4° Lins de la Lys, très fins et très estimés. Rendement : 6o à 65 $^0/_0$. Filent du 3o au 5o ;

5° Lins de Cambrai, Saint-Amand, Marchiennes, Valenciennes et de la Scarpe, blonds, brillants, fins et solides ;

6° Lins de Douai, gris sale. Filent du 25 au 50. Donnent des étoupes 16 à 22.

b) Région de Normandie

1° Lins de Bernay, couleur jaune-verdâtre, très estimés. Filent du 35 à 60 et, en étoupes, du 12 à 25 ;

2° Lins de Caux, couleur gris cendré, secs et cassants, donnent de très bonnes étoupes ;

3° Lins de Coutance, doux, souples et fins, mais irréguliers.

c) Région de Picardie

1° Lins de Vimeux sont les plus réputés ;

2° Lins d'Albert, de Doullens, d'Abbeville sont un peu roux.

d) Région de Bretagne

S'emploient surtout en mélange pour donner de la force et de la consistance au fil.

e) Régions d'Anjou, de Vendée

S'emploient en mélange.

LINS DE BELGIQUE

Lins de Courtrai, sont les meilleurs d'Europe, jaunâtres, doux et soyeux.

Lins d'Ypres, lins doux, servent à faire la toile cretonne ;

Lins de Lokeren, gris d'argent, produisent les numéros fins ;

Lins de Malines, très fins et très estimés ;
Lins de Gand, donnent un faible rendement ;
Lins de Liège, fins et bien travaillés ;
Lins de Tournai, les plus estimés après Courtrai ;
Lins d'Ath, bons et bien travaillés.

LINS DE HOLLANDE

Lins de Frise sont foncés, longs et assez secs ; s'emploient en mélange ;

Lins de Zélande sont plus doux, mais coûtent plus cher que ceux de Frise.

LINS DE RUSSIE

Sont de couleur jaune-verdâtre, s'emploient en mélange avec des lins plus forts :

1° Lins du Nord dans le gouvernement de Vladimir ; Lin de Riga et d'Arkangel qui s'expédient par ces ports. Le lin « Yaroslaw » est employé sur place et sert à fabriquer la « toile russe » ;

2° Lins de l'Ouest sont exportés en totalité par Pskow, Ostrow et Holm ;

3° Lins du Sud, ne produisent que des qualités inférieures.

Classements commerciaux 5 ;

Lins de Riga, principal marché pour les lins (5 catégories : lin Couronne, lin Wrack, lin Dreiband, lin de Livonie, lin Wrack-Dreiband) ;

Lins Perneau, rouis au sec ;

Lins de Saint-Pétersbourg, rouis sur terre ou lins bruns, rouis à l'eau, lins blanc-jaunâtre ;

Lins Narva ;

Lins Reval, rouis à l'état vert ;

Lins Arkangel, lins gris argentés, bien travaillés, quoique maigres.

Etoupes

Les étoupes sont le produit du peignage du lin soit à la main, soit mécanique.

Classements. — Etoupes de peignage à la main, sont longues et soignées.

Etoupes de peignage mécanique, se classifient en étoupes de battes, longues et ouvertes, étoupes de doffer, boutonneuses et mêlées, étoupes d'émouchures mauvaises et difficilement employables, étoupes de repassures qui sont excellentes.

Classements d'origine. — 1° Etoupes de France, étoupes de la Lys et de Courtrai sont très estimées, étoupes de Picardie et de Bretagne sont moins belles :

2° Etoupes de Russie, arrivent par Saint-Pétersbourg et Arkangel. On les divise en étoupes 1re sorte, étoupes 2e sorte, codilles n° 1, codilles n° 2 par ordre de mérite ;

3° Etoupes d'Allemagne sont toujours cardées, mais sont rarement de bonne qualité ;

4° Etoupes d'Italie : étoupes inverningo, assez grosses, provenant des lins d'hiver ;

Etoupes norstrano, plus fines, provenant des lins d'été ;

5° Etoupes de Hollande peu estimées.

Opérations agricoles

Le lin, après avoir été récolté, est mis à rouir et teillé sur place.

Le rouissage. Les fibres de la plante, après récolte, sont soudées entre elles et sur la tige par une matière gommeuse. Le rouissage a pour but de détruire cette matière gommeuse et de permettre ensuite de séparer aisément les fibres qu'on veut convertir en filasse. Cette opération se fait, soit en immergeant les tiges dans de l'eau courante ou croupissante (rouissage à l'eau), soit en les exposant sur un pré à l'action désorganisante de la rosée nocturne (rouissage sur pré) soit, en les soumettant en vase clos à l'action de la chaleur humide ou d'agents chimiques ou d'agents microbiens (rouissage artificiel ou industriel). Les deux premiers modes nécessitent un temps assez long et l'opération n'est considérée comme achevée que lorsque la matière gommeuse est entièrement dissoute par suite de la fermentation : le rouissage industriel est plus rapide.

Le teillage auquel on soumet ensuite les fibres consiste à séparer les chénevottes (fragments ligneux) des fibres et à réduire celles-ci en filasse. Cette opération comprend deux phases distinctes : le broyage et le teillage proprement dit. Le broyage a pour objet de broyer la partie ligneuse de la plante en la séparant de la filasse : il se dédouble en opérations adjacentes telles que le macquage et le maillage. Le teillage proprement dit fait disparaître les chénevottes laissées par l'opération précédente. Il se compose fréquemment de l'écouchage, de l'écanguage, de l'époulage, etc... Il se fait au moyen de teilleuses.

On distingue les teilleuses à la main et les teilleuses mécaniques. Avec la teilleuse-piqueuse mécanique de Cardon, on supprime tout broyage préalable du textile. Le lin en paille est placé tel quel sur la machine qui le transforme complètement et le rend nettoyé et peigné.

Opérations de filature proprement dite

Les différentes opérations subies en filature, après que le lin a été récolté, roui et teillé, sont :

Peignage

But : débarrasser les filaments des matières étrangères qui s'y trouvent, les paralléliser et réduire la filasse à la finesse voulue pour le fil auquel elle est destinée.

Le peigne du peignage attaque les filaments dans leur longueur, les divise en entrant dans les filaments, les parallélise en faisant subir au peigne un mouvement parallèle à celui des fibres et les nettoie en enlevant les impuretés qui restent sur le peigne (étoupes). Le peignage se fait à la main ou mécaniquement.

PEIGNAGE A LA MAIN. — Doit être progressif et se faire sur de faibles poignées (100 à 125 grammes pour lins longs, 60 à 70 grammes pour lins coupés).

Peignes composant une série pour peigner des lins devant produire des

Numéros du fil	Numéros des peignes				
	1o	2e	3o	4o	5e
en lins longs					
20	R	14 à 18	60		
30	»	16 à 18	40	80	
50	»	18 à 20	40	120	
78	»	18 à 20	60	140	
en lins coupés					
30	1/2 R	18 à 22	60	120	
50	»	20 à 25	60	160	
70	»	20 à 25	60	120	200
100	»	40	80	146 à 160	250
170	»	40	100	160	350
200	»	40	100	160	300

PEIGNAGE MÉCANIQUE. — Se fait sur peigneuses à presses mobiles : 1° les cordons de lin doivent être établis sur toute la longueur de la presse et dépasser d'un peu plus de la moitié de leur longueur : 2° Les tabliers sans fin doivent être écartés l'un de l'autre, de manière que la pointe des aiguilles dépasse le plan vertical qui passe par le milieu du couloir ; 3° Les peignes doivent attaquer les cordons normalement et le plus près possible des presses, en commençant leur travail par l'extrémité inférieure des cordons, le travail devant être progressif ; 4° Les cordons doivent subir l'action de peignes de plus en plus fins.

Désignation des organes	*Nombre de tours et vitesse des organes*
Poulie motrice P.	$100 \text{ tours} = V$
Vitesse du tambour H	$V \times \dfrac{R}{H}$
Brosses circulaires U	$\dfrac{V \times R \times C \times U}{B \times D}$
Roues de commande BD . . .	
Pignon sur la roue motrice R .	
Intermédiaire C	
Doffer F.	$\dfrac{V \times R \times C \times E}{B \times D \times F}$

Roue de commande du doffer E.

Peignes détacheurs = vitesse des broches, puisque c'est la poulie qui les actionne

Excentrique en cœur = vitesse des broches

Nombre de presses qui passent par minute dans la machine = il en passe un par chaque mouvement de l'excentrique en cœur, mais chaque passage ne peigne qu'un bout des cordons, le nombre de cordons peignés par minutes =

$$\frac{\text{nombre de tours de l'excentrique}}{2}$$

Production en 10 heures, pour 18 presses : $18 \times 600 = 10.800$ cordons à 50 grammes = 540 kilogrammes qui donnent à 75 $^{0}/_{0}$ de lin, 400 kilogrammes de peigné.

Coupage

But : diminuer la longueur des filaments et réunir entre elles ensuite les parties des filaments. Le cœur de la tige fait des qualités supérieures, la tête et le pied, des qualités secondaires.

Etaleuse

But : former des rubans continus avec les rubans coupés. Pour cela, les cordons doivent chevaucher obliquement les uns à la suite des autres. L'étirage varie de 15 à 40. Les barettes et les ghills doivent développer 5 à 6 $^0/_0$ de plus que le cylindre fournisseur avec des lins coupés.

Calculs : voir tableau ci-après A, pages 154-155.

Etirage

But : amincir, allonger et régulariser les rubans qui viennent de la table à étaler. Se fait sur un assortissement de bancs d'étirage.

Calculs : voir pages 156 **tableau B**.

Conduite des étirages : 1° Les étirages doivent être alimentés d'une façon normale ; ils ne doivent pas être surchargés, autrement il se produit des grosseurs ou des coupures dans les rubans ;

2° Pour les lins longs, les cylindres étireurs ne doivent pas avoir plus de 2 à 3 pouces ; pour les lins coupés ils auront 1 $^1/_2$ à 2 pouces ;

3° Les ghills doivent être tenus en bon état, autrement il y a des irrégularités ;

4° Les pressions doivent être appropriées au laminage. Des pressions trop fortes occasionnent des coupures. Elles sont bonnes quand elles laminent bien les aspérités que présentent les brins et que les cylindres supérieurs tournent bien sur eux-mêmes ;

5° Les écartements doivent être un peu plus grands que la plus grande longueur des fibres. Trop d'écartement donne du duvet et de longues coupures, trop peu occasionne des places grosses, fait passer dur par suite de l'arrachement des filaments et abime la matière ;

Tableau A pour l'étaleuse

Nombre de dents ou diamètre des organes	Désignation des organes	Nombre de tours à la minute ou vitesse	Développement des cylindres par minute	Étirages
a) rechange 32 34-36	Poulie de com. P	$V = 135$ tours		
b) 120.	Cylind. étireur E	Vit. de l'étireur : $V \times \dfrac{a}{b} = 135 \times \dfrac{30}{120} = 40^t,5$	Cylindre étireur : $3,14 \times 6 \times 40,5 = 763$ p. 4	Entre étir. et fournis $\dfrac{E}{F} = \dfrac{763,4}{39,018} = 19,56$
c) 82	Cyl. délivreur D	Vit. du délivreur : $V \times \dfrac{a \times c}{b \times e} = \dfrac{135 \times 36 \times 82}{120 \times 47} = 70^t,5$	Cylindre délivreur : $3,14 \times 3,5 \times 70,5 = 776$ p. 8	
d) intermédiaire . .				
e) 47	Cyl. fournisseur F	Vit du fournisseur : $\dfrac{V \times afhn}{b,\,g,\,i,\,m} = \dfrac{135 \times 36 \times 64 \times 18 \times 23}{120 \times 72 \times 60 \times 60} = 4^t,44$	Cylindre fournisseur : $3,14 \times 3 \times 4,14 = 39$ p. 018	Entre fournisseur e table à étaler : $\dfrac{F}{T} = \dfrac{39,018}{35,5} = 1,09$
f) 64-65				
g) 72	Table à étaler T	Vit. de la table : $\dfrac{V \times afhk}{b,\,g,\,i,\,n} = \dfrac{135 \times 36 \times 64 \times 18 \times 23}{12 \times 72 \times 60 \times 55} = 4^t,52$	Cylindre d'appel : $3,14 \times 2,5 \times 4,52 = 35$ p. 5 de la table à étaler.	Entre fourn. et ghill $\dfrac{Bar.}{F} = \dfrac{40}{39,018} = 1,0$
h) 18				
i) 60				
k) 23	Vis de commande des barrettes	Vit. des barrettes : $V \times \dfrac{af\,p.}{b.g.q} = \dfrac{135 \times 36 \times 64 \times 30}{120 \times 72 \times 20} = 54$ tours	Dév. des barrettes : Vitesse des vis $\times$ $\times 54 \times \dfrac{3}{4} = 40$ p.	Entre déliv. et étir $\dfrac{D}{E} = \dfrac{776,4}{163,4} = 4,80$
m) 60				
n) 55				
p) 30	Compteur	Vit. du compteur : $\dfrac{V \times a \times c \times \text{vis } V \times \text{vis } V'}{b \times e}$		Etirage total : $19,56 \times 1,09 \times 1,02 \times$ $1,15 = 25.$
q) 20				

Diamètre du rouleau d'appel à la table à étaler . . . . 2,5 p
» du fournisseur . . . . 3 p.
» de l'étireur . . . . 6 p.
» du délivreur . . . . 3,5 p.

Production en 10 heures = longueur fournie par le cylindre délivreur × nombre de tours par minute — 10 °
pour perte de temps.

En divisant cette longueur par 500 qui est celle de chaque pot, on aura la production en pots.

Poids du ruban à la sortie de l'étaleuse =

$$\dfrac{\text{nombre de cuirs} \times \text{charge en grammes de lin sur chaque cuir par yard}}{\text{étirage}}$$

6° Les peignes doivent être nettoyés fréquemment ;

7° Les barettes des ghills doivent être réglées de telle façon que les rubans de lin restent toujours engagés dans les aiguilles. Elles doivent être près du cylindre étireur pour être en contact avec lui.

Banc à broche

Ne diffère que peu de celui pour coton. Les organes sont plus forts et les écartements plus grands. Pour les calculs, voir le B. à B. pour coton.

Humidification

Voir renseignements généraux à l'art. Humidification dans la filature du coton. L'humidification nécessaire à la filature du lin est de 60 à 65 $^0/_0$.

Tableau B

Vitesse du cylindre alimentaire $A = \dfrac{V \times adgk}{bfhn}$.

Vitesse du cylindre étireur $E = V \times \dfrac{a}{e}$.

Vitesse du cylindre délivreur $D = V \times \dfrac{an}{ep}$.

Vitesse des arbres de commande des barrettes :
$$V = \dfrac{adF}{bf.V}.$$

Elirage entre les barrettes et le fournisseur $=$
$$= \dfrac{\text{développement des barrettes}}{\text{développement des fourni-seurs}}.$$

Vitesse du cylindre fournis. $F = V \times \dfrac{adgkn}{bfmhs}$.

1er étirage à 2 têtes, doublage de 3 à 4, étirage : 15 à 25, lins longs,
»   »   »   6 à 8,   »   8 à 12, lins coupés,
2e étirage à 3 têtes, 6 rubans par tête, étirage : 12 à 22, lins longs,
»   »   8   »   »   12 à 18, lins coupés,

Tableau B *(suite)*

3e étirage à 4 têtes, 6 à 8   »   »   faible

   »   »   8 à 12

4e étirage à 4 têtes, 12 rubans par tête pour lin coupé : faible.

Développement du cylindre fournisseur $= \pi \times$ diamètre des fournisseurs $\times$ vitesse des cylindres fournisseurs.

Développement du cylindre étireur $= \pi \times$ diamètre de l'étireur $\times$ vitesse de l'étireur.

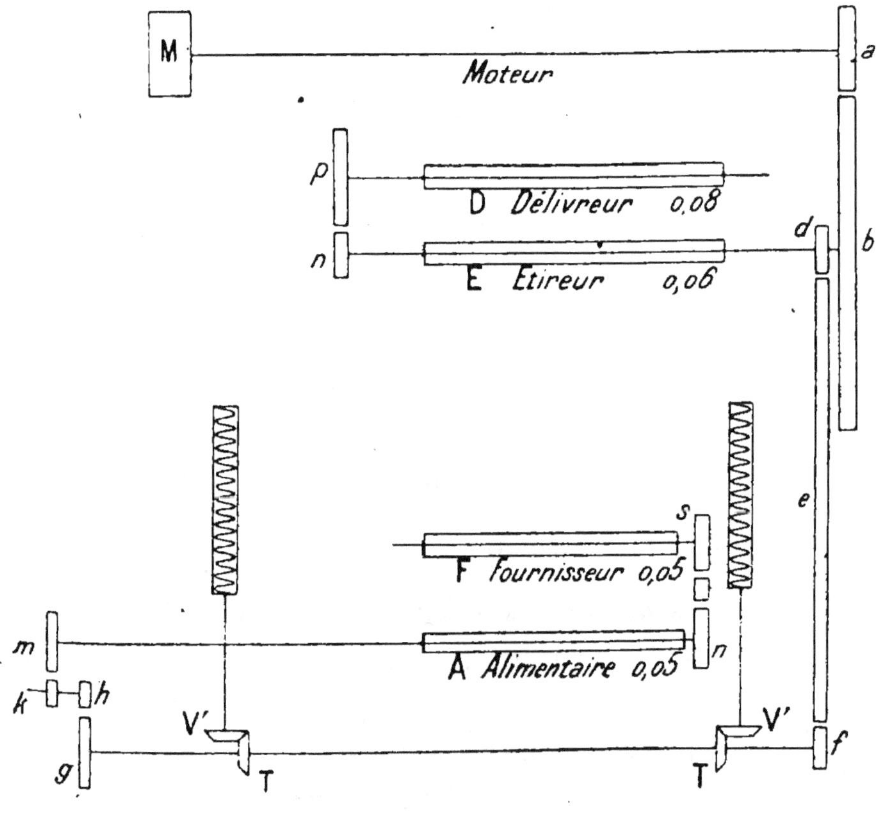

FIGURE 13.

Développement des barrettes $=$ vitesse des vis $\times$ par pas de vis.

Étirage entre les cylindres délivreurs et l'étireur $=$

$$= \frac{\text{Développement du cylindre délivreur}}{\text{Développement du cylindre étireur}}.$$

Tableau B (*suite et fin*).

Étirage entre les cylindres délivreurs et les barrettes =

$$= \frac{\text{Développement du cylindre étireur}}{\text{Développement des barrettes}} \cdot$$

Étirage total = produit des étirages partiels =

$$= \frac{\text{Diamètre cylindre étireur} \times \text{produit des roues commandées}}{\text{Diam. cyl. fournisseur} \times \text{produit des pignons commandeurs}} \cdot$$

Production en longueur = Vitesse du cylindre étireur × par développement du cylindre étireur × 0,08 (perte).

Production en poids =

$$= \frac{\text{Développement cylindre étireur par minute} \times \text{poids total des rubans derrière la machine}}{\text{Longueur du ruban} \times \text{étirage}} \cdot$$

$$\text{Poids du ruban sortant} = \frac{\text{Poids total des rubans}}{\text{Étirage}} \cdot$$

Filage

Le filage se fait comme pour le coton. Il existe deux méthodes : filage au sec et filage au mouillé.

On file à sec le lin destiné à la confection des toiles à sacs, toiles à voile et toiles pour tente.

Les métiers à filer à sec se composent de bobines à axe horizontal, venant du dévidage des mèches de bancs à broches. Ces mèches passent entre deux cylindres cannelés qui les laminent, puis entre des cylindres lamineurs lisses et vont s'enrouler en se tordant sur des bobines verticales. On file actuellement jusqu'au n° 50 au sec sur métier à ailettes.

On file au mouillé avec le même métier qu'on file le coton mais le fil, entre les alimentaires et les délivreurs, passe dans une auge renfermant de l'eau froide ou chaude.

Classification des métiers à eau chaude : 1° *métier à ailettes.* — On divise ces métiers en 4 catégories :

Le n° 1 file du n° le plus bas jusqu'au n° 20, les bobines ont 4 pouces de haut et l'écartement entre les broches est de 2 à 4 pouces.

Le n° 2 file du n° 20 au n° 50, les bobines ont 3 pouces et l'écartement entre les broches est de 2 $^1/_2$ pouces.

Le n° 3 file du n° 50 au n° 80, les bobines ont 2 pouces et l'écartement entre les broches est de 2 pouces.

Le n° 4 file au-dessus du n° 80, les bobines ont 1 $^3/_4$ pouce et l'écartement est de 1 $^1/_2$ pouce.

La vitesse des broches est de 3 à 4.000 tours pour les fils très fins et 2.500 pour les gros numéros.

2° *Métier à anneaux*. — Avec ces métiers on obtient une vitesse supérieure à 5.000 tours et par conséquent une plus grande production, mais on ne peut pas filer sur ce métier des numéros fins. On leur trouve cependant les avantages suivants : économie de temps, de force motrice, de main d'œuvre et possibilité de filer sur un même métier une série de numéros variés.

Finissage

Après filage, le fil est mis en bobine et, s'il a été filé au mouillé, il est mis à sécher.

Dévidage. — Les dévidoirs pour fils de lin ont un périmètre de 2 $^1/_2$ yards ou 2 m., 29, mais on le fait généralement de 2 m., 32 à cause des pertes. Le volant doit faire 120 tours pour avoir la longueur base du numéro. Les dévidoirs sont à la main ou mécaniques.

Séchage. — L'opération doit être faite méthodiquement pour éviter qu'il ne se forme une croûte de matière résino-gommeuse à la surface du fil ; les échevaux les plus mouillés doivent être mis en présence de l'air le moins sec (tout en n'étant pas en saturation) et les échevaux les plus secs en présence d'un air avide d'humidité, c'est-à-dire presque sec. Les échevaux doivent être déplacés pendant le séchage.

Filature des étoupes

Le lin peigné à la main donne de meilleures étoupes que le lin peigné à la mécanique. Les étoupes de cette dernière espèce varient elles-mêmes suivant le système de débourrage et l'état d'avancement du peignage.

A la peigneuse, on classe les étoupes en : premier peigne, deuxième peigne, troisième peigne et repassures, ces dernières étant les meilleures.

La série des machines dont on se sert est la suivante : passage à la briseuse, passage aux cardes, dans quelques cas passage à des peigneuses spéciales, passage au rotary-ghill, passage aux bancs d'étirage, passage aux bancs à broches, filage au métier à filer, analogue à celui du lin.

Briseuse. — Ce n'est qu'une carde à dégrossir pour désagréger les matières dures, telles que les étoupes tordues et les déchets de filatures au sec. Le cylindre briseur, qui en est le principal organe, est garni de grosses aiguilles.

Cardes. — Elles sont presque toutes du type à hérisson. Le déboureur se place tantôt avant, tantôt après le travailleur : dans le 1er cas le travail se fait « en dehors », dans le second il se fait « en dedans ». Généralement ces cardes sont disposées comme celles pour la laine cardée, c'est-à-dire qu'elles ont plusieurs tabliers d'alimentation et que le produit sort en plusieurs rubans, généralement 3, qui se réunissent en un seul.

Production : variable, 400 kgs par jour en moyenne.

Ventilation et dépoussiérage : ces machines doivent être ventilées, en raison de la grande quantité de poussières qu'elles produisent.

Peignage. — Se fait sur peigneuses pour filaments courts du type Heilmann avec quelques modifications.

Rotary-ghill, ou étirage-soleil, ou ghill circulaire. Cette machine, qui a pour but de paralléliser complètement les filaments qui ne seraient pas passés à la peigneuse, comprend un système d'entrée progressif des barettes dans le ruban venant de la carde de manière à ce que le parallélisme qui est nécessaire pour le travail suivant aux bancs d'étirage puisse être effectué sans à-coups. Cette machine est analogue à celle employée dans la filature de la laine peignée.

Emploi des fils de lin

Les fils de lin sont employés :

1° Dans le tissage des toiles de toutes sortes, du linge damassé, des batistes et linons, des coutils, des toiles cirées, des velours et peluches de lin ;

2° En mélange avec le coton dans le tissage des toiles dites mixtes ou métis ;

3° Dans la fabrication de la bonneterie (articles en pur fil) ;

4° Dans la fabrication des fils à coudre (filterie), des fils pour sellerie, bourellerie et cordonnerie.

5° Comme fils à dentelle, comme fils pour harnais, etc.

Les fils filés au sec sont surtout employés pour les fournitures destinées aux administrations de l'armée et de la marine.

Assortiments. Productions. Prix de revient

Assortiments. — Les machines sont assorties pour pouvoir filer des séries de numéros qui sont généralement les suivants : de 8 à 16, de 20 à 30, de 35 à 45, de 50 à 70 puis la série des numéros fins et très fins jusqu'au n° 100.

Si on prend comme exemple le n° 12 souvent employé pour toile, on verra que 1.560 broches de métier à filer ce n° nécessitent :

60 broches de banc à broche ;

6 bancs de 3ᵉ étirage ;

3 bancs de 3ᵉ étirage ;

2 bancs de 1ᵉʳ étirage ;

2 étaleuses ;

2 peigneuses.

Production. — La production d'une broche en n° 12 tournant à 2.600 tours 3 ¹/₂ pouces d'écartement et donnant au fil une tension de 5,80 tours par pouce est de 381 m., 075 (avec diminution de 15 °/₀ pour arrêts), soit un poids de 1 gr., 3315 en une minute et 798 gr. par jour de 10 heures.

Prix de revient. — Si on prend comme exemple une filature de 5.000 broches produisant 21.250 paquets de fils n° 30 au mouillé, le paquet pesant 18 kilogrammes, on aura, comme frais de façon :

Intérêt du capital engagé et du fonds de roulement ;

Amortissement ;

Main-d'œuvre.

Frais généraux, le tout ensemble représentant une somme annuelle : A, le prix de façon de filature au paquet ressort à $\dfrac{A}{21.250} = B$. Il y a lieu d'ajouter le prix de la matière et du déchet pour lesquels il faut tenir compte des données suivantes :

100 kilogrammes de lin brut produisent 50 kilogrammes de lin peigné et 50 kilogrammes d'étoupes dont la revente viendra en déduction du prix de revient. La perte en filature, ou déchet, est de 8 °/₀.

CHAPITRE V

—

FILATURE DU CHANVRE

Le chanvre est une filasse qui provient de la tige d'une plante annuelle qui appartient à la famille des urticées. Le chanvre qui ne porte pas la graine est dit : chanvre mâle, et c'est celui qui est utilisé en filature principalement.

Le chanvre, comme le lin, se rouit à l'eau courante et à l'eau dormante. On rouit également sur pré, à terre et chimiquement.

La fibre après rouissage est séchée, broyée, teillée, passée au moulin et hâlée, c'est-à-dire desséchée à fond au four.

Sortes commerciales de chanvres employés en filature

CHANVRES ÉTRANGERS

1º Chanvres de Riga, Saint-Pétersbourg, Berg et Kœnisberg. On les appelle généralement chanvres du Nord. Ils sont des plus fins et des plus doux, leur couleur normale est jaune pâle ou vert jaunâtre ; quand il est vert roux, sa qualité est moins bonne et quand il a une couleur brune il s'est échauffé dans le transport. Sa longueur est de 1,50 à 2 mètres. Les chanvres russes se classent en 3 catégeries, chacune subdivisée en 4 ou 5 marques. Des expériences ont montré que le second brin des chanvres du Nord est égal en force au premier brin du chanvre d'Auvergne. Le chanvre de Riga peut rendre 76 $^0/_0$ de premier brin, 14 $^0/_0$ de second, 4 $^0/_0$ d'étoupes. Sert aussi pour cordages.

2e Chanvre de Norvège, moins bien roui et moins bien trié.

3° Chanvre de Constantinople, peut rendre 47 $^0/_0$ de premier brin, 32 $^0/_0$ de second brin et 7 $^0/_0$ d'étoupes.

CHANVRES D'ITALIE

1° Chanvre de Naples, n'est pas très fin mais d'une bonne résistance, peut rendre 71 $^0/_0$ de premier brin, 20 $^0/_0$ de second et 4 $^0/_0$ d'étoupes. C'est le meilleur au point de vue du rendement.

2° Chanvres de Bologne et de la Marche d'Ancône. Ce sont les plus fins de tous les chanvres connus, fibres soyeuses et longues atteignant parfois 3 mètres à 3 m., 30, mais par contre peu tenaces. Leur rendement est de 56 $^0/_0$ en premier brin, 25 $^0/_0$ en second et 14 $^0/_0$ en étoupes.

3° Chanvres du Piémont, sont d'un vert jaunâtre, les queues sont aussi longues que celle de Bologne, le brin n'est pas bien soyeux et est difficile à filer. Rendement : 59 à 60 $^0/_0$ en premier brin, 24 à 25 $^0/_0$ en second brin, 7 à 10 $^0/_0$ en étoupe.

CHANVRES FRANÇAIS

Les plus connus sont :

1° Chanvres de Bourgogne, brin cassant, dur et vert blanchâtre et assez grossier, donne 57 à 60 $^0/_0$ de premier brin, 22 $^0/_0$ de second brin et 10 $^0/_0$ d'étoupes ;

2° Chanvres du Dauphiné, brins fins et doux, 66 $^0/_0$

de premier brin, 17 à 20 °/₀ de second, 8 à 9 °/₀ d'étoupes ;

3° Chanvres de Bretagne, durs à travailler et donnent beaucoup de déchets ;

4° Chanvres d'Anjou, se divisent en deux classes ; les uns très fins, dits chanvres de vallée, sont surtout employés à la fabrication des petites cordes, les autres plus gros sont utilisés pour les cordages. (Commune de Saint-Jean-de-la-Croix et Ponts-de-Cé) ;

5° Chanvres de Touraine, sont très estimés également ;

6° Chanvres du Maine, récoltés dans la Sarthe, sont rouis à l'eau courante et à l'eau dormante ;

7° Chanvres de Picardie, de bonne qualité, surtout les chanvres blancs ;

8° Chanvres de Champagne, courts et grossiers ;

9° Chanvres de Bordeaux et de Tonneins dont les qualités sont généralement très longues : 2 m., 30, sont résistants et fins, doivent être coupés en deux pour être filés.

Opérations de Filature

Dans les campagnes on commence par l'espadage qui a pour but de débarrasser le chanvre des chenevottes qui peuvent y être attachées en le frappant avec une batte en bois, puis on fait le peignage à la main.

Dans les filatures, les opérations sont mécaniques ; les machines diffèrent suivant la finesse des chanvres à travailler.

Les opérations sont :

1° *Peignage*. — Après un premier peignage rapide à la main, le chanvre passe à des peigneuses analogues à celles du lin. Généralement le chanvre passe successivement dans 2 peigneuses, l'une qui peigne la tête, l'autre la queue. Dans la peigneuse Horner, dite peigneuse double, il n'y a en réalité que deux peigneuses simples réunies sur un même bâti : les presses de l'une montent pendant que celles de l'autre descendent.

Dans la peigneuse Walker, les tabliers des peignes ne sont pas tous montés sur les 2 mêmes cylindres; ils sont répartis sur 2 séries de 2 cylindres, chaque groupe ayant son mouvement à lui, le premier dégrossit, le second finit le peignage. Les premiers cylindres travaillent le chanvre méthodiquement, grâce à une variation de vitesse obtenue au moyen de 2 cônes horizontaux opposés par leur base et sur lesquels se déplace la courroie de commande du mouvement. Le guidage de cette courroie est réglé suivant le déplacement des presses.

2° *Étalage*. — L'étaleuse ressemble à celle du lin avec des organes plus forts. L'ouvrier dispose les poignées de chanvre (250 grammes environ par poignée) sur la table à étaler. L'étaleuse comprenant 2, 4, 6 ou 8 laminoirs, il se forme autant de rubans en même temps. Il faut les réunir en un seul après la sortie des cylindres étireurs et cela sans déranger la disposition des fibres. On obtient ce ruban unique au moyen du paralléliseur : c'est une plaque de fonte qui occupe toute la largeur de la machine et est placée parallèlement aux étireurs. Cette plaque est percée de trous en forme de parallélogrammes dont les côtés forment entre eux 45°; tous les rubans sauf un, celui situé à l'extrémité droite ou gauche de l'étaleuse, se trouvent pliés à angle droit 2 fois de suite, de dessous en dessus, puis de dessus en dessous et se réunissent en ruban qui passe directement.

3° *Doublage et étirage*. — Se font comme pour le lin dans des bancs à ghills. L'assortiment comprend 3 bancs. L'étirage ne doit pas être plus grand que le doublage afin que le ruban ne s'amincisse pas trop.

4° *Filage*. — Comprend, comme pour le lin, l'opération de tordage du chanvre qui sort des étireuses et de son envidage sur des bobines ou tambours spéciaux.

Les métiers sont analogues à ceux du lin mais plus robustes et de dimensions plus grandes.

On emploie également pour gros numéros des :

Métiers horizontaux. — Ces machines imitent le travail à la main, leurs broches sont horizontales et le chanvre avant de subir la torsion que lui donnent les ailettes passe dans un organe spécial appelé condenseur qui doit jouer le rôle de la main du fileur. Ce condenseur qui règle la grosseur du fil règle aussi la marche des ghills qui le précèdent. Il est constitué par une espèce de pavillon métallique à l'intérieur duquel est logé un petit cylindre mobile qui porte une rainure ; le chanvre passe entre cette rainure et l'ouverture elliptique du pavillon. Le cylindre peut tourner autour de son axe sous le frottement du chanvre et l'angle dont il tourne est plus ou moins considérable, suivant la grandeur du faisceau qui passe. Il est maintenu en place par des leviers à ressort. A sa sortie du condenseur, le chanvre pénètre dans un petit tube animé d'un mouvement de rotation rapide ; puis il passe sur des rouleaux à gorge qui jouent le rôle de tendeurs et enfin il arrive à l'ailette qui donne la torsion voulue.

5° *Le livardage.* — A pour but de rendre le fil uni en le débarrassant de son poil, et s'emploie surtout pour les fils de chanvre destinés à la corderie.

Emploi des fils de chanvre

On emploie les fils de chanvre dans le tissage des sacs, toiles d'emballage, coutils, toiles à matelas, toiles à voile, etc.

Crémage des fils de lin et de chanvre

Pendant la filature et malgré le filage à l'eau chaude le lin et le chanvre renferment encore des matières gommeuses, dites acide pectique, qui restent adhérentes à la fibre sous forme de paillettes nacrées qu'on peut voir au microscope. Quand le fil est tout fini il est resté dur et rugueux : son emploi en tissage serait difficile surtout pour les toiles fines. Aussi il est nécessaire de le travailler chimiquement avant tissage. Au contraire quand on veut conserver à la toile ses qualités d'imperméabilité, on emploie le fil naturel : il a alors conservé tout son vernis d'acide pectique insoluble à l'eau.

Le crémage a pour but d'enlever cette gomme et il se fait par le lessivage des fils à la soude ou à la chaux dans des autoclaves. On laisse bouillir les fils pendant 6 à 8 heures. On les lave d'abord à l'eau chaude, puis à l'eau froide et on les fait sécher.

CHAPITRE VI

FILATURE DU JUTE

Après le rouissage, qui est analogue à celui du lin, *les opérations de filature* sont :

1º *Traitement à l'huile et à l'eau.* Le jute est étendu par terre dans toute sa longueur par lit de 3 à 4 mètres carrés de 8 à 10 centimètres d'épaisseur. Chaque lit est arrosé avec un arrosoir ordinaire d'un mélange d'eau et d'huile dans la proportion de 22 à 25 $^0/_0$ d'eau et 3 à 5 $^0/_0$ d'huile de phoque ou de baleine, soit donc de 25 à 30 $^0/_0$ de mélange par 100 kilogrammes de jute. On fait des tas de 1 à 2 mètres de hauteur suivant la consommation journalière. On laisse fermenter suivant la température de 24 à 48 heures. Plus l'air est sec plus la fermentation est lente.

2º Le jute ainsi préparé se traite par le peignage ou le cardage.

Jute peigné

1º *Coupeuse,* on prend le jute sur le tas où la fermentation est complète et on le coupe en 2 ou 3 parties suivant sa longueur, la qualité et le numéro qu'on veut obtenir. Les jutes peignés sont destinés à filer les numéros les plus élevés, soit purs, soit mélangés avec du chanvre ou du lin.

La coupeuse a une roue de o m., 80 de diamètre et tourne de 1.000 à 1.200 tours, le pied sert à faire les gros numéros, le milieu les numéros fins.

2° *Peignage*, se fait à la main ou à la machine, comme pour le lin ou le chanvre.

3° *Étaleuse*, le jute y est placé horizontalement, poignée par poignée, la grosseur de celle-ci variant suivant la grosseur du numéro qu'on veut produire.

4° *Étirage*, banc à broche, métier à filer au sec analogues au travail du lin.

Jute cardé

1° *Louvetage*, le jute n'est pas coupé, on prend sur le tas fermenté une poignée qu'on soumet au loup : tambour en bois de 1 mètre de diamètre, o m., 80 de large sur lequel sont fixées des pointes métalliques de 4 à 5 centimètres de long. Vitesse du tambour : 12 à 1.500 tours par minute. Le jute retenu par les cylindres cannelés, se trouve arraché et réduit à une longueur de o m.. 08 à o m., 10.

2° *Cardage*, le jute est cardé sur des cardes analogues à celle du lin.

3° *Étaleuse*, le jute y est placé horizontalement, poignée par poignée, dont la grosseur varie suivant le numéro qu'on veut filer.

4° *Étirage*, banc à broches, métier à filer au sec, analogues au travail du lin. Numéros filés du 1 au 30 A.

Jute mélangé

Le fil de jute se mélange avec le fil de chanvre, de coton, de lin, même quelquefois de laine et de soie. Pour les toiles, on met les chaînes en fil de chanvre ou de lin et on tisse en trame de jute, de même pour le coton. Les sacs à blé, les toiles d'emballage chaînes doubles et simples, certains tapis sont complètement en jute.

Le mélange se fait quelquefois en filature par 1/4, 2/4, 3/4 avec le lin ou le chanvre, soit à l'étaleuse, soit derrière le premier étirage au premier doublage. Le jute étant très cassant, la partie de lin ou de chanvre introduite lui donne de la solidité et permet d'employer ce fil pour chaîne.

Marchés du jute

Dundee, Hull, Londres, Dunkerque, Le Hâvre.

Pays d'origine

Les Indes anglaises en fournissent la plus grande partie.

Indo-Chine.

Classement des jutes

En 3 catégories : la 1ʳᵉ qualité est celle qui ne renferme que les fibres blanches, longues et fortes ; la 2ᵉ qualité est de teinte plus foncée et comprend aussi des filaments très résistants ; la 3ᵉ qualité se compose de filasse brune, courte et peu résistante.

Blanchiment du jute

Se pratique à peu près comme celui du lin. Après plusieurs cuissons à la chaux, au carbonate de soude, ou même à la soude caustique très étendue, on blanchit à l'hypochlorite de soude. Le jute étant très sensible à l'action des acides, il convient d'éviter les acidages,

On peut encore opérer le blanchiment du jute à l'aide
du permanganate de potasse ; il se produit une oxyda-
tion avec formation de bioxyde de manganèse qui se
dépose sur la fibre ; on enlève la coloration résiduelle
au sulfite.

Emploi des fils de jute

Ces fils s'emploient purs ou en mélange.

Purs ils sont utilisés dans la fabrication des sacs de
toutes sortes, des toiles d'emballage, des tapis de porte
et d'escalier, des toiles cirées pour parquets, des
paillassons, des espadrilles, des cordes et cordages.

Le fil de jute se vend au paquet. Théoriquement le
n° 1 pèse 590 kilogrammes au paquet et le n° 10 59 kilogrammes (mais pratiquement il pèse 54 kilogrammes).
La longueur des fils au paquet est de 320.000 mètres.
Le n° 1 a cette longueur. On vend aussi le fil de jute
pour le tissage en bobine pour la chaîne (rollsage) et en
cannettes (époulage). Un supplément de prix est
compté pour cette manutention.

CHAPITRE VII

—

FILATURE DE LA RAMIE

La ramie est une fibre qui recouvre la partie ligneuse d'une ortie qui croît dans les pays chauds (Chine et Indo-Chine, Egypte, Algérie, Espagne).

La fibre est longue, soyeuse, blanche et une des plus résistantes.

Opérations préliminaires de filature

1° *Décorticage*, a pour but d'enlever la partie filamenteuse de la partie ligneuse. Peut se faire sur la plante aussitôt après la cueillette et alors le décorticage est dit : en vert, ou se faire quelques mois après et alors le décorticage est dit : au sec. Les 2 procédés s'emploient également : le premier permet de filer des numéros plus fins mais moins résistants.

Dans le décorticage en vert, les systèmes de décortiqueuses employées sont :

Système Michotte : 4 cylindres broyeurs à commandes spéciales suivies d'un batteur et d'un contrebatteur. Production : 20.000 kilogrammes de tiges vertes donnent 1.000 kilogrammes de filasse verte.

Système Grieg : 2 cylindres broyeurs qui brisent la partie ligneuse interne et la séparent de l'enveloppe corticale par des racloirs qui enlèvent la partie brune et une série de brosses qui séparent les fibres les unes des autres. Production : 2^{kg},5 de filasse par 200 kilogrammes de tiges vertes.

Système Wallars : Table d'alimentation derrière laquelle sont disposées 5 paires de peignes avec 6 paires de rouleaux. Les peignes sont animés d'un mouvement horizontal de va-et-vient.

Dans le décorticage au vert, les systèmes employés sont :

Système Huret Lagache : 2 paires de cylindres horizontaux superposés et tournant en sens inverse.

Système Rolland : 2 cylindres horizontaux superposés dont le supérieur est cannelé circulairement. Le cylindre inférieur tourne sur son axe et entraîne les tiges, le cylindre supérieur tourne autour et en même temps dans le sens de son axe.

Les décortiqueuses Favier (Société de la Ramie Française) décortiquent en vert et au sec.

2° *Dégommage*, a pour but d'enlever les matières gommeuses qui relient les fibres entre elles. Les procédés les plus employés sont les procédés chimiques à base de lessive de soude ou de savon.

3° *Blanchiment, essorage et séchage.* — Les opérations se font comme pour le lin, il faut éviter au séchage que des paquets de fibres collent entre elles.

Rouissage chimique de la ramie. — Les machines à décortiquer à sec ont l'inconvénient de casser une quantité appréciable de fibres. De plus, par le séchage, il se perd toujours plus ou moins de ramie ; dans les pays chauds la plante subit en effet une fermentation qui altère la fibre. Pour éviter cet inconvénient, on fait sécher la fibre, et on la soumet à un rouissage chimique qui donne des fibres très belles, longues et soyeuses.

Filature proprement dite

Les opérations sont :

1° 1 passage aux cylindres d'assouplissement, écartement avant 6 pouces, écartement arrière 3 pouces ;

Peignage. — Le peignage se fait sur trois genres de machines différents : sur peigneuse horizontale, sur peigneuse circulaire, analogue à celle employée pour la bourre de soie et enfin sur peigneuse intermittente analogue à celle de la laine ou du coton. On emploie aussi quelquefois les peigneuses à lin. S'il s'agit de fibres bien dégommées et préalablement réduites en filaments courts par le coupage, on emploie les peigneuses Heilmann ou Noble, c'est-à-dire des peigneuses rectilignes intermittentes ou circulaires et continues.

Généralement après le peignage on humecte les fibres avec une lessive savonneuse et un peu d'huile.

2° Cardage et coupeuse, 18 chapeaux, coupages à 7 pces $^3/_4$;

3° 2 passages aux ghills, diamètre du cylindre enrouleur 3 pieds, écartement 11 à 12 pouces, les barettes occupent un espace de 8 pouces ;

4° 1 passage aux ghills ordinaires, écartement à 11 12 pouces, espacement entre les barettes 8 pouces ;

5° 1 étirage aux ghills ouverts à 4 têtes, écartement 11 à 12 pouces, espacement entre les barettes 8 pouces.

6° 1 passage aux bancs à broches en fin pour formation d'un boudin, 40 broches, écartement 10 à 11 pouces, 1 mèche ;

7° Doublage sur un banc à broches de 60 broches, 2 à 4 mèches ;

8° Filage à l'eau chaude sur un métier continu à anneaux de 300 broches, écartement 10 pouces ;

9° Retordage au sec sur un continu à anneaux de 272 broches ;

10° Gazage, dévidage, paquetage.

Emploi des fils de ramie

Les fils de ramie sont utilisés :

1° Pour le tissage des toiles, en fils secs ou vaporisés, en fils simples ou retors deux bouts et au-dessus. En fils simples, ils se font du n° 1 au n° 80 ; en retors du n° 5/2 au 80/2. On les mercerise et on les teint également pour le tissage.

On emploie la ramie pour certains tissus d'ameublement, les damassés et les batistes. Un tissu assez répandu, et connu sous le nom de flanelle Rasurel, est à base de ramie et de laine. On utilise également les déchets de carde et de peignage pour faire de gros tissus écrus, teints ou blanchis.

2° Pour les filets de pêche. Ils se font en retors 3 bouts du n° 6/3 au n° 60/3, et en retors 4 bouts du 4/4 au 60/4 pour la marine et tannés.

3° Pour la fabrication des fils à coudre, des fils pour dentelle et guipure : ces fils conservent leur fermeté après lavage.

4° Pour fils de cordonnerie, ces fils étant imputrescibles, en n° 7/3, 12/3, 9/4 et 14/15.

5° Pour la fabrication des courroies tissées et des fils pour manchons à incandescence.

CHAPITRE VIII

—

FILATURE DE LA SOIE

La culture du ver à soie étant une opération indépendante de la filature, il ne sera question ici que des opérations de filature proprement dites.

La soie est la bave du ver à soie qui sort de l'animal à travers une filière sous forme de fil luisant et continu. Les opérations de filature sont :

DÉVIDAGE DES COTONS. — Se fait au dévidoir, il comprend une bassine où sont les cocons, une filière en acier ou agate qui soude les fils encore chauds, une croisure qui a pour but d'arrondir les fils (2 modes de croisures : à la chambon et à la tavelle), un va et vient qui fait croiser les fils sur le dévidoir; enfin le dévidoir où s'enroule la grège (150 à 200 tours par minute, 2 à 6 échevaux par bassine) (voir figures 14 et 15).

Imperfections auxquelles donne lieu un mauvais dévidage. — 1° Duvets, donnent l'apparence de fibres courtes et entremêlées dans le fil principal. Tient à un mauvais travail du ver ou à une température inégale dans la bassine (90°) ;

2° Bouchons, provient d'un mélange en masse des fils inégaux. Pour les enlever, on passe le fil à travers des purgeurs ;

3° Nœuds, sont inévitables, mais doivent être coupés très courts ;

4° Baves mal soudées ensemble, donnant au fil un

aspect flou et ouvert. Sont occasionnées par des arrêts fréquents dans le dévidage, quelques poils se dévidant plus que d'autres ;

5° Vrilles, donnent au fil une apparence crêpée. Sont produites par la rupture de l'une des baves, quand il faut réduire le nombre des cocons ;

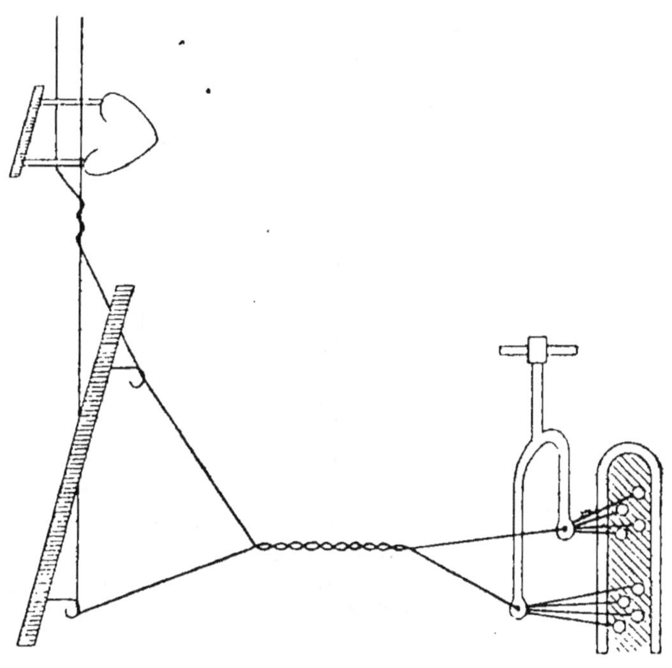

FIGURE 14. Système à la Chambon

Temps employé pour filer 1 kilogramme. . 5 jours 6 heures
Poids de cocons nécessaire pour produire
  1 kilogramme de soie 4ᵏᵍ,3oo

6° Puces, présentent l'aspect d'une poussière de soie quand le fil est teint ou bobiné. Sont dues à l'emploi de désinfectants qui désagrègent la fibre, ou à une croisure imparfaite ou à un procédé défectueux de débouillage ou de teinture.

MOULINAGE. — Les opérations de moulinage ont pour but de préparer la soie grège pour le travail du tissage en régularisant sa surface et en lui donnant de la solidité par la torsion. Elles comprennent :

1° *Le Mouillage* qui a pour but d'empêcher la soie d'être cassante. On place les flottes pendant une journée dans une cave fraîche ou sur une toile au-dessus d'un baquet plein d'eau ou dans une salle avec humidifica-

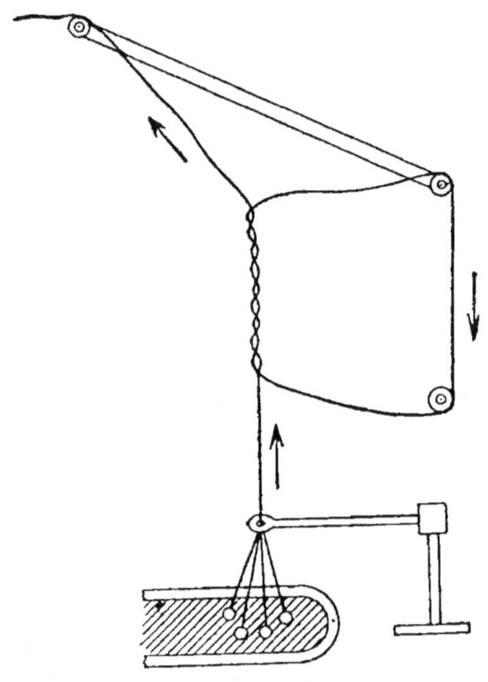

FIGURE 15. — Système à la Tavelle

Temps employé pour filer 1 kilogramme.   .   5 jours 8 heures
Poids de cocons nécessaire pour produire
    1 kilogramme de soie 5kg,6

teur d'air. Quand les fils sont collés par la gomme, on les lessive dans une solution savonneuse qui dissout une partie des gommes ;

2° *Détrancanage*. — Les flottes sont placées sur un dévidoir léger dit détrancannoir et sont enroulées sur un roquet. Dans l'intervalle qui sépare le roquet du dévidoir, on place un tendeur et un guide fil. Le détrancanage produit 4 à 8 °/₀ de bourre ;

3° *Purgeage*. — On fait passer les fils sur une série de pinces garnies de drap qui enlèvent toutes les impuretés, et on régularise toutes les attaches de fils ;

4° *Apprêt* ou *torsion* est donné au moulin à tordre. C'est le moulinage proprement dit. Le nombre d'apprêts dépend de la torsion que l'on veut donner. On a plusieurs types de torsion ;

1° Le poil, torsion donné à un fil de grège sur lui-même (passementerie et broderie) ;

2° La trame, produite par la torsion simultanée de droite à gauche de 2 à 12 fils de grège qui n'ont pas été individuellement tordus, quelquefois par la torsion de deux poils (80 à 150 tours). Employée pour trame de tissus ;

3° Organsin. Sert pour la chaîne. Deux ou plusieurs fils de grège sont d'abord tordus individuellement de droite à gauche puis assemblés et tordus à nouveau de gauche à droite. La première torsion s'appelle filage, la deuxième tors.

Désignation	Filage	Tors
Apprêt satin.	600	400 à 450
Velours	400	650 à 700
Grenadine	1.000 à 2.500	1.000 à 1.500
Moyen.	400 à 450	300 à 350

Soie à coudre, composée de 3 à 22 fils.

Soie à tricoter, soie ovalée, grenadinée etc., composée de torsions variables (voir figure 16).

Travail au moulinage. — Un ouvrier habile peut conduire 80 à 100 broches, la bobine faisant 50 mètres par minute. En Chine et au Japon, les ouvriers surveillent 20 à 25 broches. Dans les métiers mécaniques, les broches tournent de 8 à 10.000 tours par minute. Certaines machines américaines permettent de filer, de mouliner et de retordre en une seule opération, du 14 et 16 deniers en un fil. Dans le dévidage Grand ou dévidage croisé, on peut mettre en écheveaux, 5 à 10.000 yards.

Une grège de 10 deniers peut supporter un poids de 40 à 50 grammes.

L'humidité nécessaire au filage de la soie est de 75 à 90 %.

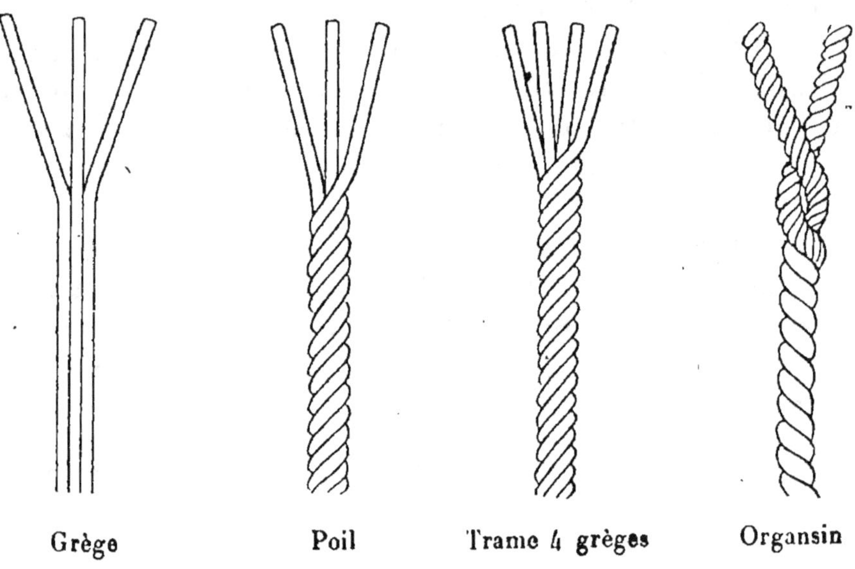

Fig. 16

Décreusage de la soie. — La soie est *crue*, quand elle conserve, après teinture, la presque totalité de son gré ; elle est *souple*, quand elle en renferme 10 à 15 % ; elle est *cuite*, quand elle n'en contient plus du tout.

Sortes commerciales de soies grèges

Soies françaises et italiennes. — Sont de couleur jaune. Elles sont habituellement filées en 9/11 et 12/14 deniers suivant le nombre de cocons dévidés ensemble. — Elles servent comme organsin pour les articles ordinaires auxquels elles conviennent spécialement. La perte au décreusage est de 25 %. L'opération doit être très soignée pour empêcher la production de duvets ou de puces. Quelques sortes sont dévidées à 20 ou 30 deniers en un seul fil pour le tissage et surtout pour les fabricants de « blondes ». Les soies d'Espagne, d'Autriche et de Hongrie rentrent dans cette catégorie.

Soies de Syrie, de Brousse, de Bulgarie et de Perse. — Sont dévidées dans les mêmes numéros que les précédentes. Elles sont plus souples mais conviennent moins pour organsin et trame. Elles sont moulinées en 2 ou 3 bouts et conviennent surtout à la fabrication des crêpes de Chine.

Soies de Cachemire et du Bengale. — Sont de date récente et leur introduction sur le marché date de 1897. Ce sont les meilleures soies des Indes. Les Cachemires font du 10/12 deniers et servent comme trames. Les Bengales donnent un fil brillant en 10/14 et 16/20.

Soies de Canton. — Proviennent de 6 récoltes annuelles. Elles sont de couleur crème blanche. Servent pour crêpes de Chine. Celles des filatures européennes installées dans le pays sont bien moulinées, celles des filatures indigènes renferment des « mariages ».

Soies du Japon. — Se sont beaucoup développées depuis quelques années. Elles titrent 9/10 et 13/15 deniers en un fil. Elles sont utilisées en organsin et en trame surtout aux États-Unis. Elles renferment 18 à 20 % de grè.

Soies tussah. — Produites par un insecte de la famille des « saturnides ». Elles titrent 8 deniers tandis que la soie de Chine titre 5 deniers et le bombyx du murier 2 à 2 1/2 deniers. La qualité en est très variable et le fil très inégal ; cela tient au mauvais dévidage du cocon. Les filatures européennes les filent en 35/40 deniers et les indigènes en 50/60 deniers. Servent à la fabrication des étoffes dites : tussah.

Soies de Chine. — Elles sont très variables comme qualités et comme titres. Il y en a de plusieurs sortes :

La soie de Schang-Hai, blanche, très élastique, atteint un prix élevé.

La soie « re reels » filée par les femmes chinoises, renferme des bouchons et des vrilles.

La soie « native reels » comprend les soies blanches de Tsatlées, Kahings, Hainins, Hang-Chou et les soies jaunes du Setchuen. Elles servent pour les articles communs, ou, en gros titres, pour les soies à coudre et les fils de broderie.

Classifications commerciales des soies de Chine

Steam filatures marques classiques : Best chops, Good chops, Good marks A, Good marks B, Marks current A, Marks current B.

Shang-Hai re-reels for New-York : Best chops, Value 10,15 taels less than good Dragon, 15/20 taels less than good Dragon, 25/30, 110,120, 120/130, d°, 10/15 taels less than Columbia.

Haining Filatures cross-reeled (dévidage croisé) for New-York : Best chops, Good chops, Middling chops, Inferior chops.

Tsatlée Filatures cross-reeled for New-York : Best chops, Good quality, Medium quality, Inferior quality.

Tsatlée Filatures ordinary : Best chops quality, Medium quality, Inferior quality.

Haining Filatures ordinary : Best chops, Good quality, Inferior quality.

Haining Boogs : Best chops, Good chops.

Kahing (vert) : Best chops, Goods chops, Market chops.

Kahing (blanc) : Extra, 1, 2, 3, 4.

Hang-Chou Tsatlée : Best chops, Good chops Market chops.

Schantung (fine and coarse).

Tussah Filatures, true filatures : Best, Good A, Good B, Current A, Current B, N° 2, N° 2 inférior, N° 3.

Filature des déchets de soie

Les déchets de filature de soie sont importants (en produisant 12 kilogrammes de bonne soie on a 14 kilogrammes de déchets.) Les principaux déchets sont :

1° Les frisons qui sont les bouts de soie restés accrochés aux balais des ouvrières au début du dévidage ;

2° Les bourres qui sont les fils plus ou moins bons provenant du purgeage, du moulinage ou du retordage ;

3° Les blazes, gros fils lâches, formant le nid où le ver fil son cocon ;

4° Les cocons défectueux, cocons percés, doupions, cocons rouillés, cocons bassinés.

5° Les déchets de bassine ou « rouottés » provenant des parties soyeuses après filage.

Aux fils de déchets de soie il faut ajouter :

La Schappe qui est un fil de déchets de soie obtenu par le schappage. Le schappage est une opération de filature qui a pour objet d'obtenir la désagrégation des brins de déchets de soie afin d'avoir des fils tout aussi brillants que ceux provenant directement des cocons. L'opération consiste à immerger pendant plusieurs jours, dans des récipients remplis d'eau chaude, les déchets de soie jusqu'à ce qu'il se produise un commencement de décomposition. On soumet ensuite la matière au peignage.

Le travail de filature des déchets de soie comprend les opérations suivantes :

Opérations préparatoires. — 1° *Lavage à l'eau de savon ou pourrissage*. — On met les déchets dans des cuves en bois ou en ciment, possédant un couvercle et un double fond percé de trous. La température de l'eau est de 60 à 70°. Celle-ci est mise chauffée par un serpentin. La durée du pourrissage est de 4 à 6 jours ; la température est alors ramenée à 30° ou 40°. On lave quelquefois à l'eau acidulée.

2° *Lavage à l'eau*. — Les déchets sont lavés à l'eau courante dans une caisse à double fonds ou à la lance.

3° *Séchage*. — Les déchets sont mis au séchoir sur des claies après essorage. La perte au pourrissage est de 25 %.

4° *Battage*. — Le batteur se compose d'un plateau circulaire troué sur lequel on met le déchet à battre en couches de 4 à 8 centimètres. Des puits composés de bandes de cuir viennent battre le déchet à la vitesse de 120 coups par minute, le plateau ne faisant qu'un tour. Les matières étrangères sont réduites en poussières et tombent à travers les trous du plateau (Système Brenier et Neyret de Grenoble).

5° *Ensimage* à l'eau de savon pendant 24 heures pour permettre aux fils de mieux glisser les uns sur les autres.

6° *Ouvraison et mise en nappes*, a pour but de commencer à paralléliser les fibres. L'ouvreuse se compose d'un grand tambour garni d'aiguilles et de 2 cylindres garnis également d'aiguilles. La nappe passe de la nappe alimentaire sur le grand tambour qui parallélise les fibres.

Production : 90 à 110 kilogrammes par jour.

7° *Fondage*. — Les fondeuses composent les brins en longueurs égales.

8° *Peignage*. — Les peigneuses des types circulaires ou « dressing plates » parallélisent les fibres et les épurent.

9° *Étaleuses et épureuses.* — Sont analogues à celles du coton et de la laine.

FILATURE PROPREMENT DITE. — La filature se fait sur métiers continus et sur métiers renvideurs analogues à ceux de la laine et du coton.

CHAPITRE IX

—

SOIE ARTIFICIELLE

Généralités

La soie artificielle est le produit d'une solution de cellulose aussi pure que possible.

Les celluloses employées sont du type cellulose simple dans laquelle rentre le coton, ou du type cellulose composée dans laquelle rentrent le bois et la pâte de bois. Le coton et la pâte de bois sont les deux celluloses employées dans la fabrication de la soie artificielle.

Préparation de la cellulose

Coton. — Le coton est mis en chaudière où il subit des lessivages bouillants avec des solutions alcalines faibles à 1 $^0/_0$ de soude pendant plusieurs heures. Il est ensuite lessivé à l'eau chaude puis à l'eau froide. On lui fait subir ensuite des chlorages à 20° C avec des dissolutions d'eau de Javel à 1° ou 1°,5 chlorométrique. On répète plusieuss fois l'opération puis on passe à l'acide sulfurique ou à l'acide sulfureux ou au bisulfite de soude pour enlever l'excès de chlore. On lave, on rince à grande eau et on fait sécher à fond.

Pate de bois. — On emploie divers agents de traitement :

1° *Procédé au bisulfite.* — On commence par obtenir par des moyens mécaniques, une pâte mécanique aussi divisée que possible. On la lave dans des piles laveuses ; le bois se trouve réduit en farine. On introduit la pâte dans un autoclave où l'on met une solution de bisulfite de chaux, ou mieux de bisulfite de soude, qui doit titrer 3 $^0/_0$ en acide sulfureux total. La cuisson dure de 24 à 36 heures, sous une pression de 3 à 5 atmosphères. La cellulose obtenue est légèrement brunâtre, on la lave à grande eau, on la rince et on la met blanchir au chlorure de chaux ou de soude ;

2° *Procédé à l'alcali.* — Les lessives alcalines décomposent la pâte de bois en dissolvant la partie ligneuse. Il reste de la cellulose non hydrolisable. Un traitement final est fait à l'acide sulfurique à 1 $^0/_0$.

Procédés de fabrication

Il existe trois procédés de fabrication : 1° Soie de nitrocellulose ; 2° Soie au cuivre ; 3° Soie viscose. On fait également des soies sthénosées et des soies à l'acétate de cellulose.

Soie de nitrocellulose

Type : Soie de Chardonnet. Matière première : coton.

1° *Préparation d'une nitrocellulose* soluble dans un mélange défini d'alcool éther. Le coton purifié, blanchi, bien sec est immergé dans un bain acide de 20 litres ou 37 kilogrammes d'acide sulfurique à 66° B et 12 litres ou 17 kilogrammes d'acide nitrique à 40° B. Pour 1 kilogramme de coton on compte, pour obtenir une bonne nitration, 2 lit. (3^{kg},7) d'acide sulfurique 66° B et 1^l,5 (2^{kg},3) d'acide nitrique 48° B. L'opération dure de 5 à 10 minutes.

1 kilogramme de coton blanc donne dans ces conditions 1^{kg},260 de coton poudre sec à 35 $^0/_0$ d'acide azotique, et l'on admet que 1 kilogramme de coton pur fournit 800 grammes de soie dénitrée.

La nitration des cotons se fait dans des cuves en porcelaine ou en gré par 5 kilogrammes à la fois. Les vapeurs rutilantes qui se dégagent sont récupérées dans des tours de condensation, et le mélange sulfonitrique est récupéré dans des tours de Glover.

Le coton nitré est ensuite essoré, puis placé de suite dans un bac à eau froide, et lavé à fond à grande eau (10^{m3} d'eau pour laver 1 kilogramme de coton).

La nitrocellulose est mise ensuite en dissolution dans un mélange alcool-éther. Pour 700 grammes de coton-poudre sec à 35 $^0/_0$ d'acide azotique, on emploie 5 litres d'alcool-éther formé de 3 litres d'éther et de 2 litres d'alcool. Les 700 grammes de coton-poudre donnent, après filage et dénitration, 455 grammes de soie.

2° *Filage de la nitrocellulose.* — La dissolution obtenue, ou collodion, est filtrée pour séparer les corpuscules solides qui peuvent rester en suspension et qui pourraient boucher les filières. Elle est ensuite dirigée, sous pression, dans des conduites spéciales qui la mènent au métier à filer.

Les métiers à filer consistent en tubes capillaires ou filières en verre. On branche sur les conduites un plus ou moins grand nombre de tubes capillaires de grosseurs diverses, suivant le numéro du fil que l'on veut obtenir.

Les fils, au sortir de la filière, sont repris sur une bobine spéciale, animée d'une vitesse déterminée pour absorber la production de la filière. On assemble sur cette bobine 10 à 20 brins, de façon à obtenir le numéro voulu.

L'alcool-éther s'évapore pendant ce parcours et le brin se solidifie, de sorte que la bobine enroule des fils solides et tenaces.

3° *Dénitrification*. — Le fil obtenu, privé de l'alcool et de l'éther qui l'imprégnaient, est soumis à la dénitration dans un bain approprié de sulhydrate de calcium. Pour cela, on dévide le fil des bobines et on le met en écheveaux ; on procède ensuite au lavage, au blanchiment et à la teinture.

On peut aussi dénitrer, laver, blanchir et teindre, en laissant le fil sur bobines, en employant des appareils spéciaux utilisés en teinture, dits appareils à vide.

La dénitrification étant effectuée et le soufre précipité étant éliminé à l'aide de sulfites ou de bisulfites, les fils sont lavés et blanchis avec des hypochlorites de chaux ou de soude. Ils sont rincés à l'eau, lavés et séchés, et prêts pour la vente.

Prix de revient

1° Dépenses pour la nitration :

Matières premières, coton.	1^{fr},35
» acide.	2, 39
Main-d'œuvre.	0, 50
	4^{fr},24

Par kilog. de soie obtenue, le prix ressort à $\dfrac{4,24}{0,8} = 5^{fr},30$

2° Dépenses pour la dissolution dans l'alcool éther :

Alcool éther pour 1 kilog. de soie. . .	1^{fr},70
Main-d'œuvre.	0, 15
	7^{fr},85

3° Dépenses pour la dénitrification :

Produit par kilog. de soie nitrée . . .	1^{fr}
Blanchiment	0, 10
Main-d'œuvre	0, 10
	1^{fr},20
Total	14^{fr},05

soit 15 francs en moyenne, pour une production journalière de 5oo kilogrammes. Ce prix peut être abaissé à 13 francs par la récupération des acides et des solvants. Il faut également tenir compte du cours des cotons.

Divers procédés de soies de nitrocellulose

Procédé Petit. — Part d'une solution alcoolique éthérée de 100 kilogrammes de nitrocellulose sèche, 7 kilogrammes de solution de caoutchouc, 5 kilogrammes de chlorure d'étain et une quantité de benzine suffisante pour pouvoir filer la mixture.

Procédé Turgard. — Indique une solution de 100 gr. de nitrocellulose dans $2^l,4oo$ d'alcool à 9o-95° et $o^l,6oo$ d'acide acétique cristallisable. Cette solution est additionnée de 3 grammes d'albumine et $7^{gr},5$ d'huile de ricin.

Procédé Germain. — La nitrocellulose est dissoute dans l'acétone en même temps que des déchets de celluloïd ou naphtaline et des matières colorantes (facultativement). Dans la solution ainsi obtenue, l'inventeur malaxe du sulfate de baryte en poudre impalpable et file par un procédé convenable en coagulant la mixture dans une solution d'acide sulfurique. Soie résistante à l'eau et à l'humidité.

Soie au cuivre

Type : soie de Givet, de Glanzstoff. Matière première : coton.

1° *Mercerisage* du coton pour faciliter sa dissolution dans la liqueur cupro-ammoniacale ;

2° *Dissolution du coton* ainsi obtenu dans une liqueur cupro-ammoniacale renfermant 10 grammes de cuivre métal et 100 grammes d'ammoniaque par litre. On introduit 1 kilogramme de coton pur dans 20 litres de la liqueur. On laisse macérer pendant quelques heures, on retire et on exprime le coton. On l'introduit ensuite dans une solution plus forte contenant 18 grammes de cuivre métal et 250 grammes d'ammoniaque par litre. On ajoute encore 10 grammes de soude caustique à cette liqueur, et on laisse digérer le coton à la température de 10° C ou à une température plus basse. On filtre la solution et on évapore l'ammoniaque dans le vide ou par un courant d'air. La dissolution ainsi obtenue est homogène et donne un fil régulier ;

3° *Filage et coagulation de la solution.* — Le filage s'effectue, comme dans le procédé précédent, en chassant, sous pression, la solution à travers des filières plongeant dans des bains de coagulation.

Les filaments, au sortir des orifices capillaires des filières, plongent de suite et sont étirés rapidement au travers d'une solution d'acide sulfurique à 50 $^0/_0$ ou au travers d'une solution de potasse ou de soude. Les solutions de sels, qui absorbent l'ammoniaque et transforment l'oxyde de cuivre en combinaisons facilement solubles dans les acides, peuvent aussi servir de coagulants.

Les brins sont enroulés sur des bobines, lavés à l'eau et dans un bain acide étendu. On augmente le brillant par un mercerisage ultérieur.

Le prix de revient est d'environ 12 francs le kilogramme ; le prix de vente de 22 à 25 francs. Les soies au cuivre sont plus lourdes que les soies de nitrocellulose.

Divers procédés de soie au cuivre

Procédé Pauly. — Opère la dissolution de la cellulose à froid pour obtenir plus de solidité dans le fil fabriqué.

Procédé Fremery et Urban. — Pour hâter la dissolution de la cellulose dans le réactif, celle-ci est oxydée au préalable. Les fils sont ensuite traités pour obtenir du brillant et de la solidité. Procédé employé dans les usines d'Oberbruch (Allemagne).

Procédé du Consortium Mulhousien. — Le coton blanchi est mercerisé, blanchi à nouveau et broyé avec du sulfate de cuivre. On dissout dans l'ammoniaque concentré et l'on continue comme d'habitude.

Procédé de la Soie Parisienne. — Emploie l'ammoniaque à $14\,^0/_0$ et à 0^0. On peut employer d'autres sels que le sulfate de cuivre, le carbonate par exemple. A la sortie des filières, les fils sont traités à l'acide sulfurique à $50\,^0/_0$.

Procédé Bemberg. — Transforme la matière avant traitement, en hydrocuprocellulose, en mélangeant les fibres avec du sulfate de cuivre, cuivre chlorure alcalin, eau et un alcali caustique. On traite ensuite par l'ammoniaque et l'air.

Procédé Linkmeyer (Usine de Fresnoy-le-Grand, près Saint-Quentin). — On traite d'abord le coton par un bain faible où il gonfle, puis par un bain plus fort où il se dissout et on enlève ensuite une partie de l'ammoniaque du bain par le vide.

Procédé Lescœur (Société le Crinoïd à Rouen). — Emploie une solution bien définie « d'hydrate d'oxyde cupro-ammoniacal colloïdal » pour la préparation du solvant.

Procédé Crumière. — Ajoute au réactif un excès de cuivre métallique.

Procédé de la « Hanauer Kunstseide Fabrik ». — Obtient une dissolution plus rapide en imbibant le coton d'ammoniaque, puis en le malaxant avec de l'hydroxyde de cuivre pâteux.

Procédé Friedrich. — Remplace l'ammoniaque par les alkylamines.

Soies viscose

Matière première : pâte de bois.

1° *Dissolution xanthique de cellulose.* — On opère sur une pâte de bois très pure exempte de cendres. On malaxe cette pâte sèche avec une solution de soude caustique à 15 $^0/_0$ et on exprime de façon que le poids obtenu n'excède pas 4 fois le poids de la cellulose sèche. On fait ensuite agir le sulfure de carbone en vase clos à 26-25° C environ. On emploie 25 à 40 $^0/_0$ de sulfure de carbone du poids de la cellulose mise en œuvre.

Quantité de matières premières nécessaires :

Pâte de bois 1^{kg},54 à 38 kg. $^0/_0$	0,59	
Soude brute 2^{kg},24 à 35 kg. $^0/_0$	0,78	1,54
Sulfure de carbone 0^{kg},42 à 40 kg. $^0/_0$ . .	0,17	

La solution de xanthate de cellulose ainsi obtenue est abandonnée pendant quelques jours pour le mûrissement puis elle est filtrée de façon à obtenir un liquide visqueux et homogène pouvant être filé sans interruption.

2° *Filage et coagulation.* — La solution est pompée sous pression déterminée à travers des filières trempant dans le bain de coagulation. Le liquide coagulant peut être une solution de sulfate ou de bisulfate d'ammoniaque, ou encore de bisulfite de soude à concentration voulue. Les filaments étirés avec une vitesse réglée à travers le bain coagulant sont assemblés de suite suivant le numéro que l'on veut obtenir. L'étirage s'effectue soit en adoptant un pot bobine (système Topan), soit par enroulement direct en écheveaux sur des guindres disposés en conséquence et animés de vitesses régulières.

La dépense de sulfate d'ammoniaque est de o kg., 21 par kilogramme de soie.

3° *Désulfuration.* — Les fils ainsi produits sont rigides et fermes à cause du soufre précipité qui les imprègne. On les soumet alors à l'action d'une solution chaude de sulfure de sodium qui dissout le soufre et qui rend le fil souple et brillant. On les mercerise quelquefois encore après.

Les fils sont ensuite passés en eau acidulée, blanchis, lavés, rincés, savonnés et essorés.

Le prix de revient pour une production journalière de 5oo kilogrammes est d'environ 7 francs.

Soies sthénosées

Les soies sthénosées ne subissent aucune diminution de force lorsqu'elles sont mouillées. Toutes les soies artificielles peuvent être sthénosées.

Le principe du sthénosage est le suivant : faire agir la formaldéhyde sur les filaments de soie principalement en milieu acide et en présence de déshydratants. On imprègne les fils ou tissus dans un bain de formaldéhyde et on sèche à une température convenable dans une étuve appropriée ou bien on traite ces fils ou tissus en bain plein (Procédé Eschalier).

Les soies sthénosées sont plus tenaces aussi bien à l'état sec qu'à l'état mouillé. A l'état sec la ténacité est de 3/5 en plus, à l'état mouillé de 5 fois plus.

Soies à l'acétate de cellulose

Ces soies sont actuellement fabriquées couramment. L'acétate de cellulose possède à l'état mouillé une résistance supérieure à toutes les autres soies. Il s'obtient en général par l'action de l'anhydride acétique ou du chlorure d'acétyle sur la cellulose pure ou l'hydrocellulose obtenue par mercerisage en présence d'un agent de condensation. Les méthodes sont nombreuses et suivant les conditions physiques dans lesquelles s'effectuent les réactions, les celluloses acétylées diffèrent entre elles.

CHAPITRE X

FABRICATION DES FILS A COUDRE

Les fils à coudre, fabriqués dans les filatures, se font en lin ou en coton, ces derniers connus sous le nom de fils d'Ecosse et fils d'Alsace.

Ils sont formés de plusieurs brins simples à forte tension retordus ensemble, ou, dans les meilleures qualités, de 2 ou plusieurs brins câblés entre eux. On les teint en toutes couleurs, puis on leur fait subir un apprêt qui, pour les fils mats, consiste en deux opérations :

L'étriquage par lequel on bat les échevettes tendues pour bien assouplir les fils.

L'échevettage dans lequel les échevettes supendues à une forte cheville fixe sont tendues et battues fortement au moyen d'un bâton.

Les fils *glacés* sont en outre imprégnés d'un apprêt contenant de l'amidon et de la cire, puis fortement brossés et lustrés. Cet apprêt peut être appliqué aux échevettes que l'on y plonge d'abord, puis que l'on fait tourner lentement, fortement tendues, entre deux cylindres, tandis qu'une brosse cylindrique, animée d'une grande vitesse, répartit régulièrement l'apprêt à leur surface.

Le glaçage se fait aussi fil à fil. Les fils sont enroulés chacun sur une bobine dont on dispose une certaine quantité, de 100 à 120, sur un ratelier derrière la machine. Les fils qui se déroulent tous parallèlement entre eux sont plongés dans un bac rempli d'apprêt, puis, passent dans une paire de cylindres qui les entraînent en exprimant l'excès d'apprêt, passent au contact de 5 à 6 brosses cylindriques tournant à grande vitesse et enfin viennent s'enrouler chacun sur une bobine en avant de la machine.

Les fils sont livrés à la vente en bobines ou en pelottes (pelottonneuses) ou dévidés sur des cartes de formes variées qui se font sur des machines mues à la main ou mécaniquement. Des ouvrières collent des étiquettes, puis les rangent dans des boîtes ou cartons.

CHAPITRE XI

—

FILATURE DU PAPIER

La filature du papier a pour but d'amener des bandes de papier à l'état de fil en les enroulant en spirale.

Opérations préparatoires

Le procédé le plus généralement employé est celui-ci : la masse de pâte à papier, masse provenant du traitement des fibres de sapin par le bisulfite de soude, dit « procédé au bisulfite », est mélangée, pour lui donner plus d'homogénéité et de force, à des déchets de fibres textiles et passée, à la sortie des machines de fabrication de papier, dans des laminoirs puis découpée par un couteau circulaire en bandes étroites ou larges. La fabrication par bandes larges est celle qui est la plus employée actuellement, mais ces bandes sont elles-mêmes découpées ultérieurement en bandes étroites à la largeur voulue suivant le n° du fil. Ces bandes sont mises en bobines en cercles concentriques ou en cercles hélicoïdaux. Ce sont ces bandes qui constituent la matière première pour la filature.

Filature proprement dite

Les bandes ont été employées à l'origine à l'état sec, puis on est arrivé à les employer à l'état humide en les humectant légèrement : ce qui permet d'obtenir un fil plus rond, plus plein et plus souple en même temps que de filer un numéro plus fin.

L'humidification se fait soit en ajoutant de la glycérine avec de l'eau légèrement acidulée, soit en ajoutant de l'argile grasse additionnée d'acide lactique : ces deux corps ont pour but de donner de la souplesse au fil, mais il est nécessaire d'en éliminer l'eau postérieurement. Les bandes doivent être composées d'une matière très visqueuse, très homogène et très feutrante, enfin elles ne doivent pas être soumises à un étirage trop élevé pendant leur filage.

Le filage consiste à faire passer ces bandes dans une machine qui leur donnera simplement une torsion sur elles-mêmes en les enroulant en hélice. Les métiers utilisés dans ce but sont les métiers à filer à ailettes, à anneaux, à boîtes tournantes. Ces derniers métiers, appelés aussi métiers à cuvette, sont constitués par une boîte ronde et légèrement creuse tournant sur son axe et possédant une ouverture au centre. L'appel du fil se fait par en-dessous par une broche qui tourne également et contribue à la torsion,

Numérotage et emploi des fils de papier

Les fils de papier se numérotent comme les fils de jute. Ils servent à la fabrication de la textilose, tissu de papier employé dans la confection des sacs comme succédané du jute et des tissus d'ameublement comme tenture murale. Le fil de papier se teint dans de bonnes conditions.

DEUXIÈME PARTIE

TISSAGE

CHAPITRE PREMIER

PRINCIPES
GENERAUX A TOUS LES TISSAGES

Définitions

Du tissu. — Un tissu rectiligne résulte de l'entrecroisement de fils dont les uns, disposés à l'avance, parallèlement entre eux et dans le sens de la longueur, portent le nom de chaîne et les autres insérés, perpendiculairement aux premiers, portent le nom de trame ou duite.

Les fils peuvent être variables par leur nature, leur grosseur, leur couleur, etc...

Armures. — On appelle armure le mode de croisement des fils. Deux sortes d'armures :

Aurmures-tissu qui donnent un tissu à grain ou à

croisure et qui comprennent les armures fondamentales.

Armures-dessin qui donnent au tissu l'aspect de petits dessins tels que granités, œil de perdrix, etc.

Compte. — On appelle compte, le nombre de fils de chaînes et de duites contenus dans un centimètre.

Portée. — 40 fils de chaîne réunis par un lien. Demi-portée, 20 fils de chaîne réunis par un lien.

Principes concernant les armures fondamentales

a) Le rapport en chaîne est toujours égal au rapport en trame ;

b) Une duite quelconque est semblable à la précédente reculée ou décochée d'un ou plusieurs rangs, ou fils, vers la droite ou vers la gauche. Le décochement est la gradation suivant laquelle les fils sont pointés à chaque duite ;

c) Il faut autant de lames que de fils évoluant différemment.

Armures fondamentales. — *a)* Toile. Comprend un fil de chaîne qui se lève et un qui se baisse, la duite passant entre les deux. Tissu sans envers.

b) Croisé ou batavia comprend deux ou plusieurs fils de chaîne levés suivis de deux ou plusieurs fils de chaîne baissés du même nombre, la duite passant entre les deux. Tissu sans envers.

c) Sergé comprend un fil de chaîne levé suivi de plusieurs fils de chaîne baissés : la duite passe entre les deux. Tissu avec envers, donnant deux sortes d'effets : effet de trame, effet de chaîne.

EXEMPLE. — Effet de trame.

EXEMPLE. — Effet de chaîne $\dfrac{OOO\,\sigma\text{chaîne}}{Q\,\text{chaîne}}$ duite.

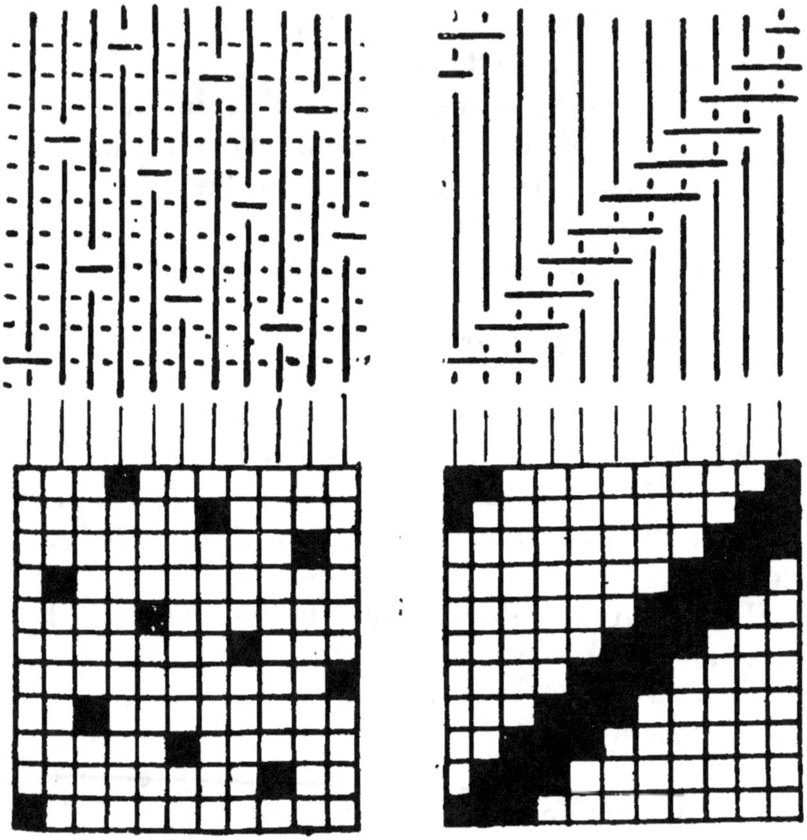

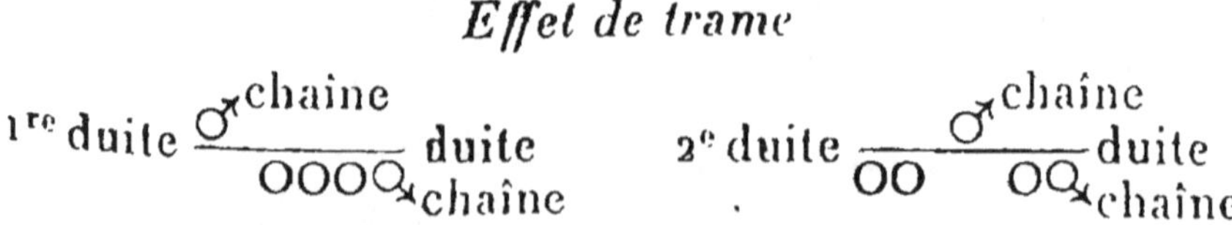

FIGURE 17. — Représentation graphique d'armures.

d) Satin comprend un fil de chaîne levé suivi de plusieurs fils de chaîne baissés pour la première duite, de un fil de chaîne décoché précédé et suivi de plusieurs fils de chaîne baissés à la seconde duite et ainsi de suite Tissu à envers donnant deux sortes d'effets :

Effet de trame

1re duite $\dfrac{\sigma\text{chaîne}}{OOOO\,Q\,\text{chaîne}}$ duite   2e duite $\dfrac{\sigma\text{chaîne}}{OO}\ \dfrac{\sigma}{OO\,Q\,\text{chaîne}}$ duite

Effet de chaîne

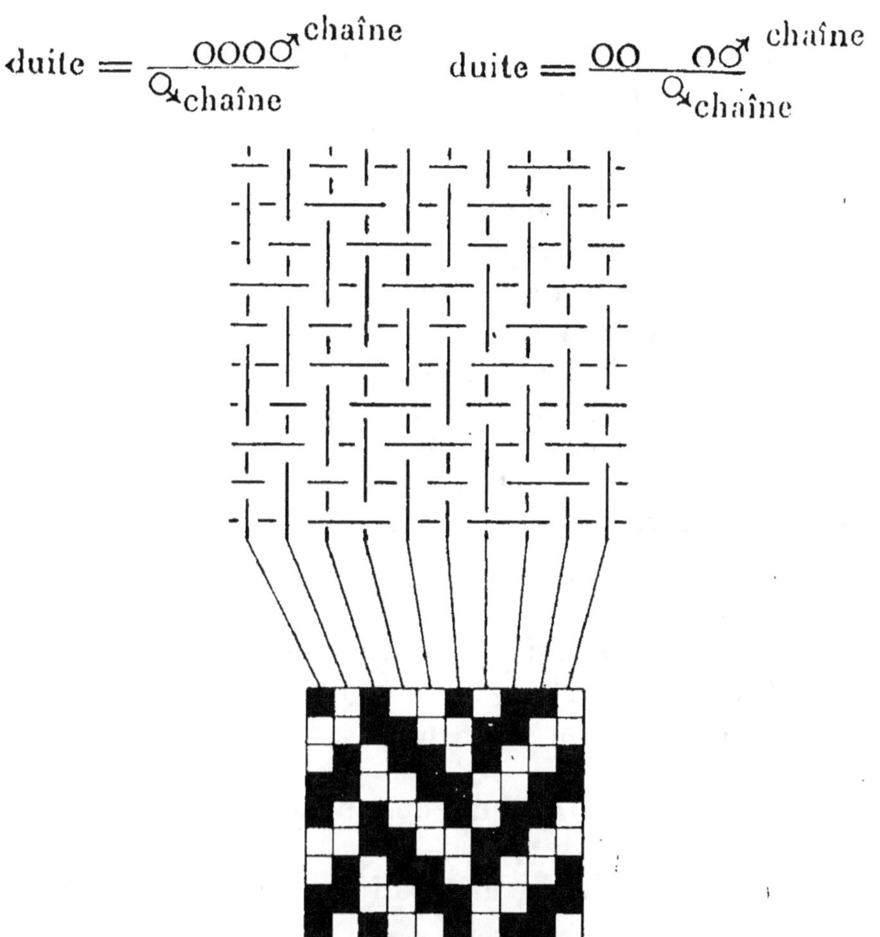

FIGURE 17*bis*. — Représentation graphique d'armure.

Les satins se divisent en deux classes : satins réguliers, satins irréguliers.

a) Satins réguliers sont ceux dans lesquels les fils de chaîne levés sont également disséminés les uns par rapport aux autres : il faut pour les obtenir que le décochement soit en nombre premier avec le rapport d'armure.

b) Satins irréguliers sont ceux dans lesquels ce principe n'est pas observé.

Les satins les plus usités sont ceux de 7, de 8, de 11, de 13.

On appelle satins à carré, ceux dans lesquels les fils de chaîne levés forment un carré.

Remettage. — C'est l'opération qui consiste à passer les fils dans les mailles des différentes lames de l'équipage et l'ordre dans lequel les fils doivent être passés. Les remettages employés sont : remettage suivi, à pointe et retour, sauté, interrompu, à paquets, sur plusieurs corps, sinueux.

Combinaison d'armures. — Voici une méthode pour créer des armures : étant donné un équipage de 8 lames, combiner un dessin de 16, 24 et même 32 fils avec un nombre égal de duites. Dans le premier cas, on disposera les fils par groupes de deux pour les passer dans les lames ; dans le second cas, par groupe de 3 ; dans le troisième cas, par groupes de 4, et on fera décocher en satin de 8, le premier fil de chacun des groupes. On obtiendra ainsi des remettages combinés.

Etant donné une armure initiale de 8 fils et 8 duites, on obtiendra :

Avec le 1er remettage, un dessin composé de 16 fils et 8 duites.

Avec le 2e remettage, un dessin composé de 24 fils et 8 duites.

Avec le 3e remettage, un dessin composé de 32 fils et 8 duites.

En combinant le duitage comme le remettage, on obtiendra pratiquement et sans aucun tâtonnement :

16 fils	16 duites
24 »	24 »
32 »	32 »

Ce qu'on a fait en prenant comme base une armure de 8 peut également s'appliquer à toute autre armure quel qu'en soit le rapport. Ainsi une armure de 9 donnerait des dérivés sur 18 en groupant les fils par 2 ;

sur 27 en groupant les fils par 3 ; le décochement se ferait en satin de 9. Une armure de 10 donnerait des dérivés sur 20 en groupant les fils par 2, sur 40 en les groupant par 4. Les groupements des fils au lieu d'être suivis peuvent être sautés.

Classement des métiers à tisser

Les métiers à tisser se divisent en : *a*) Métiers à lames avec excentriques ou tambour quand le nombre des lames ne dépasse pas 8.

b) Métiers à lames avec mécaniques d'armures ou ratières, quand le nombre des lames ne dépasse pas 32.

c) Métier Jacquard, quand le nombre des fils de chaîne évoluant séparément est supérieur à 32.

d) Métiers à plusieurs navettes. Sont employés quand il y a des duites de grosseur, couleur, ou nature de fils différentes, 2 classes de métier :

1° A boîte montante ;

2° A boîte révolver qui se subdivisent en métiers à duitage pair, chaque navette produisant deux duites successives et duitage impair, chaque navette ne produisant qu'une duite ;

e) Métiers automatiques à changement automatique de canettes ou de navettes.

Considérations générales sur la fabrication des tissus

Les caractères fondamentaux à distinguer dans une étoffe, sont la force, la régularité et l'élasticité.

La force d'une étoffe dépend de celle des fils qui la composent, de leur raideur et de leur quantité. On peut poser comme principe que la résistance d'une étoffe à la traction est supérieure à celle des sommes des fils qui la composent. Elle peut être considérée comme proportionnelle à celle des fils multipliée par le nombre de liaisons ou d'entrelacements nécessaires à sa confection.

La régularité est une conséquence de l'homogénéité des fils, du bon ordre, de leur disposition et de l'application convenable des forces de traction auxquels ils sont soumis.

L'élasticité provient de celle naturelle des fils suffisamment ménagée. Elle peut être égale sur les deux dimensions ou prédominante sur l'une ou l'autre, suivant que la quantité relative de chaîne ou de trame sera prédominante, ou que la tension diminuera sur l'un ou l'autre élément.

Il résulte de ces principes que, toutes choses égales d'ailleurs, la tension à donner aux fils d'un tissu doit être proportionnelle à la force que ce tissu doit avoir, puisque de son degré dépend la quantité des fils que peut contenir l'unité de surface. Il y a lieu de remarquer que cette tension est une conséquence :

a) de celle que l'on exerce par fraction sur les fils longitudinaux de la chaîne.

b) De celle à laquelle est soumis le fil de la trame. Cette dernière est la résultante : 1° de l'impression donnée au fil de la navette ; 2° du choc qui lui est imprimé par le battant. Ces éléments, qui agissent sur la chaîne et la trame doivent augmenter et diminuer dans un même rapport. L'importance de l'action uniforme et constante de ces forces sur les fils pendant la durée du tissage est évidente, car on ne saurait la diminuer ni la ralentir sans qu'une irrégularité se manifeste aussitôt sur le tissu.

L'ouverture de la chaîne à chaque coup de navette, prise au moment où le battant vient serrer la duite, doit être d'autant moindre que le tissu doit acquérir plus de force et de raideur.

Une tension trop forte de la chaîne troublerait l'élasticité des fils, les affaiblirait et pourrait amener des ruptures. Elle ne devra même, dans aucun cas, atteindre la limite de leur ténacité, car, dans le tissage, ils sont exposés à des mouvements brusques et à des frottements sensibles qui diminuent par conséquent leur force. Il est donc nécessaire de ne pas la pousser au-delà du degré nécessaire pour obtenir la raideur, la solidité du tissu et, en même temps, pour ne pas dépenser un travail inutile. La pression exercée contre la trame par le battant et, par conséquent, son poids doit varier également suivant la force à donner aux étoffes. D'un poids trop fort, résulterait une pression et, par conséquent, un raccourcissement trop grand des fils de la chaîne. Une trop faible tension de la chaîne, ou un poids insuffisant du battant, produirait des tissus creux qui n'auraient ni la raideur ni la solidité convenables.

Classification générale des tissus

Les tissus peuvent être rangés en trois classes au point de vue de leur constitution élémentaire (M. Alcan).

Tissus à corps pleins, à fils serrés et rectilignes, formés par des systèmes de fils qui se croisent invariablement à angles droits et ne laissent entre eux que des espaces imperceptibles à l'œil nu. Il y en a de cinq genres différents :

a) 1er genre renferme tous les tissus unis qui peuvent être formés par les diverses combinaisons de couleurs, de reflets, de croisements ou d'armures, à l'aide d'une chaîne et d'une trame seulement, (toiles, calicots, satins, serges, etc...).

b) 2e genre renferme tous les tissus ayant 2 ou plusieurs chaînes, et par conséquent présentant 2 surfaces d'aspect différent (velours et peluches).

c) 3e genre renferme les tissus formés d'une trame et d'une chaîne et dont les fils produisent une figure quelconque, des lignes courbes et arrondies, ou des lignes droites ; il comprend toutes les étoffes façonnées ordinaires dont le fil forme en même temps le fonds et le liage.

d) 4ᵉ genre renferme les tissus du genre précédent, mais, au lieu de former le fond et le liage par une seule duite, on chasse et on superpose deux duites, l'une destinée à former le fond ou le corps du tissu, l'autre le liage du dessin avec le fond.

e) 5ᵉ genre, renferme les tissus pour la production desquels il faut avoir recours à tous les moyens précédents réunis et qui s'obtiennent par les lames du métier mécanique et par la mécanique Jacquard.

Tissus à jours et à fils mixtilignes. — Ils sont formés d'une chaîne et d'une trame comme les tissus unis, mais tous les fils de la chaîne ne restent pas parallèles entre eux et également tendus ; certains d'entre eux, disposés à distances régulières, font une révolution hélicoïdale tantôt autour du fil qui est à leur droite tantôt autour de celui de gauche. Ils laissent à la place qu'ils occupaient d'abord un espace libre entre deux duites successives (gazes, tarlatanes) et comprennent les tissus à jour façonnés.

Tissus à mailles et à fils curvilignes. — Comprennent tous les tissus à mailles formées par la révolution d'un seul fil non tendu autour de lui-même et d'aiguilles génératrices ou par le croisement de deux systèmes de fils tendus conservant des vides entre eux. Comprennent les tissus de bonneterie (tricots unis, tricots façonnés) le tulle, (tulle uni, tulle façonné) la dentelle, la broderie.

Autre classification (Renouard) — *a*) Tissus à croisement *simple* par superposition (tissus ordinaires).

b) Tissus à croisement *lié* par enveloppements alternatifs (gazes).

c) Tissus à enveloppements *fractionnés* (crochets).

d) Tissus à enveloppements *continus hélicoïdaux* (tulles).

e) Tissus à *torsion mutuelle* (dentelle).

f) Tissus à enveloppements *noués*, (tapisserie, gobe-
lins).

g) Tissus à *nœuds mutuels* (filets).

h) Tissus à *mailles* (bonneterie, tricots).

CHAPITRE II

—

MÉTIER A TISSER A LAMES

Tout métier à tisser a 5 *mouvements* ;

a) mouvement de la chasse ;

b) mouvement des lames ou des maillons pour produire la foule ;

c) mouvement du chasse-navette ;

d) mouvements secondaires de casse chaîne et de casse trame.

Réglage des métiers. — (Type métier Hogdson).

a) La chasse doit être théoriquement tout à fait en arrière quand la navette est dans la foule. Pratiquement on combine le mouvement pour que la navette soit au milieu de course quand la chasse est tout à fait en arrière.

Quand la chasse est complètement arrière, la foule doit être tout à fait ouverte et au milieu de son temps de repos. Les lames étant bien de niveau les 2 nappes de fils doivent être bien régulières. Avec des chaînes de qualité inférieure, on tisse « à pas ouvert » et alors la foule n'est pas encore bien fermée quand le peigne vient frapper la duite.

b) Quand on tisse « à pas fermé » la foule est complètement fermée quand le peigne vient frapper la duite.

c) Quand le portefil et la poitrinière sont de niveau, la chasse étant au mileu de sa course, le seuil de cette chasse est à $0^m,025$ environ au-dessus de ce niveau.

d) Le butoir doit être réglé pour que l'arbre à villebrequin soit dans sa position verticale ou incliné légèrement en avant quand le métier butte, afin que le choc permette au villebrequin de se tourner facilement en arrière : il doit y avoir à ce moment 60 millimètres de distance entre le rôt et le tissu et le butoir mobile doit être de 7 millimètres plus avancé que l'autre.

e) Les dents de la fourchette doivent pénétrer de 6 millimètres environ dans la grille et la queue doit tomber à 2 ou 3 millimètres du mentonnet.

f) La came doit commencer à agir sur le levier quand le peigne vient frapper la duite.

g) L'enroulement du tissu doit être régulier. Pour éviter le glissement l'ensouple d'appel est garni de toile verrée. Le cliquet doit bien agir sur le rochet. Si le tissu est veiné, cela tient à la mauvaise tension de la chaîne.

h) Le saut de la navette peut tenir à différentes causes : à l'état du taquet, à une chasse gauche ou dont le seuil n'est pas bien avec la plaque de la boîte, à un peigne faisant ressaut, à une foule qui n'est pas franche, à des mailles trop longues, à des templets placés trop haut, ou à un défaut provenant de la navette elle-même.

i) Les templets doivent être placés au niveau de la poitrinière. Ils maintiennent le tissu à la largeur du peigne.

Calculs et production d'un métier à tisser

Du duitage. — Le compte dépend de la commande du rouleau d'appel. Or son mouvement de rotation est obtenu à l'aide du cliquet qui, à chaque coup de chasse, agit sur le rochet et le fait tourner d'une ou plusieurs dents suivant sa course.

$$\text{Nombre de duites au centimètre} = \frac{\text{Rochet} \times \text{roues commandées}}{\text{rouleau d'appel} \times \text{roues de commande}}$$

On change le duitage en changeant le pignon C sur le rochet ; si la valeur de C augmente le quotient diminue, donc le nombre de dents du pignon de change est en rapport inverse avec le nombre de duites au centimètre :

Rochet R . . . .   60 dents
Pignon de change C . . .   42   »
Roue C'   120   »
Pignon b   19   »
Roue b'   120   »
Rouleau d'appel RA . . .   114 de diam. ou 360 m/m.

$$\text{Duitage} = \frac{60 \times 120 \times 120}{36 \times 42 \times 19} = 27,7$$

on aura donc 27 à 28 duites au centimètre.

On peut faire varier d'une duite en plus ou moins en changeant la tension du rouleau des chaînes. Si, pour 28 duites, on a un pignon 42, quel sera le nombre de dents du peigne pour 60 duites $x = \dfrac{28 \times 42}{60} = 19,6$, peigne de 19 à 20 dents.

Largeur des métiers. — Les largeurs sont de 3/6, 4/4, 9/8, 6/4 ; ou 3/4 d'aunes (90 centimètres) 4/4 (120 centimètres) etc.

Vitesse du métier. — Est inversement proportionnelle à sa largeur.

Production du métier. — Pour déterminer la production il faut connaître la vitesse et la réduction au centimètre. Ainsi un métier battant 200 coups à la minute pour 30 duites au centimètre, produira théoriquement dans une journée de 12 heures ou 720' $\dfrac{720 \times 200}{30} = 4.800$ centimètres ou 40 mètres. En pratique il faut tenir compte des arrêts en comptant 20 % avec un très bon ouvrier et 25 % avec un ouvrier ordinaire.

Vitesse et production d'un métier à tisser la laine
(mérinos et cachemire)

Largeur au rôt	Largeur tissée	Coups par minute	Production théorique par jour de 10 h.
105 centim.	95 centim.	190	114.000 duites
110 »	100 »	185	111.000 »
120 »	106 »	180	108.000 »
144 »	129 »	165	99.000 »
176 »	160 »	140	84.000 »
197 »	175 »	125	75.000 »
200 »	180 »	120	72.000 »
228 »	210 »	105	63.000 »
235 »	220 »	78	46.800 »

Tissage du coton

Opérations préparatoires au tissage

a) Vaporisage (ou humidification). — A pour but de fixer la torsion du fil et de donner au fil plus de résistance et d'élasticité. On met les bobines dans des caisses métalliques où on introduit un jet de vapeur pendant 1/2 à 1 heure. On les humidifie aussi, à la place du vaporisage, en les arrosant avec de l'eau ou en les mettant dans des caves humides.

b) Bobinage. — Consiste à dévider les chaînes des bobines de platine pour les mettre sur des bobines d'ourdissage. Il a pour but d'épurer le fil et de mettre sur les bobines une longueur suffisante et régulièrement enroulée de fil pour faciliter l'opération suivante. Le bobinage se fait sur des bobines, mais l'épuration et la tension des fils sont obtenues en les faisant passer sur une brosse ou sur une règle garnie de drap ou de peau.

Production par broche pour les numéros moyens (chaîne 20 à 32) . .   800 à 1.000 gr.

Production par broche pour les numéros fins (chaîne 20 à 32). . . .   600 à   800 gr.

Un ouvrier surveille 3o à 4o broches.

c) Ourdissage. — Consiste à classer et à assembler en une longueur égale tous les fils d'une pièce dont l'ensemble reçoit le nom de chaîne, enfin à les disposer parallèlement les uns aux autres dans l'ordre déterminé par la nature du tissus.

L'ourdissoir mécanique se compose d'un porte-bobine et d'un cylindre enrouleur animé d'un mouvement de rotation. Construction Ryo-Catteau.

Le nombre de tours du tambour est de 4o à 42 par minute, son diamètre est de $0^m,42$, sa vitesse d'enroulement est de $42 \times 0,42 \times \pi = 55$ mètres par minute. La production pratique doit être réduite de 35 à 40 $^0/_0$. L'ourdissoir casse-fil arrête automatiquement la marche quand un fil vient à casser. Un cavalier passe à travers chaque fil, quand celui-ci casse, le cavalier tombe, et, au moyen d'un levier, arrête aussitôt la machine.

Les fils sont ensuite parés ou encollés.

d) Parage. — A pour but d'enduire les fils d'un parement qui couche le duvet au moyen de brosses et rend le fil plus lisse et plus résistant.

Les chaînes parées absorbent 6 à 12 $^0/_0$ de leur poids.

La machine à parer écossaise s'emploie pour tissus fins et soignés.

Production d'une pareuse : 7 à 8oo kilogr. par jour.

Composition des parements

Premier

Eau.	100 litres
Fécule.	$8^{kg},500$
Colle	0, 300
Sulfate de cuivre.	0, 100

Deuxième

Eau.	100 litres
Fécule.	10 kg.
Colle	$0^{kg},150$
Cristaux de soude.	0, 150

Troisième

Eau.	100 litres
Farine de froment	5 kg.
Colle de Cologne	0^{kg},250
Sulfate de cuivre	0, 200

Quatrième

Eau.	100 litres
Fécule.	14 kg.
Colle ordinaire.	0^{kg},375
Colle de Cologne	0, 375
Sulfate de cuivre	0, 200

e) Encollage. — Consiste à plonger le fil dans un parement en ébullition. Ce parement doit pénétrer dans l'intérieur des fils et augmenter leur résistance. On sèche ensuite la chaîne en la faisant passer sur 2 tambours qui aplatissent les fils et les rendent secs et durs, ou dans des séchoirs qui donnent aux fils plus de souplesse et de douceur.

Dans les parements pour encollage, la colle doit être cuite également.

Composition d'un parement pour encollage

Articles forts 5 à 20

Eau.	100 litres
Fécule.	25 kg.
Parement de lichen	1^{kg},500
Sulfate de cuivre.	0, 200

Articles moyens 22 à 35

Eau.	100 litres
Fécule.	18 kg.
Parement de lichen	1 »
Sulfate de cuivre.	0^{kg},200
Glycérine blonde	0, 150

Articles fins

Eau.	100 litres
Fécule.	14 à 15 kg.
Parement au lichen	0^{kg},800
Sulfate de cuivre.	0, 200
Glycérine blonde	0, 300

f) Préparation des fils pour trame. — Il y a lieu de mettre en cannette les fils reçus en écheveaux de la filature. Pour cela on se sert d'une cannetière, métier dans lequel le fil se dévidant de l'écheveau est renvidé sur un tube de carton au moyen d'un guide fil qui assure la forme voulue de la cannette. Généralement ces cannettes sont reçues toutes préparées de la filature qui les produit directement au métier à filer renvideur ou continu.

Mouillage des trames. — Tous les fils de coton sont susceptibles d'être mouillés dans certains cas, lorsqu'ils ne présentent pas assez de résistance ou lorsqu'on veut obtenir un tissu serré par l'augmentation du nombre de duites dans l'unité de surface. On mouille les cannettes soit à l'eau pure soit à l'eau de savon. Ce dernier liquide est surtout employé pour les fils très fins, afin de faciliter leur glissement entre ceux de la chaîne et leur tassement dans l'angle formé par eux. Le mouillage a lieu généralement par une simple immersion des cannettes dans le liquide dont on les retire pour les faire égoutter, mais le plus souvent on se sert d'une pompe. Une machine suffit pour le mouillage des cannettes de 400 métiers.

Tissage de la laine

OPÉRATIONS PRÉPARATOIRES. *a) Vaporisage ou bruissage.* — A pour but de fixer la torsion des fils et de donner aux fils plus de résistance et d'élasticité. On met les bobines de fils dans une caisse métallique et on introduit un jet de vapeur pendant 1/2 heure ou 1 heure.

b) Bobinage. — On commence par dévider la chaîne des bobines de filature pour les mettre en bobines d'ourdissage. Il a pour but d'épurer le fil et de mettre

Tableau des Nᵒˢ et du nombre de fils de chaîne et de trame pour les tissus de coton (Bedel et Bourcart)

Numéros du métier	Largeur du peigne (m/m)	Largeur de la toile (centim.)	Portées	Numéros de chaîne	Numéros de trame	Nombre de fils du 1/4 de p. Chaîne	Nombre de fils du 1/4 de p. Trame	Tissé à trame mouillée ou sèche	Nom du tissu	Destination et emploi
	960	90	36	6	6	11	10	Mouillée	Cretonne double	Blanc et mi-blanc pour domestiques
	965	»	38	10	10	11 1/2	11	»	Cretonne	»
	936	»	40	28	32	12	12	Sèche	Mousseline grosse	Blanc pour rideaux et doublures
	965	»	40	12	12	13	13	Mouillée	Cretonne	Blanc et mi-blanc
	965	»	45	14	14	13 1/2	13	»	»	»
	965	»	50	15	15	15	15	»	»	Blanc pour linge et ménage
	965	»	55	15	13	16 1/2	15	»	»	Ecru et mi-blanc pour la troupe
	970	»	56	22	26	17	18	»	Calicot	Blanc et teinture
	965	»	57	16	16	17 1/2	17	»	Cotonnade	Blanc pour draps de lit
	965	»	62	18	16	18 1/2	17	»	»	»
	940	»	60	26	36	18	17	Sèche	Calicot	Impression et teinture
	940	»	63	28	36	19	17	»	»	Impression
	970	»	65	28	32	19 1/2	20	Mouillée	»	»
	970	»	65	28	38	19 1/2	22	»	»	»
	965	»	66	20	20	20	20	»	Cotonnade	Blanc pour chemises
	970	»	70	26	36	21	22	»	Calicot	Blanc et impression
	970	»	72	28	38	21 3/4	23	»	»	Impression
	970	»	72	28	38	21 3/4	26	»	»	Blanc et teinture en rouge
	970	»	75	30	40	22 3/4	24	»	»	Impression
	973	»	75	30	38	22 3/4	26	»	»	Rouge
	973	»	78	34	42	23 1/2	26	»	»	Impression
	975	»	80	34	46	24	26	»	Percale	»
	954	»	80	60	80	24	24	Sèche	Mousseline	Blanc, apprêt, batiste
	954	»	80	80	100	24	24	»	»	Blanc et impression
	975	»	80	34	42	24	28	Mouillée	Blanc	»
	975	»	82	34	44	25	23	»	Impression	»
	978	»	85	38	44	25 3/4	26	»	»	»
	978	»	86	36	52	26	28 à 30	»	»	Blanc
	980	»	90	44	60	27	29 à 31	»	»	»
	933	»	95	70	100	29	32	»	»	»
	983	»	95	80	110	29	36 à 38	»	»	»
	985	»	95	85	116	29	34 à 36	»	»	»
	985	»	100	90	120	30 1/2	38 à 40	»	»	»

sur les bobines une longueur suffisante et régulièrement enroulée de fil pour faciliter l'opération suivante :

On fait des bobinoirs de 2 types :

1° bobinoir à bobines horizontales, donne au fil une tension régulière mais il occupe un grand emplacement ;

2° bobinoir à bobines verticales, donne une tension moins régulière au fil mais est moins encombrant.

Production du bobinoir horizontal : est égal au développement de l'enroulement sur lequel repose la bobine.

Production du bobinoir vertical : on prend une vitesse moyenne calculée sur les $2/3$ du diamètre de la bobine pleine et on réduit de 30 $^0/_0$. Le produit par broche et par jour en chaîne 70, 80 (55 à 56.000 mètres au kilogramme) est de 800 à 1.000 grammes par broche et par jour. Un ouvrier soigne 30 à 40 broches.

c) Ourdissage. — Consiste à classer et à assembler en une longueur égale tous les fils d'une pièce dont l'ensemble reçoit le nom de chaîne, enfin à les disposer parallèlement les uns aux autres dans l'ordre déterminé par la nature des tissus.

L'ourdissoir mécanique se compose d'un porte bobine et d'un cylindre enrouleur animé d'un mouvement de rotation mécanique.

Production $=$ nombre de tours par minute de l'enrouleur $\times$ diamètre de l'enrouleur $\times \pi$ — 34 à 40 $^0/_0$ du produit.

L'ourdissage direct consiste à ourdir directement les bobines des filatures en supprimant le bobinage. Comme il faut que tous les fils aient la même tension on ralentit la vitesse de l'ourdissoir.

d) Encollage. — Consiste à enduire les fils de colle pour les raffermir et leur permettre de supporter plus facilement l'action du tissage. On emploie la gélatine, la fécule de pomme de terre, l'amidon ou la farine fermentée.

1° Encollage à la gélatine : dissolution de la gélatine dans 5 fois son poids d'eau se fait à chaud à 60°.

Production de 12 à 1.800 kilogrammes par jour.

Quantité de gélatine absorbée à l'encolleuse 20 à 25 °/₀ du poids de la laine, de sorte que 1 kilogramme de fil absorbe 230 grammes de gélatine soit 0,50 du prix de revient comme produit (non compris la main-d'œuvre) avec de la gélatine à 220°.

2° Encollage à la fécule se fait à chaud ou à froid :.

à chaud la fécule est dissoute dans 10 à 12 fois son poids d'eau chaude, on ajoute de la glycérine, du suif, du sulfate de cuivre.

Production 2.800 kilogrammes par jour.

à froid : on ajoute à l'eau de la soude caustique qui dilate les molécules de fécule et on neutralise l'alcali par de l'acide sulfurique.

e) *Rentrage et tissage.* — Ces opérations sont communes à tous les tissages.

f) *Manutention après tissage.* — Vérification des pièces, les pièces sont levées du métier, vérifiées et duitées pour apprécier leur valeur et noter leurs défauts.

Epoutissage, consiste à enlever les grosseurs et les fils qui sortent du tissu.

Rentrayage, consiste à réparer les défauts de tissage.

Mesurage, consiste à chercher la longueur de la pièce par suite de l'embuvage (rétrécissement de la chaîne par suite des ondulations produites par les duites).

Apprêts des tissus de laine : voir plus loin chapitre spécial.

CHAPITRE III

—

METIERS A LAMES
AVEC MECANIQUES D'ARMURES.

Les métiers à mécaniques d'armures, ou ratières, permettent l'emploi d'une beaucoup plus grande quantité de lames que les métiers précédents et de tisser ainsi un grand nombre d'armures façonnées : ces métiers sont très employés en draperies et en cotonnades. On peut ainsi employer de 10 à 32 lames : celles-ci sont très plates et réduites au minimum d'épaisseur.

La sélection des lames est obtenue par un organe nouveau, qui est le carton percé de trous ou la chaîne métallique pourvue de crochets formant saillie.

Les mécaniques d'armures se composent dans leurs parties essentielles des organes suivants :

1° de couteaux ou plaques mobiles actionnant les organes ci-après ;

2° de crochets agissant directement par des cordons, des tringles ou des leviers sur les lames pour les faire monter ;

3° d'un organe excentrique formant chaîne sans fin en carton, en papier, en bois ou en fer, avec des trous, des chevilles ou des galets et auquel on a donné le nom général de « cartons ».

Le mouvement des couteaux ou plaques mobiles est

transmis soit par l'arbre à vilebrequin soit par l'arbre des cames.

La synthèse du mouvement de la mécanique est la suivante : les cartons avancent par rangées simultanées reproduisant, par leurs trous ou leurs galets placés aux endroits voulus, le travail d'une duite sur un rapport d'armure. Chaque carton représente une duite. Les cartons actionnent les crochets, les levant ou les abaissant, les attirant à droite ou à gauche. Ces crochets transmettent leur mouvement aux lames par des leviers coudés et les lames en montant ou en descendant forment la foule.

Classification des Mécaniques

Les mécaniques se divisent en : simple lève, c'est-à-dire qu'elles ne font que lever la lame en jeu, et en double lève qui font baisser une lame quand tout ou partie des autres lèvent.

1° *Mécaniques simple lève*. Dans ce système, la lame ne redescend que par son propre poids et les autres lames restent au niveau d'étente. On n'a donc qu'une foule simple de levée qui ne permet que la formation d'un pas fermé outre l'encombrement du métier, sa vitesse réduite et la suspension défectueuse des lames.

2° *Mécaniques double lève*. Dans ce système, toutes les lames sont tenues constamment baissées, par des ressorts ou des poids, en dessous du niveau d'étente : ce qui permet d'obtenir la foule double. L'inconvénient de cette mécanique est que, les lames étant constamment baissées ou levées, il est difficile à l'ouvrier de remettre les fils dans les lisses, en cas de ruptures de fils.

3° *Mécaniques américaines*. Dans ce système on opère directement la levée et la baisse des fils : l'extrémité supérieure du levier qui fait monter une lame est reliée par une corde passant sur une petite poulie, à un levier coudé qui actionne les autres lames. La commande de ces leviers se fait par des leviers oscillants et articulés sur les premiers et recevant un mouvement de gauche à droite, suivant qu'une roue dentée qui se trouve en leur milieu s'engrène avec des cylindres dentés sur la moitié de leur surface et tournant dans des directions différentes. Le carton en chapelet, qui commande les leviers oscillants, est formé d'une série de tiges en acier, sur lesquelles les chevilles sont remplacées par des viroles ou des disques métalliques mobiles. Si le levier oscillant est soulevé par la virole, suivant le pointé de l'armure, la lame correspondante lèvera ; au cas contraire la lame baissera.

Ce système est très employé dans le tissage des tissus cardés pour draperies.

CHAPITRE I

—

METIERS JACQUARD

Le tissage au Jacquard se pratique quand le nombre de lames dépasse 24 ou 32. La mécanique Jacquard est à double foule obtenue par le rabat de la planche à collets.

L'empoutage est au Jacquard ce que le remettage est au métier à lames.

Organes du Jacquard

A, aiguilles horizontales ;

C, crochets verticaux passés dans l'œil des aiguilles ;

PC, planche à collets ;

E, étui contenant des ressorts qui appuient contre le talon des aiguilles ;

AR, fils d'arcades suspendus aux porte-mousquetons ;

PM, porte-mousqueton ;

Q, planche d'arcade ;

M, maillons dans lesquels passe le fil ;

Pb, plombs qui tendent les arcades et les maillons ;

K, couteaux animés d'un mouvement vertical et alternatif ;

CI, cylindre percé sur chaque face d'autant de trous qu'il y a d'aiguilles et animé d'un mouvement de rotation autour de son axe X et d'un va et vient autour de l'axe O ;

C, cartons percés de trous.

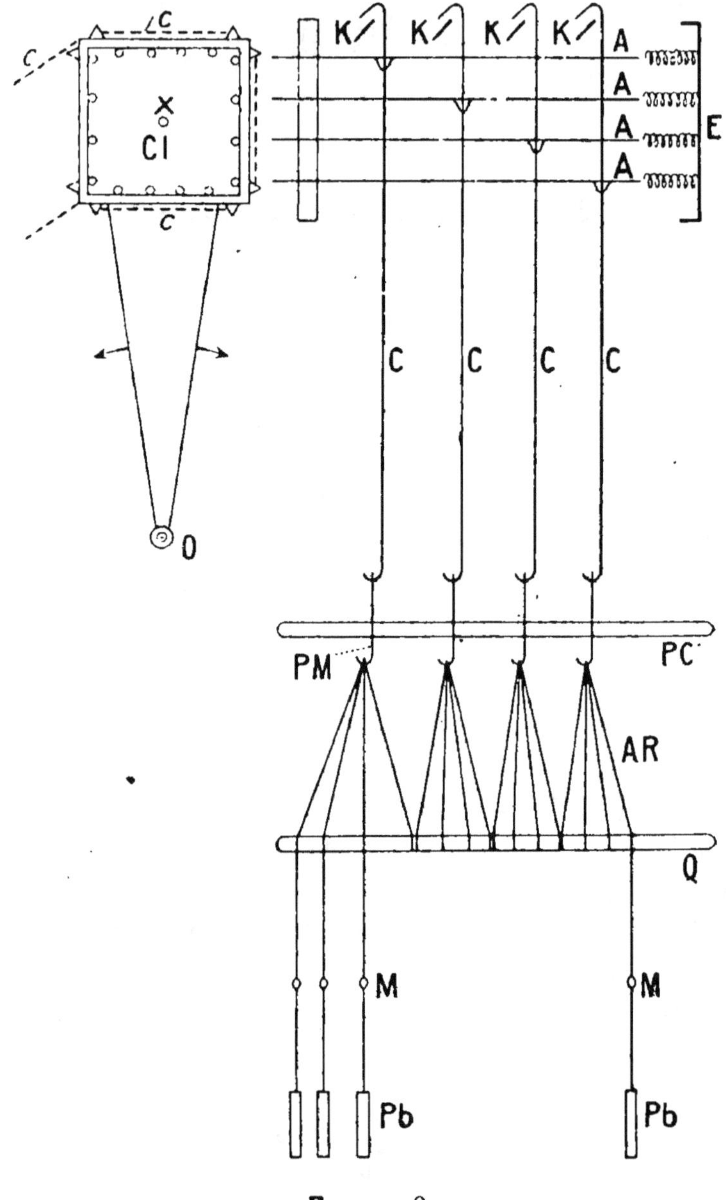

FIGURE 18

Emploi du Jacquard : pour les tissus dits façonnés. Les opérations préliminaires de la préparation (ourdissage, bobinage, montage de la chaîne, parage, encollage, préparation de la trame) étant communes aux métiers précédents, il n'y a pas lieu d'y revenir. Il faut noter les *opérations* suivantes :

Composition des dessins. — C'est l'œuvre des dessinateurs professionnels. — Le dessinateur doit, en composant son dessin, tenir compte des exigences du métier et doit savoir que le mariage des nuances a lieu au tissage par la liaison de fils qui réfléchissent et absorbent diversement la lumière suivant qu'ils sont plus ou moins tordus ou qu'ils sont employés dans telle ou telle direction.

Mise en carte. — A pour but de retracer sur le papier le dessin à tisser en indiquant la position de chaque fil de la chaîne et de la trame et des effets qu'ils devront produire dans l'étoffe.

On dessine le dessin sur papier quadrillé de telle sorte que les lignes verticales figurent les fils de la chaîne et les horizontales ceux de la trame ; en colorant ensuite le dessin avec les teintes qu'on lui destine, on jugera facilement à l'avance de l'effet qu'offrira l'étoffe fabriquée. Le dessin ou esquisse étant arrêté, on divise sa surface en petits carrés qui doivent servir de point de repère pour la transporter sur la mise en carte. Le nombre des petits carrés sur l'esquisse doit par conséquent être en rapport avec celui des grands du papier quadrillé nécessaire à la mise en carte du dessin.

La réduction du tissu, c'est-à-dire le rapport entre le nombre des fils de la chaîne et de la trame pour l'unité de mesure étant déterminée, on comptera donc dans chaque division l'un de ces fils et on indiquera sur le papier quadrillé la place de chacun d'eux dans le dessin à exécuter. Il suffit de lui donner une teinte plus foncée pour se rendre compte de la quantité de fils qu'il embrasse. Comme chaque petit carré ne représente qu'un seul fil et qu'il occupe toujours un espace bien plus considérable que celui qui lui est réellement nécessaire dans le tissu et dans le dessin exécuté de grandeur naturelle, il en résulte que la mise en carte exige toujours une surface plus considérable que celui du dessin exécuté. Celle-ci sera à celle de la première comme l'intervalle des carrés est à la distance entre les fils. Si donc la grandeur d'un carré est double de la distance entre les fils du tissu, la mise en carte occupera une place double de celle de la figure à tisser : ce rapport est généralement plus grand.

On se sert en général de papiers quadrillés dont chaque division principale forme un carré parfait divisé en 10 autres plus petits soit 100 divisions. Les papiers quadrillés du commerce portent les n°s 1, 2 et 3, suivant les réductions. Ceux ayant les plus grands interlignes servent aux tissus dont les fils sont les plus gros ou les plus espacés.

On distingue ensuite les divisions de 8 en 5, 8 en 6, 8 en 20, 10 en 12, 12 en 25.

Lisage. — Consiste à lire la mise en carte pour le

Perçage des cartons. — Se fait à la main au moyen d'un poinçon et d'une matrice. Une machine électrique permet actuellement de faire ce travail mécaniquement

Assemblage des cartons. — Se fait à la main par un laçage des cartons.

Montage du métier. — Qui comprend les opérations suivantes :

a) *Empoutage.* — Opération qui a pour but de faire passer les arcades entre la planche d'arcades et la planche à collets dans l'ordre le plus convenable pour l'effet à produire tel qu'il est demandé par la disposition générale. Chaque réunion d'arcades s'appelle raccord et sert à former une partie de l'ensemble du dessin. Le nombre de trous nécessaire à un raccord s'appelle chemin.

Dans tout dessin, on peut distinguer le croisement du fond et celui de la fleur ou du façonné. La liaison de celui-là provient de l'ordre général du croisement de l'armure adoptée ; cet entrelacement est par conséquent régulier pour chaque duite sur la largeur du tissu. Le façonné est également produit par des circonvolutions de la trame avec la chaîne ; mais celles-ci, au lieu de se répéter d'une manière régulière pour chaque course de trame, sont déterminées par le mouvement des aiguilles, tel qu'il est commandé par la mise en carte et le lisage du dessin. On exécute les deux espèces de croisements alternativement et l'on obtient ainsi une liaison plus intime entre le corps et les parties du dessin. Les arcades doivent donc produire une armure fondamentale et suivie sur toute la surface de l'étoffe. Il faut en conséquence que le nombre des arcades d'un chemin soit égal ou multiple de celui des lisses qu'exige l'armure.

Le problème consiste à trouver l'un des deux facteurs dont l'autre et le produit sont connus. Le facteur à chercher est le nombre de trous des rangées en hauteur, celui connu est la quantité en largeur et le produit est toujours le nombre des crochets de la mécanique. Il faut avoir soin de combiner les éléments, de telle sorte que le nombre des trous en hauteur soit pair. Cette condition peut être facilement obtenue en faisant varier l'un des facteurs : on place une corde au premier trou de tous les chemins ; toutes ces cordes sont attachées au premier collet de la machine ; on en fixe au n° 2 de tous les chemins du 2ᵉ collet et ainsi de suite. Lorsque 12 cordes d'une hauteur sont empoutés, on place la 13ᵉ à droite sur le rang suivant ; on continue dans cet ordre jusqu'à ce que l'empoutage soit terminé (empoutage suivi ordinaire).

b) Colletage. — A pour objet d'introduire chaque corde dans le collet correspondant qui lui est réservé, en commençant par la gauche. On laisse ordinairement en avant de la machine, un rang de trous vides qu'on destine aux arcades des lisières et à celles qui doivent commander les changements de navettes et faire mouvoir une sonnette pour avertir de ces changements.

c) Pendage. — Consiste à fixer les plombs à chaque arcade en les y attachant au moyen de boucles. Tous les plombs doivent être attachés à la même hauteur, afin que la traction qu'ils exercent, soit la même sur tous les fils.

d) Enverjure ou croisement. — A pour but de bien assurer aux arcades leurs places respectives pour faciliter le remettage. Pour cela, on croise la première corde sur deux doigts de la main gauche, on opère ensuite avec la deuxième sur les mêmes doigts, en sens opposé. Quand on a fait un rang, la 1re corde du 2e rang doit tomber sur le même doigt et dans le même sens que celle qui a été envergée au moyen d'une corde qu'on passe à la place des doigts, et lorsque tous les maillons sont tous envergés, on remplace les cordes par des tringles.

Il y a, entre les éléments, différentes relations qui sont exprimées dans le tableau de la page suivante.

e) Remettage. — On passe les fils dans les maillons qui se présentent successivement dans l'ordre de l'enverjure ; on les insère ensuite entre les dents du peigne et on ajuste le métier de manière à pouvoir commencer le tissage.

Emploi de la simple mécanique et de la double mécanique

Il y a deux distinctions à faire dans les modes d'empoutage, suivant que le dessin a été mis en carte et est sur du papier quadrillé ordinaire dont chaque carreau représente un fil, ou suivant qu'on s'est servi du papier briqueté. Dans le 1er cas on emploie la mécanique Jacquard telle qu'elle vient d'être décrite ; dans le second cas il faut avoir recours soit à 2 mécaniques distinctes, mues alternativement par la même communication de mouvement, soit à une seule dont chaque

Barême d'empoutage (d'après Gand)

Numéro d'ordre	Éléments de calcul	Côtes. Diverses formules de solution	Exemple de calculs faits
1	Crochets (leur nombre dans le Jacquard)	$C = T \times A$ ou $\dfrac{F}{N}$ ou $\dfrac{R \times L}{N}$	700
2	Esquisse (sa largeur, base des répétitions)	$E = \dfrac{L}{N}$ ou $\dfrac{C}{R}$ ou $\dfrac{T \times A}{R}$	20 cent.
3	Laize	$L = N \times E$ ou $\dfrac{F}{R}$ ou $\dfrac{C \times N}{R}$ ou $\dfrac{T \times N}{P}$	1ᵐ,20
4	Fils (leur nombre dans la laize. Nombre total d'arcades)	$F = R \times L$ ou $N \times C$ ou $A \times Z$	4.200
5	Réduction chaine (nombre de fils au centimètre)	$R = \dfrac{F}{L}$ ou $\dfrac{C}{E}$ ou $\dfrac{T \times A}{E}$	35
6	Planche d'arcades (sa réduction suivant la largeur)	$P =$ Nombre variable de trous au centimètre à vérifier après chaque calcul d'empontage	3 ¹/₂
7	Nombre de répétitions (du dessin dans la laize)	$N = \dfrac{L}{E}$ ou $\dfrac{F}{C}$ ou $\dfrac{L \times R}{C}$	6
8	Total (du nombre de routes par répétition)	$T = P \times E$ ou $\dfrac{C}{A}$ ou $\dfrac{Z}{N}$	70
9	Arcades (leur nombre dans chaque route)	$A = \dfrac{C}{T}$ ou $\dfrac{R}{P}$ ou $\dfrac{F}{Z}$	10
10	Nombre total des routes (occupées par toute la tire)	$Z = P \times L$ ou $T \times N$ ou $\dfrac{F}{A}$	420

aiguille horizontale est munie de 2 anneaux au lieu d'un. Dans les 2 cas les crochets qui appartiennent aux 2 mécaniques ou à la même sont considérés comme formant 2 systèmes, un système des crochets pairs et un d'impairs.

Lorsqu'il y a 2 mécaniques, celle placée sur le derrière est considérée comme l'impaire et celle du devant comme la paire. Quand on ne se sert que d'une mécanique à garniture double d'aiguilles, elle prend le nom de : mécanique brisée, et la garniture du côté de l'étui est désignée comme impaire, et celle du côté du prisme comme paire. Pour la mécanique brisée, la griffe se compose de 2 parties qui se meuvent alternavement de manière à n'enlever à la fois qu'une des garnitures.

On appelle montage à la lyonnaise celui qui fait usage de 2 mécaniques, et montage à la parisienne celui qui fait usage de la mécanique brisée.

Le but de ces 2 systèmes de montage consiste également à produire des découpures fil à fil avec le moins de crochets possible, le résultat est en effet obtenu en fixant un seul maillon à 2 crochets différents qui peuvent se mouvoir indépendamment l'un de l'autre, car chaque maillon est susceptible d'être soulevé à volonté par les aiguilles paires ou impaires du système. Le même maillon peut donc travailler deux fois de suite avec les fils qu'il porte pour produire des effets différents. Or, si leur nombre est de deux et qu'on les ait fait en même temps passer dans des lisses de rabat, on pourra de cette façon produire les découpures fil à fil et par conséquent les contours les plus déliés possible. Pour arriver au même résultat avec une mécanique ordinaire, il faudrait employer un nombre double de crochets.

Mécanisme du déroulage

C'est le mécanisme employé pour faire revenir les cartons d'une passée sur eux-mêmes et les faire appliquer successivement sur les deux systèmes d'aiguilles. Une passée se compose d'autant de duites superposées les unes aux autres qu'il y a de couleurs différentes.

Le mécanisme consiste dans une poulie à gorge fixée sur le bouton du prisme sur lequel sont placés les cartons. Cette poulie peut être fixe ou folle à volonté, suivant que l'ouvrier agit dans un sens ou dans l'autre sur une corde attachée à la poulie. Si on la suppose folle lors d'une passée, l'ouvrier la rendra fixe en l'engrenant pour l'autre de manière à faire revenir les cartons qui ont déjà travaillé sur eux-mêmes. Si la passée se composait par exemple de 6 cartons numérotés de 1 à 6, lorsque le 6ᵉ aura travaillé, on les fera revenir tous sur eux-mêmes, de façon à les faire de nouveau appliquer sur le cylindre en recommençant par le n° 1 et contre les aiguilles ; mais cette fois, l'action se communiquera au système d'aiguilles qui n'a pas encore fonctionné sous l'impulsion de ces 6 cartons. L'application alternative du prisme contre les deux séries d'aiguilles ne présente aucune difficulté.

Tissage de deux étoffes

Chaque duite chassée par la navette volante passe sur toute la largeur de la chaîne ; elle ne doit apparaître cependant qu'en certains points et se trouve par conséquent cachée en tous les autres. Elle passe alors à l'envers et forme ce qu'on nomme une bride ou floche. Il en résulte de nombreuses brides quand le tissu est terminé. Elles sont inutiles et alourdissent le tissu de 2/3, c'est donc une quantité de fils et par conséquent de matières premières qui se trouve perdue. Pour obvier à cet inconvénient, on tisse 2 étoffes à la fois, de manière à faire servir les brides de l'un pour former la fleur de l'autre et on sépare ensuite les 2 tissus par leur milieu au moyen d'une machine spéciale à découper. La chaîne dans ce cas est composée d'un nombre de portées et par conséquent de fils égal à celui que nécessiteraient les 2 chaînes. Celles-ci sont empoutées sur 2 mécaniques et passées dans 8 lisses au lieu de 4. Une petite mécanique à armure fait mouvoir les 8 lisses dans l'ordre voulu pour effectuer alternativement le croisement des fils de chaque tissu. Les mouvements de fil ont lieu de manière que ceux appartenant à une chaîne lèvent pendant que ceux de l'autre s'abaissent.

Ces 2 tissus ne nécessitent qu'une seule mise en carte et un seul tirage dont on tire deux exemplaires, ne différant entre eux que par l'ordre des couleurs, puisque celles qui doivent former l'endroit de l'un des tissus forment l'envers de l'autre. Il y a donc aussi économie de mise en carte et de lisage.

La séparation est fort délicate : le double tissu à fendre dans son épaisseur est enroulé sur un cylindre d'où il se développe sur une table servant de point d'appui. Cette division est opérée par une espèce de lame de scie fixe ayant la largeur du tissu. A celle-ci est adapté un certain nombre de couteaux pointus qui ont un mouvement de va et vient dans le sens de la largeur du tissu ; les dents de scie entament les brides et le mouvement des couteaux finit le découpage ; à mesure que la séparation a lieu, chaque tissu va s'enrouler sur un cylindre séparé. L'étoffe doit être bien tendue.

Tissage des moquettes anglaises au Jacquard

Les moquettes anglaises sont des tapis veloutés et façonnés, dans lesquels au lieu de faire usage d'une chaine de la même couleur et dont tous les fils ont la même longueur, on emploie des fils de nuances différentes afin de varier les effets.

Au lieu de disposer les fils sur un ensouple unique, on les ourdit sur des séries de bobines ou roquetins supportés par rangées sur un banc incliné. Le bâtis supportant ces bobines s'appelle cantre. On emploie deux chaînes l'une pour le fond et l'autre pour le poil ou les boucles (moquettes bouclées); on se sert de fers pour opérer la frisure ou le coupage du poil.

Tissage des étoffes brochées

On se sert du battant-brocheur. Avec cette mécanique les fils correspondant à un même fil de la trame peuvent être de couleurs différentes, ce qui ne peut avoir lieu aux brochés produits au lancé et tous les motifs peuvent être de couleurs différentes. La tension du fil passé autour de la trame étant mesurée par un ressort, et par suite constante, la jonction du broché et de l'étoffe ne présente aucun tiraillement.

Soient A, A' les intervalles correspondants aux places de l'étoffe dans lesquels se trouvent les brochés, des bouquets par exemple, B, B' des navettes portées sur des porte-navettes F, F' soutenus par une tige formant fourche et dont le pied glisse sur un banc rectangulaire qu'il entoure. Ces navettes ou espolins sont chargées de soie de différentes couleurs. Ces petits espolins renferment intérieurement des ressorts à boudin qui reçoivent le fil quand le système est revenu à sa première position et que la traction de la bobine qui a fait dévider le fil a cessé ; C et D sont des tringles d'acier se mouvant sur le corps du bâti et portant des dents saillantes pour agir sur des porte-navettes. Les dents M, M' sont terminées par de petites palettes, les dents N N' de la barre D sont pointues et légèrement recourbées. Elles sont destinées à entrer dans l'intérieur de la navette, de manière à pouvoir la pousser par l'oreille qu'elle porte et qui est destinée à soutenir l'espolin.

Le Jacquard ayant fait lever tous les fils de la chaîne correspondant à un fil de la trame, devant figurer une ligne du broché, l'ouvrier pousse, au moyen de la manette, toutes les navettes qui se placent au dsssous de ces fils par l'effet de la tringle C. Les navettes B, B' s'avancent sur leurs supports ; elles doivent arriver sur les supports voisins, sans cesser jamais d'être guidées, les intervalles étant un peu moindres que les navettes. Or, en continuant de pousser la manette, la barre C s'élève par l'effet d'un plan incliné, pour ne pas rencontrer les fils de la chaîne, et abandonne les navettes ; tandis qu'un crochet adapté à la manette rencontrant la barre D fait abaisser celle-ci et les dents N, N' continuant le mouvement font passer les navettes sur le support voisin. On abaisse alors les fils de la chaîne et les navettes sont ramenées à leur position primitive.

Les navettes n'étant jamais libres ne peuvent jamai tomber et les fils du tissu n'éprouvent aucune pression autre que dans le tissage ordinaire. Le battant étant double et le mouvement pouvant être direct ou rétrograde, on peut faire passer l'une quelconque des 4 navettes voisines des fils levés, ce qui permet de faire

varier les couleurs. Le changement des navettes, et par
suite des couleurs, se fait avec facilité, les supports
pouvant tourner et laisser échapper les navettes quand
on fait effort sur les ressorts qui les maintiennent dans
une position parallèle au corps du châssis.

Mécanique Verdol

Dans les mécaniques Jacquard et Vincenzi, la sélection et la compression des aiguilles qui déplacent les
crochets sont faites simultanément par le carton piqué
qui se rabat directement sur les aiguilles.

Dans les mécaniques Verdol (Société anonyme des
Mécaniques Verdol), on emploie du papier au lieu de
carton et les deux opérations précédentes sont dis-
jointes. La compression est effectuée par un organe
métallique : le train de barres. Le papier n'a que la sélection à opérer et par suite aucun effort à faire : son
peu d'épaisseur est dès lors sans aucun inconvénient
et d'un autre côté les trous peuvent être beaucoup plus
petits et beaucoup plus rapprochés.

Le papier opère la sélection en agissant, non sur
l'aiguille elle-même, mais sur une aiguillette a, qui,
par l'intermédiaire du buttoir b, met en prise l'aiguille A
avec le train de barres ou pousseur P, composé de fers
en forme de cornière et destiné à exercer l'effort de
compression.

Ces aiguilles a sont verticales et très légères. Leur
partie supérieure est suspendue par un crochet à une
plaque perforée ou grillette g et elle sont guidées par
leur pointe inférieure dans les trous d'une plaque perforée m.

Si le papier sans fin présente un trou, l'aiguillette a
descend et le train de barres P, dans son mouvement

de gauche à droite, ne rencontre pas les buttoirs *b* :
l'aiguillette *a* reste donc immobile. Si au contraire le
papier présente un plein, l'aiguillette *a* est soulevée et
entraîne dans son mouvement le buttoir *b* qui se présente alors en face d'un plein du train de barres P.
Celui-ci dans son mouvement latéral repousse les buttoirs et par suite l'aiguille A.

Le papier continu *p* fonctionne et chemine sous les
aiguillettes en passant sur un cylindre *m'* comportant

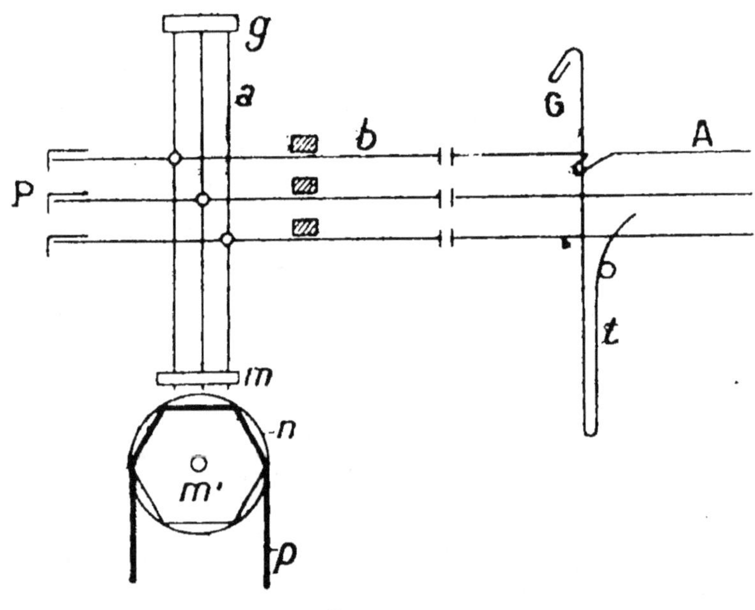

Figure 19

des disques d'entraînement *n*, sur lesquels vient se placer successivement le papier. L'avancement du cylindre
s'obtient par 2 loquets : l'un servant à la marche avant
et l'autre à la marche arrière.

Les crochets qui sont sous l'action des couteaux G,
sont repliés du pied et portent une branche arrière qui
bute contre une tringle fixe *t* : ils forment ainsi un

ressort naturel et l'étui élastique du Jacquard est ainsi supprimé.

Le papier, de qualité spéciale, est préparé mécaniquement avec bandes de renforcement collées sur les lignes de repère. Une disposition ingénieuse munit chaque carton, sur chaque ligne de repère, de plusieurs trous. Chaque série de trous peut servir successivement si la précédente s'est ovalisée par un long travail. Il suffit pour cela de faire tourner le cylindre sur lui-même dans l'intervalle qui sépare deux trous en déplaçant la lanterne sur le disque qui la supporte et qui, à cet effet, porte plusieurs trous pour les vis de fixation.

La mécanique Verdol présente les avantages suivants : économie sur le prix de matière première carton — économie sur le piquage et le repiquage — suppression de l'enlaçage et par conséquent des machines nécessaires à ce travail et des erreurs résultant de cette opération — économie d'emplacement pour l'emmagasinage des cartons. Un dessin de 1.000 cartons Verdol ne pèse que 2 kg., 550, tandis qu'en cartons Jacquard il pèse 53 kilogrammes.

Mécanique Vincenzi

Au lieu d'un œillet, l'aiguille présente un talon T ; le carton repoussant n'a donc à vaincre que le ressort et non à entraîner l'œillet. La griffe étant arrivée suffisamment bas, la partie recourbée C de la petite branche b' appuyant sur le barreau A repousse par le pli D, qui fait ressort, la longue branche b du crochet. Il force ainsi le dit crochet à s'écarter de la griffe pour aller de nouveau s'appuyer sur le talon T, ce qui l'écarte de la grille G, si l'aiguille a été repoussée par le carton. L'appui est ainsi beaucoup moins dur que celui du crochet Jacquard, on peut employer des car-

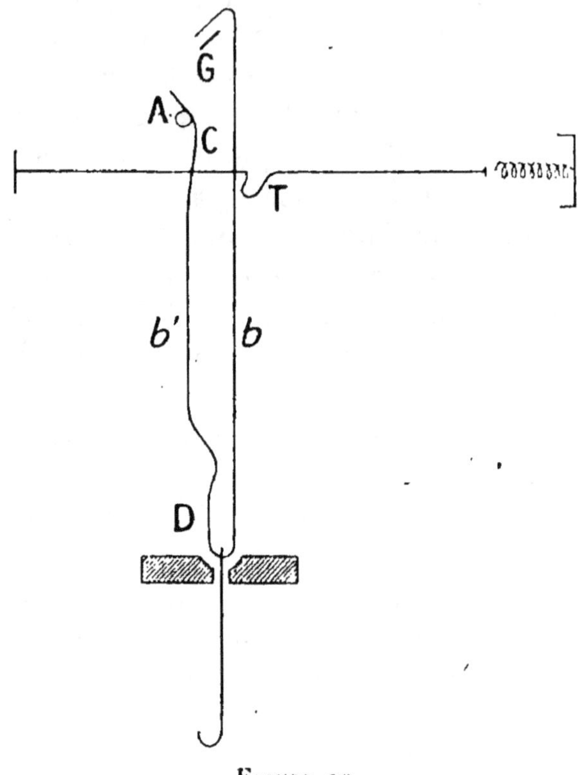

FIGURE 20

tons beaucoup plus minces et diminuer les dimensions générales de la mécanique.

CHAPITRE V

—

METIERS A PLUSIEURS NAVETTES

Lorsque dans la composition d'un tissu, il entre plusieurs trames, il faut employer un même nombre de navettes que le métier fait fonctionner à tour de rôle au moyen de boîtes changeantes disposées quelquefois aux deux extrémités du battant, mais plus souvent à l'une d'elles seulement ; dans ce dernier cas, chaque trame doit fournir au moins 2 duites consécutives. Les boîtes changeantes affectent souvent la forme de cylindres autour desquels sont disposés les compartiments dans lesquels se logent les navettes. On a alors les métiers dits : « Revolvers ».

Dans ces métiers, le mécanisme, en faisant tourner la boîte mobile dans un sens ou dans l'autre, substitue les navettes les unes aux autres. Ces mouvements sont déterminés par un simple rochet et un encliquetage ou par des cartons qui agissent sur des crochets d'après les principes de la mécanique Jacquard.

Les boîtes revolvers sont généralement établies pour 6 navettes mais on en fait également qui permettent de tisser jusqu'à 12 couleurs différentes.

Les changements de navettes peuvent aussi être produits par des « Boîtes mobiles » à compartiments superposés ou « Boîtes multiples » ou « Boîtes montantes » qui s'élèvent ou s'abaissent pour présenter l'une ou l'autre navette à l'action du taquet, toujours sous l'action d'un mécanisme réglé par un rochet ou par des cartons suivant le dessin à faire.

Il existe enfin des métiers à plusieurs navettes, dits « pick-pick » ou « duite à duite » dans lesquels la trame ne peut fournir qu'une duite à la fois.

CHAPITRE VI

—

METIERS AUTOMATIQUES

Ces métiers, appelés encore « à trame continue » parce que la trame travaille d'une façon continue, sont de deux sortes : à changement de cannettes et à changement de navettes.

Métiers à changement de cannettes

Système exploité par la *Northrop Loom* Company, construit par la Société Alsacienne de constructions mécaniques. Il se compose :

a) D'un chargeur automatique de navettes introduisant une nouvelle cannette sans arrêt du métier;

b) D'un casse-chaîne et d'un casse-trame arrêtant automatiquement le métier quand le fil ou la trame casse ou vient à manquer.

Chargeur automatique. — Du fait de cette invention, plusieurs organes ont reçu les modifications suivantes :

a) la navette n'est pas munie d'un fuseau mais d'une pince en acier destinée à retenir la brochette; le tube de trame est garni d'un escargot dans lequel le fil vient se placer et s'enfiler;

b) La brochette employée pour trame dans le self acting est appliquée ici;

c) De même on emploie un tube en bois semblable à celui employé pour trames de continu.

La différence que présentent ces accessoires par rapport aux tubes et fuseaux ordinaires réside dans l'application à leur base d'anneaux métalliques servant à les insérer et à les maintenir dans la pince à ressort de la navette. Celle-ci est ouverte de part en part de telle sorte que la nouvelle cannette introduite par dessus chasse celle qui est épuisée.

A l'extrémité de la poitrinière est fixé le « barillet chargeur » qui reçoit les cannettes de réserve. La commande se fait par le marteau-chargeur. Les pièces qui le composent sont disposées à l'intérieur et protégées aussi contre les sauts de navette. Ce barillet se compose d'un magasin rotatif à 2 plateaux, dans les encoches duquel l'ouvrier n'a qu'à loger les cannettes dont il enroule le bout de trame autour d'un bouton extérieur. Cette opération se fait pendant la marche. Lorsque le mouvement de cannettes doit avoir lieu, le mouvement de remplacement est actionné par une tringle communiquant au casse-trame et agissant sur une grenouille. En même temps, un doigt vérificateur, s'avance à l'avant de la boîte afin d'empêcher le mouvement si la navette n'est pas bien à sa place ; si tout est en ordre, un couteau fixé au battant rencontre la grenouille dont le bras porteur fait corps avec le marteau. Le battant continuant sa marche en avant, le marteau appuie sur la cannette qui se trouve au-dessous de lui et celle-ci entre dans la navette en chassant la cannette épuisée qui tombe dans une caissette.

Si la navette n'est pas bien à sa place, le doigt vérificateur dont il a été question plus haut entre en contact avec elle et le mouvement du marteau est empêché. Chaque fois que le marteau fonctionne, il agit sur une chaînette qui tire sur une douille munie d'un cliquet. Ce cliquet actionne un rochet calé sur l'arbre à plateau du magasin et un ressort force celui-ci à tourner pour amener une nouvelle trame sous le marteau. Comme le bout de fil de la nouvelle trame est attaché au bouton dont on a parlé plus haut le fil se déroule au-dessus de la navette sur le parcours de celle ci, de droite à gauche, et pénètre dans l'escargot où il reste enfilé. Si pour une raison quelconque, le fil n'est pas bien placé dans l'escargot de la navette, une 2ᵉ cannette vient s'y placer, et, si celle-ci ne s'enfile pas encore, le métier s'arrête par le mécanisme du casse-trame.

Un appareil spécial appelé « coupe-fil » est fixé sur le templet. Il est mis en action par la tringle chaque fois que le marteau fonctionne et des ciseaux coupent les bouts de fils de la cannette chassée et de la nouvelle cannette.

Les barillets sont faits pour 15 ou 25 cannettes.

CASSE-CHAÎNE. — Le casse-chaîne consiste en une ou plusieurs séries de lamelles minces en acier suspendues sur les fils et maintenues au-dessus de ceux-ci par un vibrateur. On emploie des lamelles à évolution ou des lamelles à trous. Les premières sont disposées directement derrière les harnats et reçoivent dans leur coulisse un rapport complet de fils de chaîne formant l'armure, par exemple 2 pour la toile, 3 pour le sergé de 3 etc... Le vibrateur agit au moment où la foule est ouverte. Lorsqu'une lamelle reste en bas par suite de la rupture d'un fil qui devrait la soulever, le mouvement du vibrateur se produit et le métier s'arrête.

Les secondes, les lamelles à trous, sont suspendues sur le fil qui passe dans le trou à raison d'un fil par lamelle. Celles-ci sont maintenues par des tringles fixées à des montants formant cadre. Ce cadre est relié au porte-fils mobile et obéit au mouvement de va-et-vient de ce dernier, de manière à suivre également le déplacement du fil de chaîne à chaque ouverture du pas. Le flottement du fil dans les lamelles est ainsi réduit au minimum. Le vibrateur agit comme précédemment en cas de rupture du fil.

Le vibrateur reçoit également son mouvement du casse-trame, de sorte qu'il n'y a qu'un seul organe d'arrêt soit quand le fil casse, soit quand la duite casse.

Casse-trame. — Il est disposé pour marcher avec ou sans tâteur suivant les besoins :

a) Il provoque le chargement d'une nouvelle cannette en cas de rupture ou d'épuisement de la trame, lorsque le métier marche sans doigt tâteur ;

b) Il provoque l'arrêt du métier en cas de rupture ou de manque de trame, lorsque le métier marche avec doigt tâteur ;

c) Il provoque le chargement d'une nouvelle cannette, en cas de rupture ou de manque de trame, lorsque le métier marche avec doigt tâteur ;

d) Il provoque le chargement d'une nouvelle cannette après un second fonctionnement seulement, disposition utilisée pour faire des tissus tels que croisés, lorsque le métier marche sans doigt tâteur ;

e) Les tâteurs de trame sont disposés pour provoquer le changement des cannettes avec l'épuisement complet de celles-ci afin d'éviter les fausses duites.

Régulateur automatique de chaîne règle la tension de la chaîne au déroulage, quelque soit le diamètre de l'ensouple. Le débit de la chaîne dépend de la pression de celle-ci sur le porte-fils. Le couteau porte-fils monté sur un support mobile à trois crans est relié au cliquet commandant le rochet par un levier et une bielle montée sur un ressort. Ce cliquet reçoit un mouvement de va-et-vient par l'intermédiaire d'une tringle commandée par l'épée de chasse et terminée par un coulisseau. De cette façon, la course dudit cliquet est réglée par le porte-fils. Le mouvement de rochet est communiqué au plateau par un mécanisme de ralentissement à engrenages droits. L'ensouple à disques porte à son extrémité, l'entraîneur qui est relié au plateau denté par deux chevilles fixées au plateau.

Tous les métiers de ce système possèdent le **barillet**

à droite et le levier de débrayage à gauche, de telle sorte que l'ouvrier puisse toujours, et à chaque métier, manier ces mêmes organes avec la même main. Les poulies motrices sont aussi près que possible du bâtis.

La Société Alsacienne construit des modèles :

		Poids
N	pour tissus légers et moyens	650 kilog.
NC	pour calicots et renforcés.	720 »
NF	pour étoffes lourdes.	» »
NCF	»	» »
NCFF	pour étoffes larges et lourdes	» »
NCFL	pour petites draperies avec ratière Schelling et Staubli.	

Métiers à changement de navettes

Il en existe plusieurs systèmes :

Système Hattersley. — Dans ce métier, lorsque la trame vient à manquer, la fourchette de casse-trame est en prise avec le marteau de casse trame qui lui correspond et aussitôt la courroie passe de la poulie fixe sur la poulie folle. Par une combinaison de mouvements, le métier étant arrêté, la navette épuisée qui se trouve dans la boîte à navettes est expulsée et elle est remplacée automatiquement par une navette pleine ; le métier se remet aussitôt en marche. Ce métier est, en plus, muni d'un casse-chaîne électrique qui produit l'arrêt de la machine dès qu'un fil de chaîne vient à casser. En résumé, lorsque la trame est épuisée le métier s'arrête, la navette vide est remplacée par une autre pleine et, seulement après, le métier se remet en marche. Ces changements se font automatiquement en trois secondes.

Système Dawson. — Dans ce métier, quand la trame est épuisée dans une navette, celle-ci est expulsée et remplacée automatiquement par une navette pleine, sans que le métier s'arrête. Le changement est donc fait ici en pleine vitesse. Ce dispositif de changement automatique de navette est applicable sur tous les genres de métiers à tisser à une navette actuellement employée dans l'industrie.

Il existe encore beaucoup d'autres systèmes de métiers à trame continue. Citons les métiers Steiner, Larivière, Hollingworth, Seaton, Dumail, etc.

Défauts des tissus

a) Tissus irréguliers. — Ce défaut peut tenir soit à la raideur des cordes de tension, soit à une chaîne qui n'est pas assez tendue ou à des pignons de roues de l'enroulement qui engrennent mal, ou au cliquet qui n'agit pas bien sur le rochet.

b) Mauvaises lisières. — Provenant d'une foule qui n'est pas franche, trop ouverte, d'une chaîne trop tendue, d'une trame qui se déroule mal, de fils mal rentrés, d'un métier trop large.

c) Tissus pairés ou voies de rôt. — Ce défaut provient d'un porte-fil qui est placé trop bas, d'une foule trop ouverte, ou d'un tissage à pas ouvert.

d) Places fines. — Provient de l'arrêt et de la mise en marche du battant.

e) Places grosses. — Provient de la négligence du tisserand qui laisse passer un trop grand nombre de dents du rochet, le peigne frappant alors trop fortement.

Peuvent être dues aussi au glissement ou au dérapage du pignon d'envidage.

f) Bouts de fils dépassant au-dessus du tissu. — Proviennent de fils de chaîne cassés.

g) Flottements de trame. — Dûs à des fils qui se rompent et s'enroulent dans le pas, derrière le rôt.

h) Mauvais remettage. — En ce cas, il y a lieu de rentrer les bouts.

CHAPITRE VII

—

PRIX DE REVIENT DES TISSUS

Prix de revient d'un tissu de laine

Les éléments de calcul de ce prix de revient comprennent :

a) *Frais généraux par jour et par métier.* — Varient suivant la largeur du métier.

D'après la production moyenne et le duitage, on détermine le nombre de jours que l'ouvrier mettra à tisser sa pièce et l'on en déduit la valeur des frais généraux affectés à cette pièce.

b) *Main d'œuvre à l'ouvrier.* — On paierait, par exemple, à l'ouvrier, *tant* par 1.000 duites.

c) *Matières.* — 1° Poids de chaîne déterminé par la largeur en peigne et le compte. Tenir compte de 3 $^0/_0$ de déchets et de 6 $^0/_0$ d'embuvage.

Le prix de la chaîne est calculé au cours du jour.

2° Poids de la trame, déterminé par le compte. Tenir compte de 5 $^0/_0$ de déchets et du temps passé par les fils, en moyenne 3 $^0/_0$.

d) Il faut ajouter les frais du *montage de la pièce* ; bobinage, ourdissage, encollage, nouage, rentrayage, époutissage, mesurage. Ces frais s'établissent par pièce de 100 mètres et varient suivant que la pièce doit être tissée sur métier 7/8, 4/4 ou 6/4.

e) *Le montant des apprêts.*

On a ainsi le prix de revient total.

Prix de revient d'un tissu de coton

Exemple : Calicot 60 P 3/4 20 duites.

Le compte de chaînes des tissus classiques en coton se désigne par portées qui indiquent le nombre de fois 40 fils contenu dans la largeur du tissu, le duitage se compte au 1/4 de pouce. Il y a 147,6 quarts de pouce au mètre.

On détermine a) largeur en peigne, 0,97 ; embuvage, 4 % ; chaîne, 27/29 ; trame 36/38.

b) Emploi de la chaîne. — 2.400 fils d'une longueur de 104 mètres pour une coupe de 100 mètres chaîne 28/1, soit 56.000 mètres au kilogramme.

$$\text{Poids de chaîne} \quad \frac{2\,400 \times 104}{56.000} = 4^{kg},46 \; \Big\}$$
$$\text{Déchet} \quad 2\,\tfrac{1}{2}\,\% = 0,\;11 \; \Big\} \; 5^{kg},57$$

c) Trame pour 200 mètres :

$$20 \times 147,6 = 2.952 \text{ duites au mètre}$$

ou pour 100 mètres, 295.200 duites de 0,97 de large, soit 286,344 mètres de trame 36/38.

$$\text{Poids de trame} \quad \frac{286.344}{74.000} = 3^{kg},87 \; \Big\}$$
$$\text{Déchet} \quad 4\,\% = 0,\;15 \; \Big\} \; 4^{kg},02$$

Prix de façon de préparation
Tissage proprement dit
Frais généraux : tant par métier et par jour, en comptant sur une production de 22 mètres par jour
Intérêts des fils en magasin 3 %.

Décomposition et analyse des tissus

Décomposition. — On procède généralement aux recherches suivantes :

a) Recherche de la face d'endroit ;
b)   »   du sens de la chaîne ;
c)   »   de la contexture ;
d)   »   de la nature des fils employés, du compte, de l'embuvage, du retrait ;
e) On en déduit l'ourdissage ;
f)   »   le montage ;
g)   «   le tramage.

Face d'endroit. — On prend comme face d'endroit, celle qui a l'aspect le plus agréable à l'œil (pour les tissus sans envers).

Sens de la chaîne. — Se reconnaît, soit par la lisière, soit par les traces du peigne, soit par la direction des fils rectilignes de chaîne, une plus grande tension, soit enfin par l'élasticité moindre du tissu dans le sens de la chaîne que dans le sens de la trame.

Contexture ou mise en carte du tissu. — On fait une frange dans le sens de la chaîne, on prend un fil comme point de repère, puis on défile successivement la duite en notant, à partir du fil de repère, le mode de croisement des fils : on a ainsi la mise en carte du tissu. On se sert de compte-fils au centimètre carré ou au double centimètre carré pour les gros tissus et de la loupe.

Nature des fils, etc. — Voir plus haut comment on différencie les fils (page 44). — Le compte (ou nombre de fils) s'établit au moyen du compte-fil au centimètre carré.

L'embuvage provient des ondulations de la chaîne sur la trame. Il est d'autant plus prononcé que les duites sont plus rapprochées. Il varie de 3 à 4 $^o/_o$ et peut aller jusqu'à 8 $^o/_o$.

Le retrait provient du rapprochement des fils après tissage. Le retrait est d'autant plus fort que la torsion de la chaîne est plus forte, les fils moins serrés et la trame plus fine et plus serrée.

Ourdissage, montage, tramage, se déduisent des données ci-dessus.

Exemple de décomposition. — Mérinos écru 5/4, 13/14 croisures (au 1/4 de pouce). Largeur du tissu au peigne : 1^m,44. Compte : 80 ou 24 fils, 1.150 broches ou dents, 3 fils ou dents.

a) *Ourdissage* :

Lisière	12 br. soit	24 fils chaîne laine peignée		n° 35 retors
Fond	1.126 »	3.378	»	n° 80/1
				ou 56^{mm}
Lisière	12 »	24	»	n° 35 retors
Soit	1.150 »	3.426		

(on compte, pour l'emploi des matières 3.440 fils pour compenser la différence de grosseur entre les fils de lisière et de fonds) ;

b) *Remettage* suivi sur 4 lames de 860 mailles chacune de 1^m,44 de largeur ;

c) *Montage métier mécanique.* — Excentriques de batavia calés à angle droit, l'un à la suite de l'autre ;

d) *Tramage.* — Trame laigne peignée n° 120 (84.000 millimètres). Réduction en trame, 76 duites au centimètre.

ANALYSE. — L'analyse complète d'un tissu doit se faire à 8 points de vue différents :

a) Voir si la contexture est simple ou composée, c'est-à-dire si la chaîne et la trame sont formées de fils de même matière ou de matières différentes ;

b) Examiner la direction linéaire des fils, ces directions pouvant se rapporter aux directions suivantes : 1° Fils droits pour la chaîne et la trame ; 2° Fils droits pour la chaîne, brides ou poils pour la trame (velours par trame) ; 3° Fils sinueux (gazes) ; 4° Fils relevés, ondulés (épinglés, bouclés); 5° Fils relevés et coupés (velours, peluches);

c) Compte. — On compte les fils et les duites au centimètre carré;

d) Déterminer l'armure pour les tissus à contexture simple. Après avoir trouvé le rapport d'armure, on compte combien il y a de ces rapports au centimètre. Pour l'examen des tissus à croisures, on place le compte-fil parallèlement aux croisures et on compte le nombre de celles-ci au centimètre;

e) Construire la configuration graphique des tissus à contexture complexe;

f) Rechercher la torsion et le numéro des fils employés;

1. La torsion. On détisse une longueur de fil de 50 centimètres au moins et on en détermine la torsion au torsiomètre.

2. Le numéro. Le procédé le plus employé consiste à procéder par comparaison de grosseurs entre une mèche de fils tirée de l'échantillon du tissu à analyser et une mèche du même nombre de fils qu'on tire d'une bobine de numéro correspondant, d'une collection de numéros titrés d'avance et qui servent de types.

On tire ainsi de l'échantillon à analyser une mèche de 20, 30 ou 40 fils selon la grosseur de ceux-ci et une autre mèche d'autant de fils de la bobine dont le numéro est connu. On place ces derniers en croix sur les premiers et on replie chaque mèche sur elle-même au point d'intersection, chacune de ces mèches se trouvant nouée à l'autre par ce repliement. On n'a plus alors qu'à tordre entre les doigts ces 2 mèches n'en formant plus qu'une et à comparer en la plaçant entre l'œil et un endroit lumineux si chacun des côtés du croisement de la mèche est bien identique comme grosseur à son voisin. On répète jusqu'à concordance parfaite.

On peut aussi, si on dispose d'une longueur de fil

importante et connue, le peser à la balance au milligramme et faire le rapport entre la longueur et le poids, ce qui donnera le numéro.

On peut enfin n'opérer qu'avec 2 bobines de numéros titrés minutieusement. Une de ces bobines servira pour l'épreuve, l'autre à vérifier le résultat de cette épreuve. Une des bobines titrera par exemple 90.000 mètres au 1/2 kilogramme (coton). On prend d'abord de l'échantillon à analyser une mèche de 20, 30 ou 40 fils, et, ensuite une mèche de 40 ou 50 fils par exemple de la bobine titrant 90. Si cette mèche est reconnue trop grosse par rapport à sa voisine, on enlève un ou plusieurs fils à la fois jusqu'à obtention de concordance parfaite pour chacun des 2 côtés de la mèche croisée et tordue, ou on ajoute un ou plusieurs fils à la fois si pour le même résultat cette mèche est reconnue trop fine. Se basant ensuite sur la formule : $T' = \dfrac{T \times N'}{N}$

dans laquelle N représente le nombre de fils du numéro connu, T' ce taux inconnu, N' le nombre de fils de numéro à déterminer : il est facile de retrouver le titrage que représente ce nombre de fils dont la mèche égale en grosseur celle de titrage et de nombre de fils connue.

Pour contrôler ce résultat avec la deuxième bobine, on opère comme pour la 1re bobine, ou on peut inverser le problème en prenant la formule $N = \dfrac{N' \times T}{T'}$

dans laquelle T et T' représentent les taux des fils, N le nombre des fils connu et N celui à trouver. Il ne reste donc pour certitude absolue qu'à examiner si ces nombres de fils sont bien ceux des mèches que l'on avait dû prendre pour arriver aux concordances voulues des grosseurs.

g) Déterminer si le tissu a été fait au métier à lames, et, dans ce cas, reconstituer le nombre de lames. Pour cela il faut tenir compte des principes suivants :

1. Lorsque, dans une armure donnée, chaque fil de chaine a une évolution spéciale, différente de celle des autres fils, il faut pour le remettage autant de lames dans la remisse qu'il y a de fils dans le rapport-chaîne ou transversal de l'armure.

2. Lorsque plusieurs fils de chaîne évoluent semblablement dans une même armure, le nombre des lames à employer peut être réduit à un minimum égal au nombre des fils évoluant différemment.

3° Lorsque, dans une armure donnée, chacune des duites a un pointé spécial, c'est-à-dire différent de celui des autres duites, il faut, pour le marchage, autant de pédales qu'il y a de duites dans le rapport trame ou longitudinal de l'armure.

4. Lorsque plusieurs duites ont un pointé identique dans une même armure, le nombre de pédales à employer peut être réduit à un minimum égal au nombre des duites pointées différemment.

Ces 4 premiers principes se rapportent aux tissus unis. Pour les tissus façonnés dont les dessins sont compris dans des limites rectilignes, on a recours à des remisses à paquets ou à compartiments auxquels s'appliquent les 4 autres principes suivants :

5. Lorsque l'esquisse d'un dessin rectiligne pour façonné contient sur sa largeur une série de rectangles plus ou moins larges et différant tous entre eux, il faut autant de remisses ou corps partiels à compartiments qu'il y a de ces rectangles.

6. Lorsque l'esquisse d'un tel dessin contient sur sa largeur plusieurs rectangles semblables, on peut réduire le nombre des remisses partiels à un minimum égal au nombre des rectangles différents.

7. Lorsque l'esquisse d'un tel dessin contient, sur la hauteur, une série de rectangles plus ou moins longs et différant tous entre eux, il faut autant de faisceaux ou groupes spéciaux de pédales qu'il y a de ces rectangles.

8. Lorsque l'esquisse d'un tel dessin contient sur sa

hauteur plusieurs rectangles semblables, on peut réduire le nombre des faisceaux ou groupes de pédales au nombre des rectangles différents.

h) Déterminer si le tissu a été fait au Jacquard et. dans ce cas, reconstituer les éléments de reproduction par l'organisation du métier.

Il y a lieu enfin de déterminer la résistance du tissu par des essais dynamométriques, pour se rendre compte si le tissu reproduit a la même force que celui que l'on veut reproduire.

CHAPITRE VIII

DIFFERENTES SORTES ET DENOMINATIONS DE TISSUS

Tissus de coton. — Tissus unis

a) Toile de coton ou cotonnade. — Tissu dont l'armature est carrée. La cotonnade présente des rayures en long ou encore, comme la toile de Flers, des carreaux réguliers blancs et couleurs. Compte et couleurs variés.

b) Nankin. — Armure taffetas. Compte 30 fils de chaîne, 20 duites au centimètre. Couleur : jaune chamois. Teinture artificielle. Se fait en rayé et à carreaux.

c) Cretonne et shirting. — Tissu à armure uni. Se fait en chaîne n°s 8, 10, 12 et 16; trame 10 à 24. Subit un encollage assez fort,

Cretonne à grain carré a 50 portées de 16 fils : chaîne 10, 14 duites, trame 12, laize 2/4, poids 20 à 21 kilogrammes aux 100 mètres.

Cretonne-shirting. 60 portées, 18 fils: chaîne 20, 20 à 30 duites, trame 36, laize 3/4, poids 15 à 18 kilogrammes aux 100 mètres.

d) Jaconas. — Tissu fin et léger à duites serrées, tient le milieu entre la percale et la mousseline (articles de Tarare et de Saint-Quentin) 55 à 67 portées, 18 à 22 fils: chaîne 50 à 70, 14 à 20 duites, en trame 60 à 110, laize 82 à 85.

e) Percale. — Tissu ras et très serré, plus fin que le calicot. Subit un apprêt spécial. Armure : taffetas ou sergé de 3 ou de 5. On fait des percales unies et des percales brochées.

f) Percaline. — Tissu moins serré que la percale et qui présente un aspect pelucheux. Teinte après tissage, elle subit un gommage qui lui donne du lustre. On fait des percalines gaufrées en les faisant passer par des cylindres quadrillés en creux et en relief.

g) Calicot, il en existe de différents types. — Ressemble à la percale, mais est moins fine, s'emploie dans la lingerie.

Type 1) 60 portées à 18 fils, chaîne 27/29, 12 à 20 duites, trame 36/38, laize de 2/3 jusqu'au 8/4, sorte courante 3/4.

Type 2) 80 portées à 24 fils, chaine 28 à 30, 22 à 34 duites, trame 30/42, laize 3/4.

Type 3) 100 portées de 30 fils, chaîne 50, 40 à 42 duites, trame 60, laize 3/4.

h) Longotte. — Tissu fabriqué à Rouen, plus gros et plus lourd que le calicot ordinaire, intermédiaire entre la toile de coton et le tissu imprimé.

i) Guingan. — Tissu très fin servant à faire des robes et des cravates. Grosse étoffe de coton lisse à rayures blanches sur fond bleu foncé qui se fait dans l'Inde.

j) Satinette. — Tissu léger, armure satin. Se fait en différents types :

1° Sortes courantes, 90 portées de 22 fils, chaîne 27/29, 24 à 30 duites, trame 36/38, laize 3/4 ;

2° Pour confections, robes 85 à 135 portées de 26 à 40 fils, chaîne 40/50, 30 à 50 duites, trame 30 à 70, laize 3/4 ;

3° Satins fins 60 à 70 portées de 18 à 24 fils, chaîne 100 à 130, 60 à 80 duites, trame 100 à 130, laize 3/4.

k) Mousseline. — Tissu lâche, souple, léger, transparent, solide et généralement uni, quelquefois orné de dessins tantôt pendant le tissage, tantôt à la main après tissage. Elle est apprêtée.

Les mousselines pour rideaux sont faites au Jacquard, les dessins sont produits au moyen de grosses duites qui viennent s'ajouter aux fines duites du fond et former ainsi des ornements opaques sur le fond du tissu qui reste transparent.

90 à 95 portées de 27 à 30 fils, chaîne 60, 70 et 80, 28 à 34 duites, trame 60, 70, 80, laize 82, 85, 90 centimètres.

l) Organdi, mousseline unie ayant reçu un apprêt — Le rapport entre les fils de chaîne est égal au rapport des fils de trame. 50 à 65 portées de 16 à 11 fils, chaîne de 100 à 130, 15 à 22 duites, trame 100 à 150, laize 8 à 85 centimètres.

m) Canevas. — Tissu très clair et divisé en petits carreaux.

n) Brillanté. — Tissu sur lequel on imprime des fleurs qui ont l'aspect du relief, 60 à 70 portées de 18 à 22 fils, chaîne 27/29, 18 à 24 duites, trame 36/38, laize 3/4. Brillants fins : 85 à 95 portées de 27 à 30 fils, chaîne 50, 30 duites, trame 50 à 60, laize 3/4.

o) Piqué. — Tissu épais orné de dessins qui imitent le travail du piqué proprement dit. 90 à 100 portées de 27 à 30 fils, chaîne 40 pour endroit, chaîne 30 pour fond, 50 duites, trame 50, laize 3/4.

p) Tulle. — Tissu ou réseau très mince et très léger constitué par une série de fils de chaîne parallèles entre eux et par une série de fils de trame marchant en sens inverse. Le tissu est sans envers.

q) Gaze. — Tissu léger et transparent dans lequel les fils et les duites sont nettement séparés les uns des autres suivant un remettage sinueux. Chaque fil de la chaîne est remplacé par deux fils dont le premier porte le nom de fil fixe et le second, celui de fil de tour. L'armure de la gaze se combine dans les tissus avec toutes les autres armures pour reproduire des tissus à rayures longitudinales ou transversales ou à dessins variés.

r) Guipure. — Tissu sans fond où les ornements ne sont réunis que par un petit nombre de fils. Les fils de chaîne A sont tendus parallèlement et à une certaine distance les uns des autres, les fils de trame sont remplacés par une série d'autres fils B, nommés fils de dessin en nombre égal à celui des fils de chaîne et enveloppés avec eux par un troisième fil dit fil de tour. Les brides longitudinales forment les jours.

s) Molleton et flanelle de coton. — Tissus tirés à poil, c'est-à-dire dont le duvet est relevé de la contexture, soit d'un côté, soit des deux côtés.

Tissus croisés

Dans les tissus à côtes, batavias, sergés ou leurs dérivés, le nombre de croisures dépend de la réduction en chaîne et en trame. Les trois éléments : chaine, trame et croisure, forment les nombres de l'équation :

$$K = \frac{1}{Z}\sqrt{C^2 + P^2}$$

K = croisure au centimètre

C = nombre de fils au centimètre

P = duites au centimètre

Z = nombre de fils au rapport de l'armure.

1° *Croisés.* — Obtenus par un effet de trame, s'emploient pour vêtements et doublures, se font en tous comptes et numéros.

60, 68, 70 portées, chaîne 27/29, 8 à 13 côtes ou croisures, trame 36/38, laize 3/4.

2° *Mérinos de coton.* — Les duites passent sous deux fils et sur les deux fils suivant de la chaine, déterminant des côtes allant diagonalement d'un bout à l'autre de la pièce.

3° *Coutil*. — Se fabrique en armure croisée et surtout en chanvre.

4° *Futaine*. — Étoffe croisée et lissée à poil, quelquefois à l'endroit seulement, quelquefois des deux côtés, mais d'un côté plus que l'autre. Se fait par armure sergé, s'emploie pour doublure de vêtement d'hiver, camisole, jupon.

5° *Basta*. — Tissu très fin, originaire de l'Inde.

Tissus façonnés

Sont faits au Jacquard et sont très nombreux comme variétés.

Velours. — Étoffe dont le fond, constitué par un tissu plus ou moins continu, est recouvert par un poil court et serré qui le cache plus ou moins.

Velours par chaîne se font en laine.

Velours par trame se font en coton (velours de chasse ou de travail). Fabriqué à Amiens. Se fait au métier mécanique et le poil est coupé après tissage.

Tissus de lin, chanvre et jute

a) Toile de lin ordinaire. — Se fait en tous comptes et en toutes laizes.

b) Batiste. — Tissu très fin et très serré qui forme le plus fin de tous les tissus de lin. Elle présente un aspect brillant, dû au lustre du fil à la main qui entre dans sa fabrication. Ce fil appelé rame est le produit d'un lin qui porte le nom de lin ramé. Il pousse en effet entre les brindilles de ronces dont on le recouvre.

c) Cretonne de lin.

d) Toile à tamis.

e) Toile à matelas. — Tissu très serré, sert à faire

des tentes, des matelas, des oreillers, des pantalons, etc. Tissu à fleurs également.

f) Coutils. — Sont toujours à armure croisée. Le véritable coutil se fait tout entier, chaîne et trame, avec du fil de chanvre.

g) Toile à voile. — Se faisait autrefois en fil de chanvre, mais se fait actuellement en lin ; le chanvre laissait une certaine quantité de substance étrangère.

Qualités requises : force, légèreté, souplesse et indivisibilité. Il faut un tissu épais et très serré en fils écrus de bonne qualité, rebouillis dans une lessive alcaline modérée, et fortement battus au tissage. La trame doit être aussi forte que la chaîne ; elle n'est pas encollée.

h) Damassés. — Obtenus par opposition d'effet de chaîne et d'effet de trame.

i) Toile cirée. — Se fait aussi en jute et en coton.

j) Toile à peindre.

k) Toile à pneumatique. — Se fait aussi en coton.

l) Peluche et velours de lin.

m) Basin, étoffe armure croisée coton et lin.

Tissus de laine

1° *Draperie.* — On comprend sous le nom général de draperie, tous tissus de laine, soumis à des apprêts.

La draperie unie comprend les draps lisses, c'est-à-dire tissés en armure serge, batavia, satin et taffetas. Le poil recouvre la corde sans laisser voir aucun sillon.

La draperie nouveauté comprend les satinés, les ondulés, les serpentines dans lesquels le poil est directement frisé et couché, suivant les dessins qui sont très variables.

2° *Reps.* — Tissu d'ameublement fait au moyen de deux chaînes, l'une pour le fond, l'autre pour le liage, avec deux trames d'inégale grosseur. On remarque sur ces tissus, des côtes ou cannelures.

3° *Grisaille*. — Se fait avec des chaînes coton, chinées sur fil ou chinées après ourdissage. Se tisse avec quelques duites en laine suivies d'une ou deux duites en coton chiné. L'armure est du taffetas.

4° *Linon*. — Se fait en armure gaze et toile, la chaîne est en coton et la trame en pur poil de chèvre ; la trame est quelquefois mélangée de soie.

5° *Flanelle*. — Tissu fait ordinairement de laine cardée, tiré à poil et peu foulé. On distingue la flanelle proprement dite et la flanelle tartan. La première est un tissu léger, tantôt lisse comme la mousseline, tantôt croisé des deux côtés, comme le mérinos, ou bien croisé à l'endroit, comme le cachemire. Lorsque la flanelle est un peu rude au toucher, on l'appelle frise ; on lui donne au contraire le nom de flanelle mousseline, lorsqu'elle possède une grande finesse et une grande douceur au toucher. Leur principal emploi est pour les vêtements destinés à être portés sur la peau. Les flanelles tartans se fabriquent peu aujourd'hui et servent surtout comme doublure. Leur fabrication dérive de celle des tartans écossais.

6° *Molleton*. — Tissu de laine, doux, chaud et moelleux, légèrement foulé au savon, tiré à poil d'un seul ou des deux côtés, et ressemblant à une flanelle épaisse.

7° *Étamine*. — Étoffe dont la chaîne et la trame sont en laine peignée connue aussi sous le nom de burat. Il en existe plusieurs espèces : burat doux, employé pour robes de juge, d'avocat, et soutanes (teint en rouge ou en noir) ; burat rez, se fait en noir pour vêtement de deuil et vêtement religieux ; burat voile se fait pour voile religieux.

8° *Burail*. — Ancien tissu noir et très fin, chaîne soie, trame laine. Diverses sortes : burail lisse, burail croisé, burail d'étoupes, burail à contre-poil, etc.

9° *Moréen*. — Tissu qui imite la moire de soie, chaîne jute et trame laine qui recouvre entièrement la chaîne. Sert pour jupons et tabliers.

10° *Alpaga*. — Se fait en armure taffetas, chaîne coton, trame laine d'alpaga.

11° *Barége*. — Etoffe légère non croisée en armure gaze, chaîne coton, trame laine, se fait beaucoup en blanc pour impression.

12° *Anacoste*. — Tissu tout en laine et à double croisure. Se fait à Amiens et environs. S'emploie pour vêtement religieux.

13° *Alépine*. — Armure sergé, chaîne soie, trame laine, fin mérinos.

14° *Camelot*. — Tissu imperméable pour manteau d'homme et jupons. Se fait à Roubaix. Comprend le camelot gaufré portant des dessins d'une seule couleur. le camelot ondé portant des ondulations, le camelot à eau qui est câti et lustré, le camelot moiré.

15° *Mérinos*. — Etoffe entièrement en laine, armure croisé ou batavia, dans laquelle les duites passent sous deux fils et sur les deux fils suivants de la chaîne, déterminant des côtes allant diagonalement d'un bout à l'autre de la pièce. La chaîne et la trame ne sont ni feutrées ni foulées, mais en laine peignée avant filature. Trois sortes :

Mérinos simple. — Sert pour robes et châles. Ourdi et tissé en fil de couleur suivant des combinaisons variées formant des lignes ou des carreaux.

Mérinos écossais (cachemire d'Ecosse) — Croisé à l'endroit et lisse à l'envers ; il est plus fin et plus léger que le précédent, mais moins solide.

Mérinos double est monté sur une chaîne doublée en fils retordus. Il forme un tissu très résistant et serré et est employé comme drap d'été pour vêtements d'hommes.

16° *Mozambique*. — Armure gaze et toile, se fait avec une chaîne en coton et une trame en laine anglaise.

17° *Crêpe d'Espagne*. — Armure gaze ou toile. chaîne soie, trame en mérinos, se teint en pièces.

18° *Toile de Saxe ou poil de chèvre* se fait en armure

taffetas, chaîne coton simple ou retors et une trame laine anglaise.

19° *Velours et peluche de laine.*

20° *Silésienne* chaîne soie et trame laine.

21° *Tartan* étoffe à carreaux employée en Écosse.

22° *Damas de laine* a une chaîne et une trame en laine simple, on tisse cette étoffe en écru, en fils rectilignes et on ne la teint qu'après tissage.

Tissus de soie. — Tissus serrés

a) *Taffetas.* — Tissus léger à armure toile (on distingue parmi les taffetas : le gros de Naples, le gros des Indes, le gros grain, le poult de soie, la florence, le crêpe, la mousseline, la marceline etc...), le gros des Indes est obtenu par 2 chaines, l'une simple, l'autre triple croisée par 2 trames l'une fine passant sous la chaîne simple, l'autre plus grosse passant sous la chaîne triple.

b) *Satin.* — Étoffe moelleuse et lustrée. Armure satin de 5 et de 8.

Satin simple, satin avec envers.

Satin double, satin sans envers.

Satin turc, étoffe croisée à l'envers et lisse à l'endroit.

Satin grec, étoffe dont la chaîne est en soie et la trame en laine.

c) *Faille.* — Étoffe à gros grains fabriquée avec une chaîne en soie et une trame le plus souvent en soie quelquefois en coton glacé. La chaîne est en soie cuite et la trame en soie souple.

d) *Moire.* — Étoffe à reflets changeants et ondulés, obtenue en écrasant le grain de l'étoffe avec une sorte de calandre.

Moire tabisée, gros de Tours ondé comme le tabis.

Moire antique, étoffe moirée à grandes ondes.

e) *Brocart.* — Étoffe à l'origine de soie brochée d'or

ou d'argent et enrichie de fleurs ou de figures. Actuellement certains brocarts sont dépourvus de fils métalliques.

Les brocarts se différencient des brocatelles en ce qu'ils sont à grands dessins tandis que ces dernières n'en comportent que de petits. Dans la brocatelle le dessin s'enlève en satin sur un fond grossier en coton ou en lin.

f) Droguet. — Tissus dans lequel le dessin est produit par un effet de poil sur un fond taffetas ou satin ou sergé.

g) Damas de soie est un façonné à chaîne et trame de même couleur mais dont l'enchevêtrement en armures différentes constitue le dessin. Les dessins, tons sur tons, sont à armure satin, tandis que le fond est à armure taffetas et a un léger relief. On doit faire rentrer les damas multicolores dans la catégorie des lampas ou damasquins et les damas veloutés dans celles des velours ciselés. Les damas primitifs étaient tout soie et on appelait caffards les tissus de fil, ou tramés de coton, de laine etc...., qui reproduisaient les ornements des damas.

h) Lampas. — Damas à fond de satin dont le dessin est fait par un taffetas d'une couleur opposée à celle du satin.

Tissus de soie — Tissus légers

a) Foulard. — Étoffe à armures taffetas, dont les fils sont triples, faite avec des soies de Chine ou de Perse.

S'emploie pour robes, fichus, mouchoirs.

b) Gaze. — Armure gaze, étoffe légère et transparente, (20 à 30 fils au centimètre).

c) Crépe. — Étoffe très légère et très claire faite en forme de gaze.

Crêpe simple : celui qui a peu de tors.

Crêpe double : crêpe ondulé par suite de l'opération du crêpage.

Crêpe lisse : crêpe uni et n'ayant pas subi l'opération du crêpage.

Crêpe zéphyr : sorte de crêpe lisse mélangé de couleurs diverses :

Commercialement on distingue 2 sortes de crêpes :

Le crêpe français est une gaze de soie grège apprêtée après tissage.

Le crêpe de Chine, tissu de soie ou de laine et soie, plein et opaque, doux au toucher et tombant. Il est formé de soie grège retorse, tissée à 2 lats, puis soumise à la cuisson.

d) Mousseline de soie. — Armure taffetas et à compte très petit, se fait avec de la soie cuite ; généralement elle est unie, on l'orne quelquefois de broderies ou de points.

Tissus combinés

a) Popeline. — Tissu uni ou rayé, façonné et broché dont la chaîne est en soie ou en bourre de soie et la trame en laine peignée longue, en coton, et lin, dont les côtelines, lorsqu'elles existent, sont toujours perpendiculaires à la chaîne.

b) Taffetas. — Mélangés de soie, de coton, et de laine.

Tissus de poils de chèvre

a) Mohair. — Tissu formé de poils de chèvre, de chevreau, d'angora et spécialement destiné à la confection de robes de femme ou de vêtements d'homme très légers.

b) Cachemir. — Tissu très fin fait avec le poil d'une race de chèvres de Cachemir ou du Thibet. Le cachemir d'Ecosse est un cachemir destiné aux vêtements de femme et que l'on teint en couleurs très variées. C'est une serge de 3 produite par l'entrecroisement de 3 fils et de 3 duites.

Tissus de chanvre, de jute, de phormium, de ramie

Tissus de chanvre. — Coutil véritable, toile grossière, toile à voile, toile d'emballage.

Tissus de jute et de phormium. — Toile grossière, sacs et emballages.

Tissus de ramie. — En mélange avec la soie pour gros tissus, avec la laine dans la draperie, avec le lin dans les damassés.

Tissus du papier. — Ces tissus sont connus sous le nom général de textilose et sont constitués soit par du fil de papier pur, soit par un mélange de fibres textiles végétales et de fil de papier. Ils sont utilisés comme toiles à sacs et comme tissus de tenture.

CHAPITRE IX

—

DERNIÈRES OPERATIONS

Grillage des tissus

Les tissus destinés à l'impression, et notamment ceux en coton, et ceux dont le poil doit disparaître pour laisser voir le fonds, comme les tissus ras de laine peignée, sont grillés pour faire disparaître le duvet. Ce grillage se fait :

a) A la plaque de fonte. — On fait passer d'une manière uniforme et rapide l'étoffe sur une plaque de fer ou de cuivre rouge portée au rouge. L'étoffe s'enroule ensuite sur un cylindre en partie immergé dans l'eau. Les produits de la combustion sont entraînés dans le foyer et y sont consumés.

b) Au gaz. — Les tuyaux de gaz sont percés de trous fins écartés les uns des autres de 1/8 de pouce et sont au nombre de 5. Un ventilateur produisant aspiration envoie au dehors les produits de la combustion. Deux paires de cylindres de bois, couverts de futaine, entre lesquels est insérée la pièce d'étoffe, font avancer celle-ci à une vitesse de 1^m,20 à la seconde. Un système de brosses doubles enlève tous les corps étrangers.

Les robinets sont réglés pour que les flammes soient bleues, c'est-à-dire disposées pour brûler plutôt que pour éclairer. L'inconvénient de ce système est que la flamme, passant à travers les fils, brûle les poils de l'intérieur du tissu et n'agit pas seulement sur leur surface : ce qui est un inconvénient pour les étoffes légères.

Un autre système qui remédie à l'inconvénient précité, consiste dans ce que le tissu n'est plus traversé par le dard de la flamme, c'est la partie latérale de celle-ci que vient raser le tissu pour brûler le duvet qui le recouvre. Il passe sur 2 rouleaux placés latéralement à droite et à gauche de la flamme. Si un seul passage est insuffisant, l'appareil peut recommencer l'opération 2 ou 3 fois.

c) *A l'électricité*. — Le duvet est brûlé par le passage du tissu au-dessus de fils métalliques chauffés à l'incandescence par un courant électrique. (Brevet de la Société anonyme Electro-Textile).

Mercerisage des fils et tissus

Le mercerisage ou similisage donne du brillant aux fils et aux tissus. Il se pratique en trempant ceux-ci dans une solution de soude caustique et en donnant à ces fils et tissus une très forte tension. Plus les fibres sont fines et longues, plus elles ont de brillant.

Mercerisage des fils de coton

La tension est opérée par l'écartement de deux cylindres entre lesquels les deux écheveaux sont tendus.

Machine. — Dolder et Cie à la soude caustique, 36°.

Production : 5 à 600 kilogrammes de fil par 10 heures. Un ouvrier et un aide.

Consommation de lessive caustique : 1 kilogramme de lessive pour 1 kilogramme de fil.

Force motrice : 3 à 4 HP.

Prix de revient approximatif 0^{fr},20. Freinte 5 %.

AUTRES SYSTÈMES. — Hahn, Haubold, Niederlansteiner Maschinen Fabrik, Thibault de Paris.

LUSTRAGE DES FILS DE COTON MERCERISÉ

Les fils passent sur 4 paires de cylindres métalliques chauffés à la vapeur et qui tendent le fil.

Production : 200 kilogrammes par jour. Main-d'œuvre : 1 ouvrier.

Force motrice : 2 HP $^1/_2$.

Prix de revient : de 0^{fr},03 à 0^{fr},05.

MERCERISAGE DES TISSUS DE COTON

Il faut d'abord éliminer les enduits et apprêts qui recouvrent le tissu au moyen de débouillages en lessives alcalines de silicate de soude ou alkasil pratiqués dans des autoclaves.

Coût du débouillage 0^{fr},60 à 0^{fr},70 par kilogramme.

Le tissu est ensuite chloré légèrement, puis mercerisé, puis lavé à grande eau. Pour donner du craquant, on lave à l'acide lactique ou tartrique.

MACHINE : *Exemple*. — Rame merceriseuse de la Zittauer Maschinenfabrik (Zittau), comprend un foulard hydraulique à deux rouleaux, pour imprégner le tissu de soude caustique, une machine à élargir, laver et aciduler.

Production : 8 à 10.000 kilogrammes par jour.

Encombrement : 12 × 3,30 × 3.

Merceriseuse continue de la Zittauer Maschinenfabrik, comprend 1 foulard à imprégner, à trois rouleaux, une rame à élargir, une machine à laver au large et à aciduler.

Production : 15.000 kilogrammes par jour.

Encombrement 24 × 3,30 × 2,50.

Merceriseuse Bernhardt de Zittau, à foulard, deux rouleaux, cuves de lavage et d'acidage. Encombrement :

9,50 × 2,30 × 3.

Rame merceriseuse David. Cette machine opère par le vide, en forçant la soude caustique à passer par le tissu. On opère à chaud, on tend le tissu à l'aide de pinces automatiques. Elle peut merceriser les tissus de laine et de soie.

Le tissu mercerisé peut être grillé, puis calandré à pression hydraulique. Freinte : **9** $^0/_0$.

MERCERISAGE DE TISSUS DIVERS

Beaucoup de tissus peuvent être mercerisés, aussi bien en lin, laine, coton, ramie, etc. Le mercerisage se fait actuellement sur tissu de bonneterie.

Bonneterie. — 1° Sur bas et chaussettes. Les articles sont débouillis, puis tendus dans des formes. On met ces formes dans des bains contenant la lessive caustique mercerisante. Après trois minutes, on les met dans l'eau chaude, on lave à grande eau. L'éclat du mercerisage est rehaussé par un gazage.

Prix de revient : 0^{fr},90 par kilogramme de tissu, 0^{fr},06 à 0^{fr},07 par paire de bas ;

2° Sur les tissus circulaires et tricots jersey (Brevet de l'Auxiliaire de l'industrie textile de Barcelone). On débouillit les pièces automatiquement. Elles sont retournées. Le mercerisage s'effectue sur une machine spéciale qui opère le passage dans la soude caustique. L'exprimage et les lavages, l'acidage, le rinçage et le séchage se font automatiquement. Les pièces sont remises à l'endroit. Les tissus sont gazés.

Prix de revient y compris le gazage : 0^{fr},60 le kilogramme de tissu, soit par exemple 0^{fr},60 la douzaine de gilets de 100 grammes.

La teinture et le blanchiment s'effectuent très bien.

Tissu de lin, ramie, chanvre. — La freinte atteint 30 à 35 $^0/_0$. Les fils de lin et de ramie sont débouillis, blanchis et mercerisés à l'aide des mêmes procédés que ceux employés pour les fils de coton. Mais ils acquièrent dans ces bains une très grande rigidité. Pour les assouplir, on les passe au « tétrapol » savon composé de tétrachlorure de carbone et de sulforicinate. Les fils, mercerisés seuls, se feutrent. Aussi est-il préférable de merceriser le tissu.

Machine : Foulard hydraulique de la Zittauer à deux ou trois rouleaux superposés.

FILS ET TISSUS MERCERISÉS TEINTS

Les cotons mercerisés prennent facilement la teinture. Il est prouvé que :

a) La fibre de coton absorbe facilement la solution de tannin colloïdal ;

b) La fibre de coton après tannage et fixage est facilement pénétrée par les solutions de matières colorantes basiques ;

c) La fibre de coton mercerisé absorbe 140 % fois plus les matières colorantes que les fibres non mercerisées.

Tondage

Il a pour but de raser le duvet qui se trouve à la surface de certaines étoffes de coton, de laine et même de soie. Pour cela le tissu passe entre une ou plusieurs séries de cylindres armés de lames-couteaux placées en spirale, qui, tournant contre une lame fixe, tondent le duvet du tissu à la façon d'un ciseau. Pour faciliter cette opération, le tissu doit être très tendu.

Foulage

Le foulage ou foulonnage est pratiqué surtout pour les tissus de laine cardée. Il agit comme dégraisseur et comme feutreur. On obtient une condensation ou un retrait du tissu qui peut aller jusqu'à 25 %. Cette opération se fait par compression (fouleuse à clapet) ou par percussion (fouleuse à maillet), après avoir fait passer le tissu dans un liquide alcalin ou savonneux quelconque.

Le foulage peut être plus ou moins accentué suivant la nature de l'article.

Lainage

Cette opération a pour but de donner au tissu un aspect pelucheux et un toucher plus doux en faisant revenir le poil ou duvet du fil à la surface du tissu.

La laineuse se compose d'un grand tambour formé de 14 ou 24 barrettes disposées autour de sa circonférence. Ces barrettes forment les cylindres travailleurs : elles sont garnies de chardons naturels ou métalliques. La moitié de ces barrettes lainent dans un sens (à poil) et l'autre moitié travaille dans l'autre sens (à contrepoil). On adopte aussi la disposition dans laquelle un tambour laine à poil et un autre tambour laine à contrepoil en tournant en sens inverse.

Des brosses rotatives débourent les chardons qui se chargent de duvets et ces brosses sont elles-mêmes soumises à un nettoyage.

Calandrage

Le calandrage donne au tissu un certain moirage et de plus fait ressortir son grain.

Il y a différentes espèces de calandres : la calandre à moirer et la calandre hydraulique. Dans la première, la pression comprime les fils et les fait pénétrer l'un dans l'autre. Elle se compose de trois rouleaux de fonte de 0,60 de diamètre dont les axes reposent sur des bâtis en fonte et qui forment entre eux un prisme triangulaire. On fait monter ou baisser le rouleau supérieur à l'aide d'une vis et le tissu passe entre les rouleaux.

Dans la calandre hydraulique, la disposition des cylindres horizontaux est sensiblement la même que dans la précédente mais le tissu est enroulé sur un cylindre de bois qu'on place entre les 3 rouleaux de la calandre.

En général les tissus à calandrer sont préalablement enduits d'un gommage spécial puis séchés.

Gaufrage

Le gaufrage a pour but de donner au tissu (de coton surtout) l'aspect de tissu de soie.

La machine à gaufrer se compose de deux cylindres en acier gravé dont les gravures se pénètrent mutuellement. L'un des cylindres reçoit à l'intérieur de la vapeur d'eau qui lui donne la chaleur nécessaire. Le tissu passe entre les deux rouleaux pressés l'un contre l'autre.

Les tissus gaufrés ont surtout leur application dans la reliure.

Glaçage

Les tissus glacés servent en général comme doublure et le but de la glaceuse est de donner du brillant sans écraser la côte et de remettre le tissu à sa largeur primitive.

Le glaçage se fait avec une molette d'acier dont les arêtes horizontales sont arrondies. Le tissu passe entre la molette et une coulisse. Il a été préalablement imprégné d'un apprêt spécial qui, sous l'influence de la pression exercée par la molette, produit l'aspect glacé.

Cet apprêt est à base de fécule, de cire et d'huile : on y ajoute quelquefois un peu de dextrine.

Il existe aussi des machines à dérompre qui ont pour but de rendre de la souplesse à un tissu qui serait trop agglutiné.

Beetlage

Le beetlage donne aux tissus de coton le brillant et la souplesse qui les font ressembler aux tissus de soie. Il s'emploie surtout pour les satinettes.

Une beetleuse comprend une série de pilons de bois ou de métal qui frappent alternativement le tissu qui est enroulé sur un cylindre animé d'un mouvement de rotation et de translation. Par suite de ce martelage, les fibres deviennent très souples. Le tissu doit être préalablement humecté et foulardé à l'eau.

CHAPITRE X

ETABLISSEMENT D'UN TISSAGE

Les conditions d'établissement d'un tissage sont variables suivant divers facteurs tels que le pays, le lieu, la main-d'œuvre, la force motrice dont on dispose. On ne peut donc que donner des règles générales.

a) Terrains et bâtiments. — La question du terrain est une des premières à envisager. Si on a tout le terrain voulu, il est toujours préférable, au point de vue du prix de revient, de ne faire qu'un rez-de-chaussée couvert par des toitures en « sheds » assurant sur un des côtés un éclairage abondant.

Si au contraire, l'espace est restreint, il est plus avantageux de faire un bâtiment à étages en béton ou ciment armé (construction Hennebique).

b) Force motrice. — Elle dépend du nombre des métiers, c'est-à-dire de l'importance du tissage. On peut dire que la « préparation », c'est-à-dire les machines préparatoires représentent 1/3 de la force absorbée par les métiers. Une usine de 100 métiers demandera pour la préparation et services divers (éclairage électrique, ascenseurs, etc.), environ 30 HP et pour le tissage proprement dit 100 HP.

La force absorbée par les métiers est essentiellement variable. Il y a des métiers très légers qui demandent à peine 1/4 ou 1/2 HP et d'autres, munis de Jacquard, comme les métiers à tapis, qui demandent 5 HP et plus.

Au point de vue de la transmission de la force, il est à remarquer que, dans les transmissions mécaniques à longue distance, comme c'est le cas pour les bâtiments à simple rez-de-chaussée, la perte en transmission atteint 25 à 30 $^0/_0$. Dans les transmissions électriques, cette perte est réduite à 5 $^0/_0$. Aussi dans beaucoup de tissage actuellement, notamment dans les Vosges, emploie-t-on la force motrice électrique, produite par une station centrale ou à l'usine même par une chûte d'eau. Les métiers sont alors actionnés par de petites dynamos, une par métier, qui donnent un résultat économique.

Disposition des machines

La disposition doit être telle que le fil, puis le tissu, passe d'un atelier dans l'autre en suivant la marche logique du travail, de manière à ce qu'il n'y ait ni perte de temps ni perte d'emplacement, jusqu'aux ateliers de réception de la marchandise. Le fil arrivera d'abord au magasin de matières premières, puis passera aux machines de préparation, puis aux ateliers des métiers à tisser, puis au finissage et aux apprêts s'il y a lieu. Si le bâtiment est sans étages, ces ateliers se suivront naturellement. Si le bâtiment est à étages, l'atelier de préparation sera au 2e, le tissage au 1er, le finissage au rez-de-chaussée et le magasin au sous-sol. Il faut, en tout état de cause, éviter de mettre les métiers à tisser loin de la force motrice (machine à vapeur) pour éviter les pertes en transmission dans l'atelier qui consomme le plus de force, et de les mettre à un étage trop supérieur à cause de leur poids :

Ci-contre 2 plans d'usine correspondant aux 2 agencements envisagés (fig. 21 et 22).

Tissage à rez-de-chaussée.

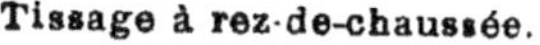

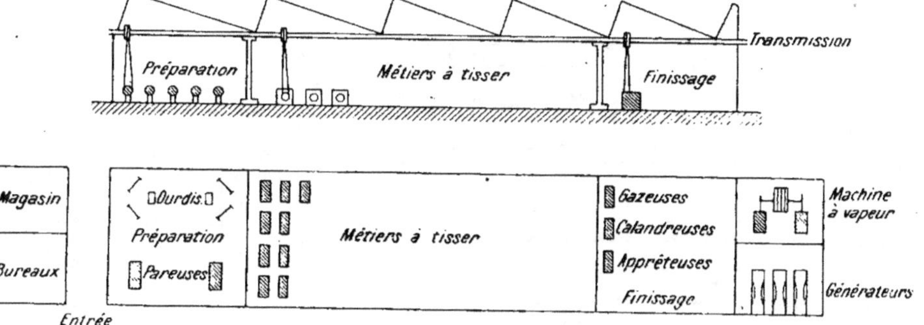

FIGURE 21.

Tissage à étage.

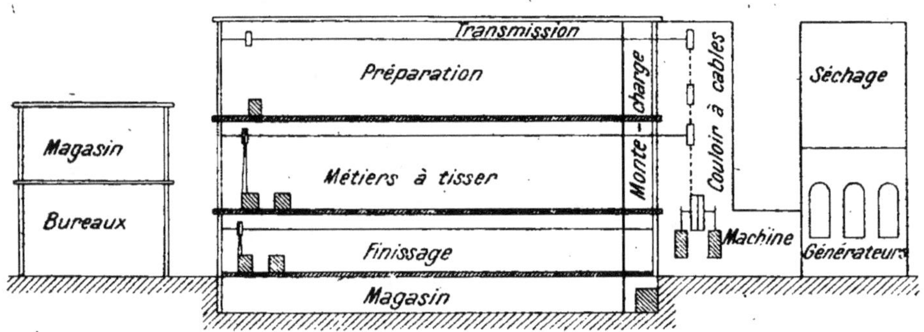

Figure 22.

Organisation intérieure

Elle dépend de l'importance du tissage. Pour une usine de moyenne importance le minimum d'organisation nécessaire est le suivant :

a) *Personnel*. — Un directeur, patron ou non, et suivant l'importance un sous-directeur, le directeur s'occupant davantage de la partie commerciale, le sous-directeur de la partie fabrication.

Des employés de bureaux pour la comptabilité et la correspondance.

Un employé réceptionnaire des matières en même temps garde-magasin.

3 contremaîtres, un pour la préparation, un ou 2 pour le tissage, suivant l'importance, et 1 pour le finissage.

Un employé pour les expéditions, un garde-magasin des tissus.

Le personnel ouvrier des ateliers — atelier de réparations.

b) *Comptabilité*. — Il ne s'agit ici que de la comptabilité matière. Elle doit comprendre dans chaque atelier des carnets journaliers de bons d'entrées et de sorties — des feuilles d'existence ou de relevés de stocks hebdomadaires ou mensuels — des carnets de bons pour toucher les pièces ou matières nécessaires dans chaque atelier. Ces documents sont remis à la comptabilité du bureau.

c) *Services*. — Il y a 3 services :

1° Service de réception des matières, voir si les fils reçus correspondent comme numéros et qualités aux commandes et prévoir les besoins de la fabrication.

2° Service de fabrication, est responsable de la bonne marche de la fabrication et des défauts relevés dans les tissus — d'où nécessité d'avoir pour chaque ouvrier un carnet de fabrication avec numéro d'ordre.

3° Service des expéditions, est chargé de visiter toutes les pièces de tissus qui sortent de l'usine. Au cas où une partie du travail est donnée au dehors (tissage à façon, tissage à la main dans les campagnes) ce service fait en même temps l'envoi et la réception des pièces, règle les journaliers et établit les bons. Le service d'expédition est en rapport journalier avec le bureau auquel il remet les documents divers relatifs aux envois faits dans la journée.

TROISIÈME PARTIE

—

RENSEIGNEMENTS COMMERCIAUX

CHAPITRE PREMIER

—

MATIÈRES TEXTILES. — COURS

Cotons

Cours des cotons bruts

Les cotons bruts sont cotés sur la base du « Fully middling » à la Bourse du Hâvre, par poids de 5o kilogrammes au comptant, pris aux Magasins généraux ; à la Bourse de Liverpool, par livre anglaise (453 gr.) au comptant, pris aux Magasins généraux.

Les cours du terme sont établis sur les douze mois suivants.

Cours des cotons filés

1. ROUEN. — Les cours sont établis pour les filés au kilogramme. (Escompte 7 $^{1}/_{2}$ $^{0}/_{0}$ fin de mois).

a) Amérique en chaîne dévidée double mèche n° 26
   »   en chaîne et trame dévidée 1re qual. n° 26
   »   en qualité courante n° 26
   »   en bobine Bonnetière n° 16 qualité courante.

b) Mélangés Amérique et Indes en bobine n° 16.
   »   en bobine bonneterie n° 16.

c) Coconadah en bobine n° 12.

2. TROYES. — En Jumel trames en n°s 14, 16, 18, 20, 22, 24, 26, 28 et 30 en cardé, double cardé, peigné.

3. EPINAL. — En filés de 1re classe et filés de 2e classe, chaîne (du 15 au 28) et trame (du 15 au 41).

4. MULHOUSE. — En chaîne Am. 24, 28, 30 et trame Am. 36/38 et chaîne et trame Jumel cardé 40 et 50 2 0/0, 30 jours, franco, gare d'Alsace.

Cours des tissus de coton

Les cours établis par le syndicat cotonnier de l'Est, comprennent :

a) Les tissus en lisses 2/3 18/16 soit 18 fils en chaîne et 16 en trame au cent. carré.
   »   3/4 18/16 soit 20/20, 21/21, 22/26 et 75 P/26 comme base d'assortiment.

b) Les tissus renforcés 87/88, 20/20, 20/26.

c) Les tissus armure satin 3/4, base 21/28 et 28/37.

d) Les tissus armure croisée 3/4, 8 côtes 20/22.

Les côtes sont établies aux cent kilogrammes 2 $^{0}/_{0}$. d'escompte 30 jours.

Laines

Cours des laines brutes

Bourse du Havre. — Les cours sont établis pour prix au comptant par 100 kilogrammes sur type de laine mérinos BA 36 $^o/_o$ 1re Cie. Le cours du terme s'établit sur 12 mois.

Paris. — Les cours sont établis au kilogramme :

1° Pour pelures de mégisserie en communs, Haut-fin, Bas-fin, Métis, le tout en laine longue ;

2° Pour laines lavées à dos, pelures de mégisserie en Haut-fin, Bas-fin et métis.

Nantes. — Les peaux de mouton sont cotées aux 50 kilogrammes.

Algérie. — La côte est établie sur le prix de la toison pour laine en suint avec deux prix (tonte du colon, tonte de l'indigène).

Marchés. — Boufïaric, Orléansville. A Oran, les laines sont cotées aux 100 kilogrammes et portent sur laines en suint, 1er et 2e choix, et sur laines lavées 1er et 2e choix.

Cours des laines peignées

Côte de Roubaix-Tourcoing. — Elle est établie sur :

a) Peignes et blousses de :

Australie en chaine 80/130 et 80/120. Toison 120/130. Pièces 80/120, 120 110/110. Bonneterie 100/110. Laine d'épidémie.

En croisés finesse, agneaux finesse, quatre classements.

Buenos-Ayres. — Buenos-Ayres fabrique-courant. Type Roubaix-Tourcoing. Faisant type Roubaix-

Tourcoing. Laine ordinaire faisant genre B. Laine genre bonneterie.

Croisés finesse, cinq classements; agneaux croisés, quatre classements.

MONTEVIDEO. — Belle haute, bonne à belle, moyenne à bonne, type courant.

b) Déchets. — Mèches blanches mérinos, couleur mérinos et teinture mérinos en 1/2 fines et communes.

Corrons, blancs et couleurs mérinos.

Fils, blancs et couleurs mérinos.

Balayures, blanches et couleurs mérinos.

Bourre blanche mérinos.

Toutes les côtes sont au kilogramme.

Côte d'Anvers. — Le cours du peigné à terme est aux 100 gilogrammes.

Cours des fils de laine

Façons de filature. — Le cours moyen des façons de filature est établi sur la base de la trame 24 et au kilogramme, marchandise rendue et prise en filature.

Fils de laine cardée. — La cote est établie d'après le cours moyen sur les chaînes 12 et 18 et les trames 18 et 24 au kilogramme 2 $^0/_0$ comptant.

Fils de laine peignée. — La côte à Tourcoing est au kilogramme et basée sur :

a) *Fils simples* 2ᵉ qualité noir marengo et beige en 15/20 et 25.

Fils simples 2ᵉ qualité mode marengo et beige en 15/20 et 25.

1ʳᵉ qualité noir marengo et beige en 30, 40 et 50.

b) *Fils retors.* — 2 fils noirs, mode, jaspés, en 32, 35, 42 et 50 fils.

Le cours du retordage est établi à tant de centimes du numéro et par kilogramme, poids déterminé à la livraison.

Lins

Cours des lins bruts

Les cours sont établis à la Bourse de Lille (marché linier) sur lins du pays et lins de Belgique ; à la Bourse de Gand sur lins de Flandre, lins de Courtrai et lins de Hollande ; à la Bourse de Riga, pour lins de Russie.

Les cours sont établis aux 100 kilogrammes sur lins rouis pour chaîne et pour trame.

Cours des fils de lin

Il est établi au marché linier de Lille, au paquet anglais, au comptant, 2 $^0/_0$, sur les bases en :

12 au mouillé en chaîne supérieure et ordinaire.

14 au mouillé en chaîne supérieure, et ordinaire et en trame au sec chaîne et trame.

16, 18, 20 au mouillé en chaîne supérieure, et ordinaire et en trame au sec chaîne et trame.

30 au mouillé en chaîne supérieure, ordinaire et trame.

40, 50, 60 » »

Soies

Cours des grèges et organsins

Il est établi à Lyon pour produits de France, d'Italie et du Levant :

GRÈGES. — *a)* En Grèges de France, Cévennes, au titre du 2ᵉ ordre 10/12 deniers.

b) En grèges de Piémont et Messine en extra 9/11 extra 11/13, 2° ordre 12/16 deniers.

En Italie, 1er ordre 10/12 et 12 16 deniers.

c) En grèges du Levant Syrie en 1er ordre 9/11 2e ordre 9/10 deniers.

Organsins. — *a)* En organsin Cévennes, grand 1er ordre 24/26 deniers.

b) En organsin Syrie 1er ordre 19 21 et 2e ordre 19/21 et 20 22 deniers.

c) En organsin Brousse 1er ordre 26/30, 2e ordre 28/32 deniers.

Cours des fils de schappe

Les cours établis à Lyon sont pour :

a) Qualité ordinaire en 140/2 bouts et 200/2 et au kilogramme.

b) Qualité pour velours en 540/2 bouts et 200 2 et au kilogramme

Cours des étoffes de soie

Les cours établis à Lyon sont pour : Tissus de soie et de bourre de soie pure (unis et façonnés), tissus mélangés d'or et d'argent, tissus mélangés d'autres matières. Velours et peluche de soie. Tissus de burettes, gazes, crêpes, mousselines. Le prix est au kilogramme.

CHAPITRE II

—

PRODUCTION ET CONSOMMATION DES MATIÈRES BRUTES RELEVÉ DES BROCHES ET DES MÉTIERS A TISSER DANS LE MONDE ENTIER

Coton

1° *Coton brut*

Production (1913)

Etats-Unis	3.180.000	tonnes
Indes anglaises	812.000	»
Egypte	330.000	»
Russie	216.000	»
Divers (Pérou, Brésil, Antilles, etc.).	871.000	»
Total	5.410.000	tonnes

Consommation mondiale (1913)

Amérique	1.606.000	tonnes
Angleterre	900.000	»
Allemagne	600.000	»
France	300.000	»
Russie	500.000	»
Japon	300.000	»
Indes anglaises	800.000	»
Divers (Italie, Espagne, Belgique, etc.)	300.000	»
Total	5.400.000	tonnes

2° *Coton filé*

Production (1912)

Angleterre	837.500	tonnes
Europe continentale	1.475.000	»
France	197.500	»
Amérique (Etats-Unis, Canada, Brésil, Mexique).	1.035.000	»
Japon	312.000	»
Total	3.857.000	tonnes

Répartition des broches à filer dans le monde

Grande-Bretagne	56.750.000 broches
France (Alsace comprise)	9.500.000 »
Allemagne	8.600.000 »
Russie et Pologne	9.100.000 »
Autres pays d'Europe	14.000.000 »
Etats-Unis	29.500.000 »
Indes anglaises	7.500.000 »
Japon.	2.500.000 »
Chine.	750.000 »
Canada	850.000 »
Divers.	1.800.000 »

En France, le nombre des broches se répartit comme suit :

Région de l'Est.	2.976.000 broches
Région du Nord	2.500.000 »
Alsace.	1.900.000 »
Normandie	1.500.000 »
Région de Saint-Quentin et divers .	624.000 »
Total	9.500.000 broches

3° *Tissage du coton*

Nombre de métiers mécaniques dans le monde

Angleterre	725.000	Suisse	18.000
Etats-Unis	536.000	Belgique	24.000
Allemagne	184.000	Hollande	21.000
France et Alsace. .	180.000	Suède	19.000
Anc. Autr.-Hongrie.	135.000	Indes anglaises . .	52.000
Italie.	120.000	Canada	19.000
Espagne.	68.000	Japon	15.000
Amérique du Sud .	54.000	Chine	2.000

Laine

1º *Laine brute*

Production (1913)

Angleterre	64.298	tonnes
France	35.334	»
Europe centrale (non compris la France)	265.491	»
Amérique du Nord	153.826	»
Exportations d'Australie	377.626	»
» du Cap	50.689	»
» d'Argentine-La Plata et Uruguay	246.624	»
Autres pays d'Europe	106.769	»
Total de la production	1.300.577	tonnes

Consommation (1911)

Angleterre	286.700	tonnes
Continant européen	654.600	»
Amérique du Nord	221.500	»
Total	1.162.800	tonnes

2º *Filature de la laine*

Nombre de broches travaillant la laine peignée ou cardée (1920)

Angleterre	5.650.000	Russie et Pologne	800.000
Allemagne	4.300.000	Belgique	570.000
Etats-Unis	4.000.000	Japon	400.000
France et Alsace	3.700.000	Italie	360.000
Pays divers	2.500.000	Suisse	210.000
Autriche-Hongrie	850.000	Espagne	150.000

Production mondiale de filés (1913)

Pays	Laine peignée	Laine cardée	Total en tonnes
Angleterre	73.500 tonnes	148.000 tonnes	221.500
Etats-Unis			180.000
Allemagne	56.700 »	115.600 »	172.300
France	50.000 »	37.500 »	87.500
Autriche	10.700 »	15.100 »	25.800
Belgique	7.200 »	15.100 »	22.300
Divers			105.500
Total			814.600

3º *Tissage de la laine*

Nombre de métiers à tisser (1920)

Angleterre	140.000
Etats-Unis	118.000
Allemagne	97.000
France (Alsace comprise)	65.000
Belgique	13.000
Ancienne Autriche-Hongrie	16.000
Divers	61.000
Total	510.000

La soie

1º *Production de la soie grège* (1912)

Japon	Exportation	10.620	tonnes
Chine		8.865	»
Italie	Production	4.500	»
France		505	»
Anatolie		425	»
Turquie d'Asie		400	»
Caucase		395	»
Autriche		302	»
Turkestan		282	»
Salonique		260	»
Indes		215	»
Bulgarie		145	»
Espagne		78	»
Grèce		50	»
Total		26.830	tonnes

Consommation de la soie grège (1911)

Etats-Unis	9.215	tonnes
France	4.077	»
Allemagne	3.445	»
Italie	1 720	»
Suisse	1.628	»
Espagne	1.108	»
Autriche-Hongrie	894	»
Russie	605	»
Angleterre	502	»
Divers	868	»
Total	24.504	tonnes

2° *Fils de soie*

Production des fils de soie en France (1912)

Départements	Quantités		Nombre de filatures	Nombre de bassines
Gard	231	tonnes	87	4.300
Ardèche	162	»	32	1.900
Drôme	67	»	14	726
Bouches-du-Rhône . . .	57	»	6	551
Hérault	47	»	14	761
Vaucluse	23	»	15	373
Var	9	»	1	111
Lozère	7	»	4	140
Tarn-et-Garonne . . .	3	»	1	42
Isère	1	»	1	45
Total	607	tonnes	175	8.949

3° *Tissage de la soie*

Les consommateurs de tissus de soie sont les suivants :

Etats-Unis représentant	37	°/₀ de la consommation mondiale
France »	16,2	» » »
Allemagne »	13,8	» » »
Italie »	6,8	» » »
Suisse »	6,5	» » »
Espagne »	4,4	» » »

En 1912, la production française était la suivante :

Région de Lyon	409 millions de francs
Région de Saint-Etienne . . .	8 »
Région de la Picardie	4 »
Total	421 millions de francs

Cette production se répartissait comme suit :

Tissus en soie pure	75 °/₀
Tissus mélangés laine et coton	25 »

Soie artificielle

Production des divers pays (1920)

Pays		Pourcentage de la production mondiale
Angleterre	5 205	38 %
France et Alsace . .	2.900	26 »
Allemagne	2.060	18 »
Belgique	1.360	11 »
Ancienne Autriche . .	700	7 »
Suisse	140	
Total	12.362	

Lin et chanvre

Production du lin brut (1913)

La production et la culture mondiales du lin sont les suivantes :

Pays	Surface cultivée en hectares	Production annuelle de filasse	Pourcentage
Russie	1.470.000	1.100.000 tonnes	76,9 %
Autriche . . .	71.000	52.000 »	3,6 »
Roumanie . . .	65.000	49.000 »	3,5 »
Caucase . . .	70.000	53.000 »	3,6 »
Allemagne . . .	50.000	38.000 »	2,6 »
Italie	52.000	39 000 »	2 »
France	40.000	30.000 »	1,2 »
Hongrie	26.000	19.000 »	1,1 »
Belgique . . .	20.000	16.000 »	0,9 »
Hollande . . .	21.000	16.000 »	0,6 »
Angleterre . . .	15.000	12.000 »	
Totaux .	1.900.000	1.424.000 tonnes	

Fils de lin, de chanvre et de ramie

Le nombre de broches des principaux pays est le suivant (1913) :

Angleterre	1.161.000	37 %
France	577.350	18 »
Russie et Pologne	367.200	12 »
Allemagne	330.000	11 »
Belgique	315.000	10 »
Autriche	296.000	
Italie	20.000	
Suède	18.150	
Etats-Unis	8.612	
Espagne	5.000	
Hollande	8.000	
Total	3.107.512	

Tissus de lin, de chanvre et de ramie

Ordre d'importance d'après le nombre de métiers : Grande-Bretagne et Irlande, France (22.000 métiers mécaniques et 20.000 métiers à bras), Russie, Belgique, Allemagne et Autriche.

JUTE

Jute brut

Consommation mondiale du jute brut (1913)

Angleterre	300.000	tonnes	35,3 %
Allemagne	160.000	»	18,8 »
France	120.000	»	14,1 »
Etats-Unis	120.000	»	14,1 »
Autriche-Hongrie	60.000	»	7,1 »
Italie	50.000	»	5,8 »
Belgique	20.000	»	2,4 »
Divers	20.000	»	2,4 »
Total	850.000	tonnes	

Tissus de jute

La production française atteignait, en 1913, 41.000 tonnes.

Monographie de l'industrie textile en France

1° MONOGRAPHIE PATRONALE. SYNDICATS

L'industrie textile comprend en France et en Alsace environ 45.000 établissements occupant 1 million d'ouvriers.

Les patrons ont formé entre eux divers syndicats, suivant les régions dont ils dépendent et dont les principaux sont :

Union des syndicats patronaux de l'Industrie textile, 15, rue du Louvre, Paris.

Association générale du Commerce et de l'Industrie des Tissus et matières textiles, 3, rue Montesquieu, Paris.

Syndicat parisien des Industries textiles, 15, rue du Louvre, Paris.

Coton

Syndicat normand du tissage de coton, 15, quai de la Bourse, Rouen.

Syndicat normand de la filature de coton, 15, quai de la Bourse, Rouen.

Union de l'industrie cotonnière de Roanne-Thizy et la région, 4, rue Marengo, Roanne.

Syndicat cotonnier de l'Est, 4, rue du collège, Epinal.

Syndicat des filateurs et retordeurs de coton de Lille, 15, rue du Sec-Arembault, Lille.

Syndicat des filateurs de coton de Roubaix-Tourcoing, Bourse du Commerce, Roubaix.

Union industrielle de Flers et de la région, Flers (Orne).

Syndicat cotonnier de Bolbec-Lillebonne, Bolbec (Seine-Inférieure).

Syndicat général de l'Industrie cotonnière, 9, rue Saint-Fiacre, Paris.

Syndicat patronal de l'industrie textile du Haut-Rhin, Doubs et Haute-Savoie, Belfort.

Chambre syndicale de la fabrique de Tarare (Rhône).

Syndicat des Industries textiles de Laval et de la Mayenne, 21, rue de la Paix, Laval.

Laine

Union des fabricants façonniers des régions de Fourmies, du Cambrésis, de Saint-Quentin et de Reims, Fourmies (Nord).

Syndicat des filateurs de Lavelanet (Ariège).

Syndicat des filateurs de Fourmies, 22, rue de Constantine.

Syndicat des peigneurs de Fourmies, 22, rue de Constantine.

Syndicat des tisseurs de Fourmies, 22, rue de Constantine.

Union des filateurs de laine cardée de la région du Nord, 6, rue du Château, Roubaix.

Syndicat de l'Industrie textile rémoise, 30, rue Cérès, Reims.

Syndicat des peigneurs de laine de Roubaix, 34, rue Pellart, Roubaix.

Syndicat des peigneurs de laine de Tourcoing, à Tourcoing.

Syndicat des filateurs de la région de Sedan, à Sedan.

Chambre syndicale de la fabrique d'Elbeuf, 13, rue Dévé, Elbeuf.

Syndicat des filateurs de laine de Tourcoing, 86, rue de Lille, Tourcoing.

Syndicat des filateurs de laine peignée de Roubaix, 6, rue du Château, Roubaix.

Chambre syndicale de l'industrie drapière à Vienne (Isère).

Syndicat des fabricants de Lavelanet (Ariège).

Syndicat des fabricants de tissus de Picardie, 15, rue du Louvre, Paris.

Lin

Confédération générale des fabricants de toile de France, 40, rue du Colysée, Paris.

Syndicat des filateurs de lin, de chanvre et d'étoupes de France, 15, rue du Sec-Arembault, Lille.

Syndicat des fabricants de fils de lin à coudre, 32, rue Basse, Lille.

Chambre syndicale des batistes et toiles fines, 6, rue d'Aboukir, Paris.

Chambre syndicale des fabricants de toile, 116, rue de l'Hôpital militaire, Lille.

Syndicat patronal des Industries textiles du rayon de Cholet, à Cholet (Maine-et-Loire).

Syndicat des fabricants de toile d'Armentières et Houplines, 3, rue du Moulin, Armentières (Nord).

Soie

Chambre syndicale de la Soierie lyonnaise, 19, rue Puits-Gaillot, Lyon.

Association de la fabrique lyonnaise, 1, rue du Bât-d'Argent, Lyon.

Chambre syndicale des tissus et matières textiles de Saint-Etienne, 10, rue de la Bourse, Saint-Etienne.

Union des marchands de soie de Lyon, 29, rue Puits-Gaillot, Lyon.

Association du moulinage de la soie, 27, rue de l'Arbre-Sec, Lyon.

Syndicat des filateurs des Cévennes, Alais (Gard).

Union des marchands de soie, schappe et coton de Saint-Etienne, 24, rue de la Bourse, Saint-Etienne.

Union des filateurs et mouliniers de France, 24, rue du Champs de Mars, Valence.

Jute

Syndicat de l'industrie du jute, 15, rue du Louvre, Paris.

Chambre syndicale des tisseurs de jute, 15 rue du Louvre, Paris.

Syndicats divers

Syndicat de l'industrie Saint-Quentinoise des fils et tissus, à Saint-Quentin.

Syndicat des fabricants de Roubaix-Tourcoing, 4, rue du Château, Roubaix.

Syndicat picard des industries textiles, Amiens.

Syndicat des Textiles artificiels, 16, rue du Louvre, Paris.

Chambre syndicale des tissus et nouveautés de France, 10, rue de Lancry, Paris.

Association des fabricants tisseurs de Laine, 8, rue Montesquieu, Paris.

Chambre syndicale de l'industrie des soies écrues et teintes, 8, rue Montesquieu, Paris.

2° MONOGRAPHIE OUVRIÈRE

Le million d'ouvriers qui travaillent dans l'industrie textile se répartit en 438.000 hommes et 462.000 femmes. Il y a plus de 120.000 enfants de moins de 18 ans et 50.000 ouvriers âgés de plus de 65 ans.

a) Le lin, chanvre, jute et ramie assurent le travail de plus de 100.000 ouvriers, surtout dans le Nord, qui produisent 1.750 mètres de toile environ par mois.

b) Le coton occupe 160.000 ouvriers répartis dans

les régions cotonnières des Vosges, de la Normandie et du Nord. L'Alsace (1920) occupe à la filature, au tissage et à l'impression 40.000 ouvriers.

Les ouvriers qui travaillent sur les métiers Northrop surveillent de 6 à 10 métiers.

La production est d'environ 1.800 à 2.000 mètres de tissu par mois de 25 jours de 10 heures.

c) La laine occupe 200.000 ouvriers, surtout dans le Nord, les régions de Sedan, Reims, Elbeuf, Mazamet, Lavelanet et Mulhouse.

d) La soie occupe 126.000 ouvriers dans la région lyonnaise et la vallée du Rhône.

e) La bonneterie, dans les régions de Troyes, de Picardie et de l'Hérault (bonneterie de soie) occupe 60.000 ouvriers. Beaucoup d'ouvriers de cette industrie travaillent à domicile.

f) Les guipures, broderies et fabriques de rideaux occupent 100.000 ouvriers dans la région de Saint-Quentin, dont beaucoup travaillent à domicile, soit à façon, soit pour leur compte.

g) Les tulles et dentelles mécaniques occupent 60.000 ouvriers dans les villes de Calais, Caudry et Lyon.

h) La passementerie, dans les régions de Paris, Lyon, Saint-Etienne et Saint-Chamond, occupe 15.000 ouvriers.

Ecoles techniques textiles en France

Région du Nord

Ecole nationale des arts industriels à Roubaix, rue de la gare, cours de tissage. Cours de mécanique appliquée aux matières textiles. Cours de filature et peignage.

Institut technique Roubaisien, rue du collège, à Roubaix. Section de filature (partie chimique-commerciale-mécanique), section de tissage (travaux pratiques). Cours de tissage artistique et industriel. Section de teintures et apprêts. Travaux pratiques.

Ecole pratique d'industrie de Roubaix fondée par le Syndicat des fabricants de la ville de Roubaix et l'Etat.

Cours municipaux et gratuits de la ville de Roubaix.

Ecole industrielle de Tourcoing sous le patronage de la chambre de commerce, 66, rue du Casino, Tourcoing. Filature. Théorie de tissage et de décomposition. Etude artistique des tissus.

Institut industriel du Nord de la France, rue Jeanne-d'Arc, à Lille, cours de filature et tissage. Teintures et apprêts. Travaux pratiques.

Ecole supérieure pratique de commerce et d'industrie, 36, rue Nicolas-Leblanc, à Lille. Cours de filature et tissage. Cours de teinture. Travaux pratiques.

Ecole des hautes études industrielles et commerciales, 11, rue de Toul, Lille. Cours de filature et tissage.

Ecole professionnelle d'Armentières. Cours de tissage. Cours de dessin industriel et de dessin d'imitation. Travaux pratiques. Laboratoire d'essais.

Cours municipaux et gratuits de la ville de Lille. Filature et tissage.

Cours municipaux de la ville de Seclin.

Ecole professionnelle du tulle et de la dentelle à Calais.

Cours de la Société industrielle d'Amiens.

Ecole industrielle de Saint-Quentin. Cours de tissage et de broderie mécanique.

Ecole pratique du commerce et d'industrie de Fourmies, rue des Rouets.

Région de Normandie

Ecole pratique d'industrie d'Elbeuf.

Cours gratuit de la Société industrielle d'Elbeuf. Décoration des tissus. Tissage.

Ecole de Flers. Cours de filature, cours de tissage.

Région du Centre

Conservatoire national des arts et métiers, à Paris. Cours de filature et tissage.

Cours municipaux professionnels de la ville de Paris.

Région de Lyon

Ecole supérieure de commerce de Lyon. Section filature et tissage de la soie, cours théoriques et pratiques.

Ecole municipale de Tissage et de Broderie, Place Belfort Croix-Rousse, à Lyon.

Ecole Fraissinet, 15, rue Passerat, Saint-Etienne.

Ecole pratique de commerce et d'industrie de Vienne (Isère).

Ecole La Martinière, à Lyon.

Ecole de Tissage, à Tarare.

Région de l'Est

Ecole supérieure de Filature et de Tissage de l'Est, à Epinal.

Ecole pratique de commerce et d'industrie de Reims. Section : fabrication et tissus.

Ecole pratique de commerce et d'industrie de Charleville.

Alsace

Ecole de filature et de tissage mécanique de Mulhouse.

Cours pratique de la Société Industrielle de Mulhouse.

Affiches obligatoires dans les filatures, peignages et tissages

a) Affiches de textes légaux et réglementaires dans chaque atelier :

Loi du 2 novembre 1892 modifiée par celle du 30 mars 1900 pour les ateliers occupant des enfants, des filles mineures et des femmes.

Règlements d'administration publique, relatifs à l'exécution de la loi du 2 novembre 1892.

Noms et adresses des inspecteurs de la circonscription (inspecteur divisionnaire, inspecteur départemental).

Loi du 29 décembre 1900 fixant les conditions du travail des femmes employées dans les magasins, boutiques et autres locaux en dépendant avec noms et adresses des inspecteurs et inspectrices de la circonscription.

Loi du 9 avril 1898 sur les accidents du travail et lois postérieures.

Loi du 5 avril 1910 sur les retraites ouvrières et paysannes.

b) Affiches des règlements d'atelier.

c) Affiches des heures de travail pour les établissements occupant des enfants, des filles mineures et des femmes.

d) Affiches d'avis et copies d'autorisation pour dérogations prévues au décret du 15 juillet 1893 (veillées, travail de nuit temporaire, prolongation de la durée du travail dans la limite des heures de jour).

e) Affiches relatives au repos hebdomadaire, en cas de dérogation au repos du dimanche (décret du 24 août 1906, art. 1 et 8).

CHAPITRE III

—

TARIF DE DOUANES FRANÇAIS

1920

(Extraits)

Droits à l'importation

	Tarif général p. 100 kg. — francs	Tarif minimum p. 100 kg. (1) — francs
Fils de lin chanvre et ramie. — Fils de lin, de chanvre, de ramie purs non polis mesurant un kilog. en fil simple :		
Fils simples écrus en écheveaux 2.000 mètres au moins	24	16
De 2.000 à 5.000 mètres	27	18
5.000 10.000 »	34 ,50	23
10.000 20.000 »	49 ,50	33
20.000 30.000 »	60	40
30.000 40.000 »	75	50
40.000 60.000 »	105	70
60.000 120.000 »	150	100
120.000	188	125
En pelotes, cartes ou autres : droits des fils simples en écheveaux augmentés de .	25 %	25 %
Blanchis, crémés ou teints, augmentés de	30 %	30 %

(1) Les pays qui bénéficient du tarif minimum sont :
République Argentine, Belgique, Colombie, Danemark, République de Saint-Domingue, Egypte, Equateur, Espagne, Grande-Bretagne, Grèce, Italie (moins les soies et soieries), Japon, Mexique, Monténégro, Norvège, Panama, Paraguay, Pays-Bas, Perse, Portugal, Roumanie, Russie d'Europe et d'Asie, Serbie, Suède, Suisse, Tripoli, Uruguay, Vénézuéla,

Un décret du 8 Juillet 1919 remplace les surtaxes ad valorem sur les marchandises étrangères par des « coefficients de majoration des droits spécifiques ».

	Tarif général p. 100 kg. — francs	Tarif minimum p. 100 kg. — francs
Fils retors écrus en écheveaux, 2.000 mètres au moins	32	20 ,80
De 2.000 à 5.000 mètres	35	23 ,40
5.000 10.000 »	45	29 ,90
10.000 20.000 »	65	42 ,90
20.000 30.000 »	78	52
30.000 40.000 »	98	65
40.000 60.000 »	137	91
60.000 120.000 »	195	130
120.000	243 ,75	162.50
En pelotes, cartes ou autres : droits des fils retors en écheveaux augmentés de .	20 %	20 %
Blanchis, crémés ou teints, augmentés de	30 %	30 %
Fils de lin, chanvre, ramie mélangés : mêmes droits que les fils purs.		
Fils de jute purs non polis mesurant au kilog. en fil simple :		
Fil simple écru en écheveaux jusqu'à 2.000 mètres.	10	6 ,75
De 2.000 à 4.000 mètres. . . .	11	7 ,50
4.000 6.000 »	16 ,50	11
6.000 7.000 »	22 ,50	15
Plus de 7.000 »	30	20
Fil simple blanchi ou teint en écheveaux jusqu'à 2.000	15	9 ,75
De 2.000 à 4.000 mètres . . .	16	10 ,50
4.000 6.000 »	21	14
6.000 7.000 »	27	18
Plus de 7.00 0 »	34 ,50	23
Fils retors écrus, blanchis ou teints : droits des fils simples augmentés de	30 %	30 %
Fils de coton purs simples écrus mesurant au 1/2 kilog :		
31.000 mètres au moins	23	15
De 31.000 à 41.000 mètres	28	18 ,50
41.000 51.000 »	33	22
51.000 61.000 »	42	25
61.000 71.000 »	52	35

	Tarif général p. 100 kg. — francs	Tarif minimum p. 100 kg. — francs
De 71.000 à 81.000 mètres	60	40
81.000 91.000 »	67	45
91.000 101.000 »	75	50
101.000 121.000 »	90	60
121.000 141.000 »	105	70
141.000 161.000 »	120	80
161.000 181.000 »	142	95
181.000 201.000 »	165	110
201.000 221.000 »	195	130
221.000 241.000 »	225	150
241.000 261.000 »	270	180
261.000 281.000 »	315	210
281.000 341.000 »	390	260
341.000 381.000 »	465	310
381.000	510	340
Blanchis : droits des écrus augmentés de	23 %	15 %
Teints ou chinés : droits des écrus augmentés de.,...	0,45 pr kg.	0,30 pr kg.
Glacés et mercerisés : droits des blanchis augmentés de	0,45 »	0,30 »
Retors en échevettes deux ou trois bouts :		
Écrus : droits des fils simples augmentés de	45 %	30 %
Blanchis : droits des fils retors augmentés de	23 %	15 %
Teints ou chinés : droits des fils retors augmentés de. .	0,45 pr kg.	0,30 pr kg.
En pelotes, bobines, cartes par 1.000 mètres de long en fil simple	0,03	0,02
Chaînes ourdies en fil de coton pur :		
Écrues : droits des fils écrus augmentés de	45 %	30 %
En fil de coton pur :		
Teintes : droits des chaînes ourdies écrues augmentés de	0,45 pr kg.	0,30 pr kg.
Fils de laine simples, blanchis ou non :		
Peignés : pas plus de 40.500 m.	43	28

	Tarif général p. 100 fr. francs	Tarif minimum p. 100 fr. francs
De 40.500 à 50.500 mètres	56	36
50.500 60.500 »	68	44
De 60.500à 70.500 mètres	81	52
70.500 80.500 »	93	60
80.500 90.500 »	105	68
90.500 100.500 »	118	76
100.500	124	80
Cardés : 10.000 mètres au moins	18,50	15
De 10.000 à 15.000 mètres	20	22
15.000 20.000 »	37	30
20.000 30.500 »	46	37
30.500	56	45
Teints ou imprimés :		
Peignés : pas plus de 40.500m .	74	53
De 40.500 à 50.500 mètres	87	61
50.500 60.500 »	99	69
60.500 70.500 »	112	77
70.500 80.500 »	124	85
80.500 90.500 »	136	93
90.500 100.500 »	149	101
100.500	155	105
Cardés : 10.000 mètres au moins	50	37
De 10.000 à 15.000 mètres	59	43
15.000 20.000 »	68	49
20.000 30.000 »	77	54
30.000	87	61
Retors pour tissage blanchis ou non :		
Peignés : 40.500 mètres au moins	56	34
De 40.500 à 50.500 »	72	44
50.000 60.500 »	88	53
60.500 70.500 »	104	63
70.500 80.500 »	120	72
80.500 90.500 »	136	82
90.500 100.500 »	152	92
100.500	161	96
Cardés : 10.000 mètres au moins	28	18
De 10.000 à 15.000 mètres	37	27
15.000 20.000 »	46	36

	Tarif général p. 100 kg.	Tarif minimum p. 100 kg.
	francs	francs
De 20.000 à 30.000 mètres	56	44
30.000	65	54
Retors pour tissage teints ou imprimés :		
Peignés : 40.500 mètres au moins.....................	87	59
De 40.500 à 50.500 mètres	99	68
50.500 60.500 »	112	78
60.500 70.500 »	124	87
70.500 80.500 »	138	97
80.500 90.500 »	152	106
90.500 100.500 »	166	116
100.500	174	121
Cardés : 10.100 mètres au moins.....................	59	40
De 10.000 à 15.000 mètres	68	47
15.000 20.000 »	77	54
20.000 30.500 »	87	60
30.500	96	68
Retors pour tapisserie peignés : écrus ou blanchis :		
40.500 mètres au moins	65	42
De 40.500 à 50.500 mètres	84	54
50.500 60.500 »	102	66
60.500 70.500 »	121	78
70.500 80.500 »	139	90
80.500 90.500 »	158	102
90.500 100.500 »	177	114
100.500	186	120
Teints ou imprimés :		
40.500 mètres au moins	96	67
De 40.500 à 50.500 mètres	115	79
50.500 60.500 »	133	91
60.500 70.500 »	152	103
70.500 80.500 »	170	115
80.500 90.500 »	189	127
90.500 100.500 »	208	139
100500	217	145
Fils d'alpaga, de lama, de vigogne, poils de chameau :		
Purs	Exempt	
Mélangés à la laine	Droits des fils de laine	

	Tarif général p. 100 kg. — francs	Tarif minimum p. 100 kg. — francs
Fils de poils de chèvre mohair, purs ou mélangés...	Exempt	
Fils de soie. — Fils de bourres de soie (fleuret) mesurant au kilog. écrus, blanchis, azurés :		
Simples : 80.500 m. au moins	95	75
Plus de 80.500 m........	150	120
Retors : 80.500 m. au moins en fil simple.	120	85
Plus de 80.500 m. en fil simple............	195	110
Teints : mêmes droits augmentés de.............	75	50
Fils de soie à coudre, à passementerie, mercerie et autres :		
Écrus	400	300
Teints	600	300
Fils de déchets de bourre de soie :		
Simples	35	25
Retors	40	30
Fils de soie artificielle :		
Simples écrus.........	750	500
Teints : droits des fils écrus augmentés de..	225	150
Tissus de lin, chanvre, ramie, écrus présentant en chaîne et en trame dans un carré de 5 m /m de côté après division du total par 2 pesant :		
Au-dessus de 40 kg par 100 m :		
6 fils et au-dessous. ...	36	24
7 et 8 fils	53	35
9 et 10 »	70	45
11 et 12 »	83	55
Plus de 12 fils........	105	70
De 10 à 40 kg. inclus les 100 :		
6 fils et au-dessous. ...	70	45
7 et 8 fils	98	65
9 et 10 »	120	80
11 et 12 »	150	100

	Tarif général p. 100 kg. francs	Tarif minimum p. 100 kg. francs
13 et 15 »	188	125
15, 16 et 17 fils	210	140
18, 19 et 20 »	330	220
21, 22 et 23 »	450	300
Pas plus de 23 fils	600	400
Au-dessous de 10 kg., les 100 m :		
14 fils et au-dessous. ...	225	150
15, 16 et 17 fils	270	180
18, 19 et 20 «	420	280
21, 22 et 23 «	600	400
Plus de 23 fils.	750	500
Blanchis, crémés, lavés ou apprêtés : droits des écrus augmentés de	40 %	40 %
Imprimés, teintés ou ouvragés : droits des blanchis augmentés de	15 %	15 %
Toiles damassées pour literie et ameublement :		
Ecrues	146	112
Crémées, blanchies. ...	203,85	156,80
Linge de table damassé, écru, présentant en chaîne dans un carré de 5 m/m de côté :		
12 fils au moins	140	93
13 et 14 fils	194	129
15, 16 et 17 fils	248	165
18, 19 et 20 »	398	265
21, 22 et 23 »	593	395
Plus de 23 fils........	795	530
Imprimé, chiné, blanchi : droits du linge écru augmentés de.............	60 %	40 %
Coutils écrus	156	120
Coutils crémés, blancs ou mélangés d'écrus et de blancs	218,40	168
Passementerie écrue, bise ou herbée	224	149
Passementerie crémée, blanchie ou teinte.	270	180

	Tarif général p. 100 kg. francs	Tarif minimum p. 100 kg. francs
Bonneterie, dentelles, guipures	Régime du coton	
Mouchoirs brodés.........	Régime des broderies	
Velours et peluche de lin pour ameublement :		
Ecrus................	93 ,85	65
Blanchis, teints ou imprimés	113 ,35	93
Tissus de jute, présentant en chaîne et en trame dans un carré de 5 ctm de côté après division du total par 2 :		
Ecrus : Simples ou doubles unis ou croisés :		
Jusqu'à 15 fils.	18	22
De 16 à 25 »	23	15
26 à 35 »	30	20
De 36 à 45 fils.	39	26
Plus de 45 »	51	34
Crémés, blanchis ou teints ; droits des écrus augmentés de	7 ,50	6
Imprimés ; droits des blanchis augmentés de.	9	9
Sacs de jute neufs ; droits des tissus de jute augmentés de	10 %	
Velours et peluche de jute pour ameublement :		
Ecrus................	98	65
Blanchis, teints ou imprimés	120	80
Tissus de coton, purs, unis, croisés et coutils. Ecrus présentant en chaîne et en trame dans un carré de 5 m/m de côté, ceux pesant :		
13 kilog. et plus les 100 m²:		
27 fils et moins.	80	62
28 à 35 fils.............	100	77
36 à 43 »	125	96
44 fils et plus	153	118

	Tarif général p. 100 kg. — francs	Tarif minimum p. 100 kg. — francs
11 kg. inclus à 13 kg. exclus :		
27 fils ou moins	91	70
28 à 25 fils............	113	87
36 à 43 »	139	107
44 fils et plus	170	131
9 kg. inlcus à 11 kg. exclus :		
27 fils ou moins	117	90
28 à 35 fils............	144	111
36 à 43 »	179	138
44 fils et plus	223	172
7 kg. inclus à 9 kg. exclus :		
27 fils ou moins	139	107
28 à 35 fils............	170	131
36 à 83 fils inclus......	214	165
44 fils ou plus	299	230
5 kg. inclus à 7 kg. exclus :		
27 fils ou moins	167	129
28 à 35 fils inclus......	180	139
36 à 43 »	258	199
44 fils ou plus.........	390	300
3 kg. inclus à 5 kg. exclus les 100 m² :		
27 fils ou moins	299	230
28 à 35 fils............	375	287
36 à 43 »	468	360
44 fils ou plus	715	550
Moins de 3 kg. les 100 m²	806	620
Blanchis : droits des écrus augmentés de	30 %	20 %
Teints : droits des écrus augmentés de.............	45 %	30 %
Mercerisés : droits des écrus blanchis augmentés de ...	15 %	10 %
Imprimés :		
De 1 à 2 couleurs : droits des écrus augmentés de.	4 ,60 % mètres	3 ,75 % mètres
De 3 à 6 couleurs : droits des écrus augmentés de.	8 ,10 %	6 ,25 %
7 et plus : droits des écrus augmentés de	13 %	10 %
Percaline non gaufrée.......	195	130
» gaufrée.	210	140

	Tarif général p. 100 kg. franc	Tarif minimum p. 100 kg. francs
Velours :		
Tissés écrus...............	285	190
Tissés, blanchis, teints ou mercerisés	555	370
A côtes, écrus, 26 fils ou moins	174	116
A côtes, écrus, plus de 26 fils	285	190
A côtes, blanchis, 26 fils ou moins	250	165
A côtes, blanchis, plus de 26 fils...................	570	380
Tulles pour rideaux, couvre-lits, édredons :		
Jusqu'à 8 fils inclus	160	120
De 8 à 10 fils inclus...	220	170
10 à 12 »	280	220
Au-dessus de 12 fils......	400	300
Bonneterie : tissus en pièce pesant au m² :		
Moins de 100 gr.	635	425
De 100 à 150 gr........	300	200
Plus de 150 gr........	150	100
Dentelles pesant 25 kg. et moins les 100 m².........	650	500
Dentelles pesant plus de 25 kg. et moins de 30 kg. .	350	280
Dentelles pesant 30 kg. et plus...................	250	200
Tulles proprement dits :		
Unis, écrus ayant moins de 7 mailles par cm² ...	650	500
Plus de 7 mailles par ctm²...................	900	680
Tissus de laine. — Tissus pour habillement et draperie pesant au m² :		
250 gr. au plus	210	140
De 251 gr. à 400 gr. inclus	720	220
401 « 550 »	230	180
551 « 700 »	190	140
Plus de 700 gr.	140	110
Draps unis, teints en pièce dit « amazone » pesant :		

	Tarif général p. 100 kg. — francs	Tarif minimum p. 100 kg. — francs
400 gr. au plus	345	230
401 gr. et au-dessus	Droits des tissus pour habillement	
Tapis à points noués :		
De 200 rangées et au-dessous	10 le m²	6,50 le m²
De 201 à 350 rangées ...	12 »	8 »
Au-dessus de 350 rangées.	18 »	12 »
A la Jacquart bouclés ou veloutés	120 % kg.	80 % kg.
Unis ou imprimés, bouclés .	68	45
Unis ou imprimés, veloutés .	83	55
Bonneterie, ganterie........	900	600
Autres articles tissus et pièces pesant au m² moins de 100 gr.	435	290
100 à 150 gr.	390	260
151 à 200	345	230
251 à 400	300	200
401 à 550	255	170
551 à 700	210	140
Plus de 700 gr.	165	110
Passementerie et rubannerie.	450	300
Dentelles et guipure	Droits du coton	
Couvertures	87	55
Velours pour ameublement .	300	223
Draps casimirs et autres tissus foulés chaîne coton pesant au m² :		
200 gr. au plus	225	150
201 à 300	188	125
301 à 400.............	150	100
401 à 550	112	75
551 à 700	90	60
Plus de 700.	68	45
Tissus de soie et de bourre de soie . — Foulards crêpes, tulles, passementerie, gazes...........	1.500	4 à 600
Dentelles de soie	Droits des cotons	
Velours et peluches pesant :		
Plus de 300 gr. le m².....	600	300
Moins de 300 gr. le m²....	1.000	500
Passementerie	600	400

	Tarif général p. 100 kg. — francs	Tarif minimum p. 100 kg. — francs
Bonneterie de soie, ganterie.	1.500	1.200
Autres articles tissus en pièce pesant au m² :		
Moins de 75 gr.	750	600
Plus de 75 gr.	500	400
Tissus et passementerie avec or ou argent fin.........	1.500	1.200
Avec or mi-fin ou faux	435	350
Rubans de soie en velours ..	620	500
Autres	600	400
Tissus de soie artificielle :		
Pongées, tussah, tussor, écrus	600	375
Décrués	900	600
Tissus de toutes sortes en soie artificielle pure ...	1.350	900
Broderies. — *a*) Sur tissu de coton. Droits du tissu augmentés de :		
Quand le tissu pèse 9 kg. et plus les 100 m².........	1.600	
De 7 à 9 kg.........	1.800	
De 5 à 7 kg.........	2.000	800
Moins de 5 kg.........	2.400	
b) Mécaniques	Droit du § précédent.	Droit du tissu réduit de 30 % plus 600 fr. % kg.
c) Broderie sur tulle avec effets chimiques ou non......	Droit du tissu augmenté de 2.400 fr. % kg.	Droit du tulle augmenté de 900 fr.
Vêtements et pièces de lingerie. Droit du tissu le plus imposé augmenté de	1 fr. pr kg.	0 fr. 50 pr kg

INDEX BIBLIOGRAPHIQUE

des ouvrages parus sur l'Industrie textile en France et à l'Etranger

(Les prix ci-après sont donnés à titre d'indication sans tenir compte des hausses de librairie).

I. — OUVRAGES FRANCAIS

Généralités et fibres textiles.

Jouchain et **Lethr.** — *Guide pratique de la filature*...

Goguel. — *Théorie du cardage, 1883*..............

Alcan. — *Etude sur les arts textiles à l'exposition universelle de 1867*........................

Renouard. — *L'industrie textile à l'exposition de 1878.*

Simon. — *Etude sur les machines nouvelles de la filature et du tissage à l'exposition universelle de 1878*..   4 fr. » »

Paul See. — *Description des machines à l'exposition. de 1878*........................   18 fr. » »

R. Dantzer. — *Les industries textiles à l'exposition de 1889*........................   30 fr. » »

Simon. — *Les industries textiles à l'exposition de 1889.*   4 fr. » »

Delessart. — *L'industrie des matières textiles à l'exposition de 1889*........................   20 fr. » »

— *L'industrie des matières textiles à l'exposition de 1900*........................   15 fr. » »

J. Persoz. — *Essai des matières textiles*............

J. Dantzer. — *Traité de fabrication des fils spéciaux dits de fantaisie*........................   29 fr. » »

— *L'industrie textile moderne. Ses origines, son état actuel.*........................

— *Conférence à l'Hôtel des Sociétés savantes*.......

J. Garcon. — *Bibliographie de la technologie chimique des fibres textiles*........................   6 fr. » »

Deglatigny. — *Garniture de cardes* . . . .   2 fr. » »

Edmondson. — *Structure des textiles* . . . .   10 fr. » »

Le monde textile. — *Agenda du commerce et d' l'industrie textile* . . . .   4 fr. » »

Dechelette. — *L'industrie cotonnière à Roanne* . . . . . .   4 fr. » »

   — *Annuaire de l'Union des Syndicats patronaux des Industries textiles de France* . . . .

Zolla. — *Les fibres textiles d'origine animale* . . . .   5 fr. » »

F. Beitzer et **Persoz**. — *Les matières cellulosiques* . . .   7 fr 50

   — *Etude de quelques installations de ventilation, chauffage et humidification et leur influence sur l'état atmosphérique des ateliers de filature* . . . .

Charpentier. — *Les textiles* (Fremy). Rouen, 2. v. . . . .   20 fr. 60

Lehmann Blair. — *Numérotage des fils* . . . .   2 fr. » »

Dantzer. — *Tableau pratique d. Numérotage des fils*.

Ganswindt. — *Les fibres textiles* . . . .   24 fr. 85

Von Georgievics. — *Technologie chimique des textiles*.   14 fr. 60

Hanan. — *Les fibres textiles du commerce* . . . .   12 fr. 50

Ashenhurst. — *Traité de calcul des textiles* . . . .   7 fr. » »

Bruggemann. — *Théorie et pratique de filature* . . . . .   33 fr. 25

Silbermann. — *Progrès de l'industrie chimique des textiles* . . . .   58 fr. » »

Marschik. — *Essais physico-techniques des fils et tissus* . . . .   3 fr. » »

Beauverie. — *Les textiles végétaux* . . . .

Filature de coton.

Delessart. — *La filature de coton* . . . .   25 fr. » »

Saladin. — *La filature de coton* . . . .   30 fr. » »

Labens. — *La filature de coton* . . . .   3 fr. 50

Houdoy. — *La filature de coton* . . . .

Drapier. — *La filature de coton* (Encyclopédie Rorel).

Dupont et **Haeffelé**. — *Aide-Mémoire de la filature de coton*. . . . .   6 fr. » »

Lecomte. — *Le coton* . . . .

Dantzer. — *Etude sur le renvideur Dobson* . . . .

Deschamps. — *Le coton*, 1885. Rouen, Librairie Gagnard . . . .

Dobson and Barlow. — *Du cardage* . . . .

   — *L'industrie cotonnière en Amérique* . . . .   3 fr. 50

Sahler. — *L'industrie cotonnière au pays de Montbéliard* . . . .

Young. — *L'Industrie cotonnière en Amérique* . . . . . .

Vimard. — *La situation économique et l'avenir de l'industrie cotonnière en France* . . . .

Joubert. — *Mouvement différentiel des bancs à broches*

Risler. — *Principes modernes de filature de coton*....

Bernard. — *Culture et industrie du coton aux Etats-Unis* ....   5 fr. »»

Lecomte. — *Le coton en Egypte*.................   5 fr. »»

Farmer. — *La culture du cotonnier*..............   5 fr. »»

Henry. — *Le coton dans l'Afrique occidentale française* ....   7 fr. 50

— *Le coton aux Etats-Unis* ....   3 fr. »»

Henry. — *Détermination de la valeur commerciale des fibres de coton*........................   3 fr. 50

Laliere. — *Le coton*..........................

Thomlay. — *Peigneuse pour coton*...............

Burkart. — *Essai d'un traité théorique des métiers continus à anneaux*.........................   8 fr. 60

Filature du lin.

Renouard. — *Etude sur le travail des lins*...........

P. Bernard. — *Le lin en France*..................

Renouard. — *Histoire de l'industrie linière en France.*   12 fr. »»

Merchier. — *Le lin et l'industrie linière dans le département du Nord*.........................   3 fr. 50

D. Gilbert. — *Les filatures de lins en Belgique*......   10 fr. »»

Aftalion. — *La crise de l'industrie linière et la concurrence victorieuse de l'industrie cotonnière*........   4 fr. »»

Bargeron. — *L'hygiène et la ventilation des peignages de lin et de chanvre*......................

Dantzer. — *Manuel de filature. — Filature de lin, I-II.*   2 fr. »»

Delmotte. — *Manuel de la filature du lin et de l'étoupe.* 1878 ....   2 fr. 50

Peignage et filature de laine.

M. Alcan. — *Laines cardées* ....   50 fr. »»

M. Alcan. — *Laines peignées*...................   40 fr. »»

Renouard. — *Laines d'Australie*................   3 fr. »»

Renel. — *Cardage de la laine peignée*............   5 fr.

Leroux. — *Traité pratique de filature de laines peignées, 1873* ....

Goblet. — *Le peignage de la laine à Roubaix-Tourcoing* ....   8 fr. »»

Dupont. — *La laine de France*..................

Burkart. — *Métier à filer renvideur pour laine peignée* ....

Beaumont. — *Traité pratique de la fabrication des lainages* .... 10 fr. »»

Priault et **Thomas.** — *Traité pratique de filature de laine cardée* .... 15 fr. »»

Lamoitier. — *Traité de triage, de peignage et de filature de laine cardée* .... 15 fr. »»

Lamoitier. — *Traité de triage, de peignage et de filature de la laine peignée (en préparation)* ....

Faux. — *Transformation des laines brutes en laines peignées* ....

Filatures diverses.

Michotte. — *Traité de la Ramie* (épuisé) ....

Museini Cornu. — *La Ramie* ....

Benoit. — *Etude sur la Ramie* .... 1 fr. 25

Numa Bothier. — *La Ramie* .... 1 fr. 50

Legatt. — *Théorie pratique de la filature de Jute* .... 14 fr. 75

Filature de la soie.

Benj. Godart. — *L'ouvrier en soie, 2. vol., 500 p*....

Persoz. — *Etude sur le conditionnement de la soie*... 20 fr. 60

Seillon. — *Traité de tissage des soieries* .... 9 fr. »»

Robinet. — *Manuel de l'éducation du ver à soie, Paris 1848* ....

Peligot. — *Etudes chimiques sur le ver à soie, Paris, 1853-1885* ....

De Quatrefages. — *Essai sur l'histoire de la sériciculture Paris, 1860* ....

Pariset. — *Histoire de la soie, Paris, 1862-1865, 2 vol.*

Pasteur. — *Etudes sur les maladies des vers à soie, Paris, 1871, 2 vol.*.............................

Francezon. — *Etudes chimiques des cocons et des produits qui en dérivent, Lyon, 1875* ....

Romain. — *Manuel des magnaneries, Paris, 1875*...

Augnet. — *Géographie de la soie, Lyon, 1877*.......

Moyret. — *Traité de la teinture des soies, Lyon, 1879*..

Perret. — *Monographie de la condition des soies de Lyon, Lyon, 1878*.............................

J. B. Giraud. — *Les origines de la soie, Lyon, 1883*..

Maillot. — *Les vers à soie au murier, Montpellier, 1885* ....

N. Rondot. — *L'art de la soie, Paris, 1885-1887*......

L. Blanc. — *Etude sur la création de la soie et la structure des brins, Lyon, 1889*.....................

D. Cambassédes. — *Les usines de déchets de soie,* Paris 1889 ....

L. Vignon. — *La soie,* Paris, 1890................

A. M. Villon. — *La soie,* Paris, 1890...............

Francezon. — *Etude sur la filature de la soie,* Lyon, 1890 ....

Parizet. — *Les industries de la soie,* Lyon, 1890.....

L. Vignon. — *Recherches sur la soie,* Lyon, 1891....

Laurent de l'Arbouset. — *Cours de sériciculture pratique,* Alais, 1893..........................

J. Desuzeau. — *Notice sur le laboratoire d'études de la soie,* Lyon, 1894..........................

N. Rondot. — *L'industrie de la soie en France,* Lyon, 1894. ....

M. Morand. — *Production de la soie,* Lyon, 1894 ...

G. Armandy. — *La soie à Lyon en 1894,* Lyon, 1895.

A. Fauvel. — *Les séricigènes sauvages,* Paris, 1895..

De Loverdo. — *Le ver à soie,* Paris, 1896...........

A. Buton. — *L'ancienne fabrique de la soierie,* 1897..

A. Campell. — *Les primes à la sériciculture et à la filature de la soie..............................*

Baucques. — *Histoire de la soie...................*   12 fr. » »

M. Devillers. — *La soierie,* 2 vol..................

Tissage.

Goblet. — *Le tissage de la laine à Roubaix et Tourcoing* ....   8 fr. » »

Beaumont. — *Fabrication des lainages...........*   10 fr. » »

Lamoitier. — *Etude des armures satins...........*   3 fr. 50

Gand et Sée. — *Coupe des velours...............*   12 fr. » »

Gand. — *Transpositeur.......................*   3 fr. » »

Gand. — *Tissus artistiques......................*   6 fr. » »

Matozzo Santos. — *Construction des satins........*   1 fr. » »

Lamoitier — *Tissage, traité théorique et pratique .....*   25 fr. » »

Manget. — *Tableaux synoptiques pour l'examen des tissus* ....   1 fr. 50

Antoine Grumer. — *Théorie des tissus armures......*

Joulin. — *L'industrie et le commerce des tissus en France* ....   5 fr. » »

Dupont. — *Aide-mémoire de tissage mécanique......*   5 fr. » »

Franz Reh. — *Tissage mécanique.................*   15 fr. » »

Saladin. — *Tissage mécanique ....*   30 fr. » »

Gand. — *Traité de tissage,* I, II, (épuisé), III.......   40 fr. » »

Lelarge et Lendent. — *Cours méthodique de tissage..*   20 fr. 50

Schlumberger. — *Le tissage mécanique moderne*...	7 fr. 50
Schoendorff. — *Barême du tisseur*................	4 fr. »»
Migeon. — *Les arts du tissu*..................	10 fr. »»
De Savigny. — *Linge, vêtements, chapeaux et chaussures*	2 fr. 50
Hullebroeck. — *La préparation du tissage et en particulier du tissage du coton*..................	12 f. »»
Dantzer. — *Traité de Tissage théorique et pratique* ..	4 fr. »»
Lamoitier. — *La décoration des tissus*............	20 fr. »»
Mordriger. — *Développement artistique du tissage*...	132 fr. 50
Thonnar. — *Industrie du tissage de la laine*........	4 fr. 50
Seillon. — *Traité de tissage appliqué aux soieries et rubans*	9 fr. »»
Lamoitier. — *Mécaniques d'armures*..............	7 fr. »»
Donat. — *Grand Dictionnaire des liages*...........	95 fr. »»
Hintzer et **Waller**. — *Tissage des étoffes damassées*..	12 fr. »»
Schamps. — *Le calcul des produits tissés*........	4 fr. 25
Grymonprez. — *Tissage analysé*................	
Simon. — *Étude analytique des principaux tissus*....	

Industries diverses.

Franz Reh. — *Traité de Bonneterie*..............	6 fr. »»
Molliére. — *Tricot*........................	5 fr. »»
Buxtorf. — *Notice sur les matières à Tricot*........	
Renouard. — *Fabrication des cordes*.............	10 fr. »»
Imbs. — *Exposition 1900. Matériel et procédés de filature de la corderie*..........................	
Mabille de Poncheville. — *La dentelle à la main en Flandre*	
Laurent. — *Nouveau manuel du cordier* (E. Roret)..	3 fr. 50
Mortier. — *Le tricot et l'industrie de la bonneterie*....	2 fr. 50
Chaplet et **Rousset**. — *Mercerisage et machines à merceriser*	2 fr. 50
Chaplet et **Rousset**. — *Soie artificielle*............	2 fr. 50
— *Histoire de la dentelle en Belgique*..............	33 fr. »»
Renouard. — *Cordes, cables, ficelles et filets*........	35 fr. »»
Foltzer. — *La soie artificielle*....................	15 fr. »»
Bouffartigues. — *Tules et dentelles mécaniques de Calais*	2 fr. 50
Willems. — *La soie artificielle*.................	4 fr. »»
Renouard. — *La soie artificielle*.................	3 fr. »»
Verhaegen. — *La dentelle et broderie sur tulles*......	25 fr. »»
Lefébure. — *Dentelle et guipure*................	4 fr. 50
Lemaire. — *L'industrie dentellière*..............	40 fr. »»
Depierre. — *Traité de la teinture et de l'impression*..	

Depierre. — *Impression des tissus*...................

Samson. — *Impression des tissus de coton*..........

Beaumont. — *Apprêts des tissus*.................

Kœppelin. — *Fabrication des tissus imprimés*.......

II. — OUVRAGES ANGLAIS ET AMÉRICAINS

Généralités.

Cyclopedia of textile work, 7 vol. Boston, U. S. A..... 100 fr. » »

Mitchell. — *Fibres used in textil and allied industries*. 11 fr. 35

Ecroyd. — *Textile year book*..................... 3 fr. » »

Framework. — *Knitting and Hosiery manufacture*.. 4 fr. » »

Buckley. — *Cone drawing*....................... 2 fr. 50

Hausbrand. — *Drying by means of air and steam*.... 10 fr. » »

Barker. — *Textiles*............................ 6 fr. » »

Hassluck. — *Sewing machines, their construction and adjustment* .... 2 fr. 50

Christie. — *Embroidery and tapestry weaving*....... 7 fr. 25

Mathew's. — *Textile fibres*..................... 20 fr. » »

Zipser. — *Textile raw materials and their conversion into yarns*................................ 20 fr. » »

Bradbury. — *Calculations in yarn and fabrics*...... 6 fr. 25

Georgewics. — *Chemical technology of textile fibres*.. 22 fr. 50

Hannan. — *Textile fibres of commerce*............. 15 fr. » »

Hersfeld. — *Technical testing of yarns and fabrics*.. 17 fr. 50

Disley. — *Cloth examining for warehousemen*...... 3 fr. » »

Carter. — *Spinning and twisting of long vegetable fibres* .... 25 fr. » »

Worral. — *Cotton spinner for Lancashire* .... 13 fr. » »

Yates. — *Practical treatise on yarn and cloth calculations* .... 5 fr. » »

— *Official American textile Directory*............. 10 fr. » »

Dyson. — *Practical testing of raw materials*......... 25 fr. » »

Filature de coton.

Besson. — *Cotton industry in Switzerland*.......... 5 fr. 30

Ivey. — *Carding and spinning*.................... 6 fr. 50

Jos. Nasmith. — *Student's cotton spinning*......... 13 fr. » »

Monnie. — *Cotton fibre and mixing of cotton*........

Thornley. — *Cotton combing machine*............. 15 fr. »

Lister. — *Cotton manufacture*.................... 15 fr. »

Filature de la laine.

Filature de la soie.

Filatures diverses.

Tissage.

III. — OUVRAGES ALLEMANDS ET FLAMANDS

Généralités.

Dr Pfuhl. — *Die Jute und ihre Verarbeitung* .... 100 fr. » »

V. Joclet. — *Chemische Bearbeitung der Schafwolle.* 10 fr. » »

Lohren. — *Die Kämmaschinen für Wolle* .... 80 fr. » »

Silbermann. — *Die Seide, ihre Geschichte, Gewinnung und Verarbeitung, 2 vol., 1897* .... 75 fr. . »

Hullebroeck. — *Fouten in de Weverij* .... 5 fr. »

X. — *Die Baumwollfrage* ....

Repenning. — *Die mechanische Weberei* .... 2 fr. 30

Utz. — *Die Praxis der mechanischen Weberei* ..... 6 fr. 25

Bethmann. — *Kurzer Abriss der Spinnerei, Weberei und Appretur* .... 4 fr. 10

Finkenwirth. — *Die Gera-Gruzer Textil Industrie* .. 3 fr. 20

Schams. — *Die Kalculation der Werbwaren* .... 6 fr. » »

Suvern. — *Die künstliche Seide* .... 22 fr. 50

Herzinger. — *Die Technik der Mercerization* .... 6 fr. 25

Herzinger. — *Appreturmittel Kunde* .... 4 fr. » »

J. Boll. — *Der Seidenbau in Japan, Budapest, 1898.*

Albrecht. — *Textil Industrie, 1908* .... 50 fr. » »

Altgelt. — *Ueber Kammgarn Fabrikation, 1861* .... 3 fr. 50

Dornig. — *Theorie und Praxis der mechan. Weberei, Garnstarkerei, 1907* .... 7 fr. 50

Einohrl. — *Textile Handelskunde* .... 8 fr. » »

Finsterbuch. — *Die mech. Weberei* .... 15 fr. » »

Frank. — *Handbuch d. Baumwoll Industrie, 1906* .. 8 fr. 25

Ganswindt. — *Katechismus der Spinnerei, Weberei u. Appretur* .... 1 fr. 75

Gruner. — *Mechan Weberei, 1898* .... 4 fr. 25

Heiden. — *Handwörterbuch d. Textil kunde, 1904* ... 15 fr. » »

Himmler. — *Ueber Baumwoll Streichgarn Spinnerei, 1888* .... 3 fr. 50

Johannsen. — *Handbuch d. Baumwollspinnerei 1902, 3 vol.* .... 85 fr. » »

Hinzer. — *Technologie d. Handweberei. Die Jacquard Weberei, 1908* .... 2 fr. 20

Kraft. — *Die Spinnerei, die Weberei* .... 4 fr. 60

Lembeke E. R. — *Mechan. Webstühle* .... 60 fr. » »

Muller. — *Handbuch der Spinnerei* .... 6 fr. » »

Muller. — *Handbuch der Weberei* .... 15 fr. » »

Spennrath. — *Die mechan. Webstühle* .... 4 fr. » »

Spennrath. — *Handbuch der Weberei, 3 vol., 1900-1907* .... 120 fr. » »

Schaarschmidt. — *Das Vigogne und Streichgarnspinnen, 1907* .... 6 fr. 50

Schams. — *Handbuch der gesamten Weberei* .... 9 fr. » »

Weiss. — *Textil-Technik und Textil-Handel* .... 7 fr. » »

Zypser. — *Die textilen Rohmaterialen, 2 vol., 1900-1908.* .... 14 fr. » »

Zypser. — *Technologie der Spinnerei* ....   1 fr. 50
Heiden. — *Die Textilkunst des Altertums bis zur Neu-*
     zeit ....   7 fr. 50
Röhn. — *Die Spinnerei* ....   4 fr. 50
Hinger. — *Fabrikationseide f. d. Webereiindustrie*..   3 fr. 75
Hasack. — *Baumwollspinnerei u. Weberei* ....   1 fr. 60
Hanel. — *Jahrbuch der Textilindustrie*............   5 fr. »»
Gauber. — *Moderne Textilkunst*..............:..   50 fr. »»
Reiser et **Spinnrath.** — *Weberei*................. 12 fr. 50
Theiss. — *Strangbleiche Baumwollgewebe*.........   2 fr. 75
Frahm. — *Die Textilindustrie*...................   8 fr. »»
Leetsch. — *Baumwollspinnerei* ....   7 fr. 75
Reiser. — *Weberei*...............................   4 fr. 25
Reiser. — *Handbuch der Weberei*................. 11 fr. »»
Erban. — *Theorie und Praxis der Garnfärberei* .... 16 fr. »»
Hinzer. — *Technologie der Handweberei* ....   3 fr. 75
Uhland. — *Jahrbuch der Baumwollindustrie* ....   7 fr. »»
Otto Both. — *Die Bandweberei* ....   5 fr. 50
Yvo Kastanek. — *Unterricht in der Bindungslehre*..   3 fr. »»
Donat. — *Technologie der Bindungslehre, Dekom-*
     position und Kalkulaion der Jacquard-Weberei... 25 fr. »»
Dr Herrmann. — *Mechanisch-und physikalischtech-*
     nische Textil-Untersuchungen .... 15 fr. »»

IV. — OUVRAGES ITALIENS ET ESPAGNOLS

Noriega Ruiz. — *Manual practico de la preparacion y*
     hilado del algodon............................   5 fr. »»
Beltrami. — *La filatura del cotone*............:..   6 fr. 50
Giudici. — *Tessitu di lino di cotone analise e fabri-*
     cacion ....
Emilio Riera. — *Guia practica para la filatura del al-*
     godon ....
Emilio Riera. — *Materias textiles*...............   5 fr. 50
Pinchetti. — *L'Industria della sita,* Como 1894......
Giudici O. — *Ricettario per le industrie tessili e affini,*
     1907 ....   4 fr. 75
Allievo. — *La fibre tessili di applicazione*.........   6 fr. 50
Provani. — *Filatura e torcitura della seta*.........   4 fr. »»
Miro Laporta. — *Materias textiles*...............   7 fr. 75

V. PÉRIODIQUES

Français.

L'Industrie textile, 35, rue Fontaine, Paris.
L'Avenir textile, 25, rue Caumartin, Paris et Guebwiller.
Journal de la bonneterie Française, rue des Halles, Paris.
Le Moniteur de la maille, 20, rue Saint-Fiacre, Paris.
Bulletin de l'Ecole de filature et de tissage de Mulhouse, à Mulhouse.
L'Ingénieur textile : Bulletin de l'Ecole textile de Verviers, à Verviers.
Le Textile (journal quotidien), 29 rue Turgot, Paris.
Le Bulletin des laines, soies et coton, Grande-Rue, Roubaix.
La Revue textile et des Arts industriels, Grande-Rue, Roubaix.
L'Union textile, organe de l'Ecole industrielle, Gand,
La broderie, Paris.
Les laines et cuirs, Mazamet.
Bulletin de l'Association cotonnière coloniale, Paris.
Bulletin des Syndicats patronaux des industries textiles, Paris.
Bulletin des Sociétés industrielles de Lille, Roubaix, Tourcoing,
  Amiens, Mulhouse, Reims, Rouen, Lyon, Roanne, Saint-Quen-
  tin.
Moniteur des soies, Lyon, hebd.
Bulletin quotidien des soies, quot.
Bulletin des soies et des soieries, Lyon, hebd.
Moniteur du tissage mécanique des soieries, Lyon, mensuel.
Agenda du commerce et de l'industrie des soies et soieries.   10 fr. 85

Etranger

Textile manufacturer, 65, King street, Manchester.
American silk Journal, 19, Union street, New-York, U. S. A.
Textile World record, Lord and Nagle, 144, Congress Street, Boston,
  U. S. A.
The Indian textile Journal, 27 Medows Street, Bombay.
The cotton, 22, St-Mary's gate, Manchester.
Manchester guardian, Manchester.
The Draper.
Textile Mercury, Marsden, Blackfriars, Manchester.
The Dyer, Calico printer etc., Heywood and Cᵒ, 15, Holborn,
  London, E. C.
Hosiery trade (mensuel), Quilter, 11, Millstone Lane, Leicester.
Irish textile Journal, Smith, 9, Donegell Square, Belfast.

The linen market (hebd.), Spith, 9 Donegall Square, Belfast.
Textile Industries, 10 Ann Place, Bradford.
Textile recorder, Heywood, Deansgate.
American Knit Goods Review, 302, Broadway, New-York.
American textile manufacturer, Charlotte N. C.
American wool and cotton, 530, Atlantic Ar., Boston.
The Dyers' bulletin, 502, North 6 th., Philadelphie.
Fibre and fabric, 127, Federal Street, Boston, M.
Textile Mercury, Manchester.
Southern industrial news, 517, Austen Building, Atlanta C.
Textile colorist, 69, North Front Street, Philadelphie.
Textile Gazette Weekly, Newton, Woonsockett, R. I.
Textile manufacturer Journal, 377, Broadway, New-York.
Wool and cotton reporter, 530, Atlantic avenue, Boston.
Textil-und Färbereizeitung, Berlin, Puttkammerstr., 19.
Textil-Zeitung, 18 Alte-Jacobstr, Berlin.
Die deutsche Leinen-Industrie.
Monatsschrift fur Textil-Industrie.
Zeitschrift für Farben-Industrie. Berlin, Puttkammerstr., 19.
Der Konfectionnair, 11 Walstr, Berlin C.
Deutsche Wirker Zeitung, hebd., Apolda (Saxe).
Deutsche Wollen-Gewerbe, Grünberg (Schl).
Leipziger Färber und Zeugdrucker Zeitung, Weigel à Leipzig.
Der Manufacturist, hebdom., Hein und C°, Hanovre.
Leipziger Monatsschrift Textil-Industrie, 9 Brommestr., Leipzig.
Romens' Journal für Textil-Industrie Wilmersdorf, Berlin.
Spinner and Weber, hebd., Leipzig.
Westdeutsche Textil-und Maschine-Industrie, M. Gladbach Rhld.
Wochenschrift fur Spinnerei und Weberei, 1 Johannisallee, Leipzig.
Zeitschrift für die gesamte Textil-Industrie, à Leipzig Täubchen-
    weg, 23.
Zeitschrift für Textil-Industrie, Berlin, 19, Puttkammerstr.
Brunner Monatsschrift für Textil-Industrie, 4, Zwittalande, Brunn
    (Mähren).
Oesterreichs Wollen und Leinen-Industrie, 34 Turnerstr. Reichem-
    berg (Böhmen).
Bolletino della associazione dell industria Laniera italiana, a Biella
El industria tessile et tintoria, 3, Via San Rafaele, Milano.
Cataluna textil, Badalona, Barcelone.

DICTIONNAIRE TEXTILE

—

Français — Allemand — Anglais.

Français	Allemand	Anglais

A

Français	Allemand	Anglais
Abaca	Abaca	Abaca
Abât-Chauvée	Ausschusswolle	Out-shot-wool
Accumulateur	Sammler	Accumulator
Aiguille	Nadel	Needle
Aiguille d'emballage	Packnadel	Packing-needle
Aiguille des barrettes	Hechelnadel	Gill pins
Aiguille de Jacquard	Jacquardnadel	Jacquardneedle
Aiguillée	Auszug	Stretch-Draw
Aiguisage	Schleifen	Grinding
Aile d'un b. à b.	Pressflügel	Presserflyer
Ailette	Flügel	Flyer
Aloès	Aloes Hanf.	Aloes hemp
Alpaga (étoffe d').	Alpaka Tuch	Alpaca cloth
Alpaga (poil d')	Alpaka	Alpaca-hair
Ame d'un cable	Kabellader	Core of cable
Amiante	Asbest	Asbestos
Angle de calage	Keilwinkel	Angle of lead
Anneau à filer ou re- tordre	Ring Läufer	Loop
Appareil d'alimenta- tion	Auflege-Apparat	Feeder-Creeper
Appareil de tension	Spann-Apparat	Drag-motion
Apprêt	Appretur	Finishing
Apprêteuse	Appretiermaschine	Finishing-machine
Arbre à cames	Daumenwelle	Cam-shaft
Arbre à manivelle	Kurbelwelle	Crank-shaft
Arbre des excentriques	Excenterwelle	Wipershaft
Arbre du fouet de chasse	Schlagachse	Pickingshaft

Français	Allemand	Anglais
Arcades	Heber	Necktwines
Arcades (planches d')	Harnischbrett	Harness board
Armure-dessin	Schnürung	Tying-up
Armure (mécanique d')	Schaftmaschine	Dobby
Asple	Haspel	Reel
Assortiment	Auswahl	Set
Axe de commande	Treibwelle	Driving-shaft
Axe de main-douce	Hinterwelle	Back-shaft
Axe de pression	Bremschebel	Backlever
Axe des scrolls	Einzugswelle	Drawing-up shaft
Axe du butoir	Stecherwelle	Protector-rod
Axe transversal	Querwelle	Cross-shaft
Axe vertical	Senkrechte Welle	Upright-shaft

B

Français	Allemand	Anglais
Bac à colle	Schlichtetrog	Size-box
Bague de pression	Stellring	Collar
Baguette de métier à filer	Aufwinder	Fallerwire
Baguette (contre)	Gegenwinder	Underfaller
Baguette d'encroix.	Kreuzrute	Leaserod
Banc à bobines	Spulmaschine	Jackframe
Banc à broches	Fleyer	Flyer. Roving-frame
B. à b. en gros	Grobfleyer	Slubbing frame
B. à b. intermédiaire	Mittelfleyer	Intermediate frame
B. à b. en fin	Feinfleyer	Roving frame
B. à b. en surfin	Doppelfeinfleyer	Fine roving
Banc d'étirage	Streckmaschine	Drawing frame
Bardin	Fädenführer	Glass ring
Barre à platines	Platinenbarre	Sinkers-bar
Barre pour chariot	Wagenstange	Carriage-rod
Barre à mèches	Vorgespinnstange	Rove-rod
Barrettes à peignes	Hechelstäbe	Hackle-bar
Barillet	Kettentrommel	Winding on drum
Bascule	Brückenwage	Weighing machine
Bâti de côté	Seitenstuhl	Side gable
Bâti extérieur	Endegestell	Frame end
Bâti principal	Grossgestell	Head frame
Battant de chasse	Schlagarm	Picking arm
Battage	Schlagen	Beating
Battant	Lade	Lay. Slay

Français	Allemand	Anglais
Battant brocheur	Broschierlade	Drop box slay
Batte	Schläger	Beater
Batteur étaleur	Wattenmaschine	Scutcher opener
Battre le coton	Klopfen	To scutch
Blanchiment	Bleichen	Bleaching
Blousse	Kämmlinge	Down wool
Bobine	Spule	Spool. Bobbin
Bobinoir	Spulmaschine	Winding frame
Boîte à navettes	Schützenkasten	Shuttle box
Boîte d'étirage	Streckwerk	Draw box
Bonneterie	Strumpfwirkerei	Hosiery
Boudin ou mèche	Lunte, Docht	Sliver, Slub
Boudinoir	Flaschenmaschine	Canframe
Bourre de soie	Seidenabfälle	Silk-waste
Bourrette	Rohe Seide	Coarse silk
Bouton	Noppe	Nap
Bras de manivelle	Kurbelarm	Crank arm
Bras de secteur	Quadrant Arm	Quadrant arm
Bref	Zettel, Part	Draught, Cording
Bricoteau	Kontermarsch	Couper
Bride	Spange	Ring
Briseur de balles	Ballenbrecher	Balebreaker
Briseur (à la carde)	Brecherkratze	Breaker card
Briseuse de laines	Schrubbelmaschine	Scribbling machine
Brisoir	Brecher	Breaker
Broche à anneau	Ringspindel	Ring spindle
Brocher un tissu	Sticken	To embroider
Brodeur	Nadelstab eines Na- delstuhls	Needle stick
Brossage	Bürsten	Brushing
Broyage	Brechen	Breaking, Scutching
Busette	Hülse	Pirn
Buttoir	Stossel	Kicker, Frog

C

Français	Allemand	Anglais
Câblé	Gedreht	Twined, twisted
Cadre d'un métier	Gestell	Frame
Calandre	Kalander	Calender
Calandrer	Lustrieren	To glaze
Calibre	Caliber	Gauge
Came	Kamm	Cam
Came du fouet	Schlagexcenter	Picking, tappet

Français	Allemand	Anglais
Cannelé (tissu)	Rippengewebe	Celtic weave
Cantre	Scherlatte	Bobbin-bank
Cannetière	Schusspulmaschine	Pirn winding machine
Cannette,	Spule	Pirn, cop
Carbonisage	Carbonisieren	Carbonising
Cardage	Kratzen	Carding
Carde	Kratzen	Card
Carde (garniture de)	Kratzenbeschlag	Card-clothing
Carde (peigneur de)	Abnehmerwalze	Doffer
Carde (tambour de)	Grosse Trommel	Main cylinder
Carde à chapeaux tournants,	Deckelkratze	Revolving flat
Carde à cylindre	Walzenkrempel	Roller card
Carde à hérissons	Walzenkrempel	Roller and clearer card
Carde fileuse	Vorspinnkrempel	Condenser-card
Carte (mise en)	Patronieren	Designing
Carton pour apprêt	Glanzpappe	Pressing-card
Casse mèche	Abstellvorrichtung	Stop motion
Casse trame	Schusswächter	Weft stop-motion
Catissage	Pressen	Glossing
Chaîne (fil de)	Kettengarn	Warp thread
Chaîne ourdie	Kette	Warp
Chaîne de fond	Grundkette	Main warp
Chaîne de poil	Polkette	Pile warp
Chaîne du secteur	Quadrantenkette	Winding-on chain
Chanvre	Hanf.	Hemp.
Chanvre peigné	Gehechelter Hanf	Hackled hemp
Chape (fil de)	Schappegarn	Spun floret-silk
Chape (dechet)	Floretseide Abfall	Silk-waste
Chapeau de carde	Kratzendeckel	Flat
Chargeuse	Speisser	Feeder
Chariot d'un continu	Spulenbank	Copping plate
Chariot d'un renvideur	Spindelwagen	Carriage
Chasse	Schlag	Pick
Chasse-navette	Schneller	Picker. Driver
Chevalet à lin	Schwingstock	Swingle-bench
Cheville d'encroix	Kreuzstift	Lease-pin
Chevron (tissu)	Gebrochener Köper	Fishbone
Chiné	Chiné	Clouding
Cintre	Bogen	Bend
Cliquet	Klinke	Click
Cocon	Cocon	Cocoon

Français	Allemand	Anglais
Collet d'une broche	Halslager	Collar
Collet (au Jacquard)	Platinenschnur	Cord
Commande d'un métier	Getriebe	Driving-gear
Compte-fils	Fadenzähler	Cloth-prover
Compteur	Zähler	Counter
Compteur de duites	Schusszähler	Shot-counters
Conditionnement	Condìtionnieranstalt	Yarn-testing
Cône de friction	Friktionskupplung	Friction-socket
Continu à filer	Ringspinnmaschine	Throstle
Corde à broches	Spindelschnur	Driving cord
Corde de sample	Zampelschnur	Sample-cord
Coton brut	Rohe Baumwolle	Raw cotton
Coton à coudre	Nähgarn	Sewing cotton
Coton à tricoter	Strickgarn	Knitting-cotton
Cotons (déchets de)	Abfälle und Putzwolle	Engine-waste
Coupeuse	Schneidemaschine	Cutting-machine
Courroie de transmission,	Treibriemen	Main-belt
Coussinet	Lagerschale	Step
Coutil	Barchent	Tick
Couvercle	Deckel	Cap-Cover
Couverture (tissu)	Decke	Blanket
Crapaudine	Fusslager	Step-bearing
Crémaillère	Zahnstange	Rack
Crêpe	Krepp	Crape
Cretonne	Doppelschirtung	Cretonne
Crochets des marches	Tritthaken	Hooks
Crochets de Jacquard	Hebehaken	Lifting-wires
Croisé (tissu)	Keper	Tweel. Twill
Croquemitaine (mouvem*. diff*)	Differentialgetriebe	Jack in the box
Cuir à aiguiser	Streichriemen	Grinding strap
Cuir de chasse	Webschnellriemen	Pickings-bands
Curseur (métier à filer)	Läufer	Flyer eye
Cylindres alimentaires	Riffelwalzen	Feeders
Cylindres cannelés	Riffelwalzen	Fluted rollers
Cylindres de pression.	Druckwalzen	Top rollers
Cylindres étireurs	Streckewalzen	Drawing-rollers
Cylindres pour nappes	Wickelwalze	Lap rollers

Français	Allemand	Anglais

D

Français	Allemand	Anglais
Damier (tissu)	Carriertes Zeug	Checked-goods
Débourrage	Putzen	Cleaning
Débourreur mécanique	Selbstätiger Deckel-putz-Apparat	Self acting-stripper
Décatissage	Dekatieren (das)	Washing out
Déclanchement	Abstellvorrichtung	Knocking off
Déclic	Sperrklinke	Catch
Décortiquer	Entschalen	To decorticate
Décreusage	Entschielen der Seide	Scouring of silk
Défeutreur	Entfilzer	Drawinghead
Défibreur	Zerfaserungsmaschine	Stuff-grinder
Dégorgeage du drap	Auswaschen	Washing
Dégraissage (laine)	Entfetten	Wool scouring
Dent (de peigne)	Hechelnadel	Hackle-needle
Dentelle à l'aiguille	Genähte Spitze	Point lace
Dentelle au fuseau	Geklöppelte Spitze	Pillowlace
Déroulement de la chaîne	Abwickeln	Lett-off motion
Dessuintage	Entfettung	Scouring
Détisser	Zerreissen	To scratch
Dévidage	Haspeln	Reeling
Dévidoir	Haspel	Reel
Diable (loup de filature)	Teufel	Devil
Doublage	Verdoppelung	Doubling
Doubler	Dublieren	To lap
Doublure (étoffe)	Futterzeug	Lining
Drap (tissu)	Laken	Woollen cloth
Draperies	Tuch	Clothing
Duitage	Schussfolge	Shooting. Picking
Duite	Schuss	Shot. Pick
Duvets	Flaumfedern	Down

E

Français	Allemand	Anglais
Ecang	Schwinge	Swingle-dag
Ecartement (des broches)	Teilung	Pitch
Ecartement des cylindres	Zuglänge	Pitch of rollers

Français	Allemand	Anglais
Echardonnage	Entkletten	Wool-burring
Echardonneuse	Kettenwolf	Burring-machine
Echeveau (coton)	Strang	Hank
Echeveau (soie)	Strahne	Skein
Echevette	Unterband	Sut. Skein. Lea
Ecouailles (laine d')	Hautwolle	Skin wool
Effilocheuse	Lumpenwolf	Rag-tearing-machine
Egrenage (du coton)	Entkörnen	Cleaning- Ginning
Egreneuse	Engreniermaschine.	Gin
Egrugeoir	Hechel	Peel-comb
Embuvage	Einweben	Shrinkage
Empois	Schlichte	Size. Paste
Empoutage	Beschnüren	Beating. Cording
Encollage	Schlichten	Sizing. Dressing
Encolleuse	Stärkemaschine	Sizingmachine
Encroix (envergure),	Kreuz	Lease
Enroulement (de l'étoffe)	Aufwicklung	Taking-up
Enrouleur (filature)	Wickelwalze	Lap-roller
Ensimage	Fetten	Oiling
Ensouple	Baum	Beam. Roller
Entretoise	Omerwelle	Cross-beam
Envergure.	Tadenkreuz	Lease in warping
Envidage	Aufwickeln	Copping. Winding up
Epaillage (chimique)	Carbonisierung	Carbonising
Epée (ou battant)	Ladearm	Lathe-arm
Epinceteuse	Noppmaschine	Burling-machine
Eplucheuse	Aufbereitmaschine	Blowing-machine
Epoule	Spule	Spool. Cop. Pirn
Epoutissage	Noppen	Burling
Equipage (harnais)	Geschirrwerk	Healds
Espadage (du lin)	Schwingen	Swinging
Espolin	Broschierschiffchen	Swivel-shuttle
Etaleuse (lin)	Anlegemaschine	Spreader
Etendage	Spreiten des Flachses	Spreading fax
Etirage	Strecken	Drawing. Drafting
Etirage (banc d')	Streckenmaschine	Drawing-frame
Etoffe (tissu)	Zeug. Stoff. Tuch	Cloth. Stuff. Goods
Etoffe (à carreaux)	Karriertes Zeug	Check
Etoffe (croisée)	Geköperte Stoffe	Tweel. Twilled-cloth
Etoffe (de laine cardée)	Streichgarn Gewebe	Woollen goods
Etoffe (de laine peignée)	Kammgarngewebe	Worsted goods

Français	Allemand	Anglais
Etoffe drapée	Tuchartiges gewalktes Zeug	Clothing. Raised cloth
Etoffe façonnée	Façonnierte Stoffe	Fancy-cloth
Etoffe grossière	Kotzen	Shaggy
Etoffe pour robe	Kleiderstoff	Dress-cloth
Etoupe de lin	Flachshede	Flaw-tow
Excentrique (du métier à tisser)	Excenter	Tappet. Treading-tappet

F

Français	Allemand	Anglais
Façonné (tissu)	Zusammengestelltes Gewebe	Fancy-goods
Fer (métier à velours)	Sammtnadel	Long-narrow wire
Feutre	Filz	Felt
Fil	Faden. Garn	Thread. Yarn
Fil à coudre	Nähgarn	Sewing-thread
Fil à tricoter	Strickgarn	Knitting-yarn
Fil de laine	Wollegarn	Wool yarn
Fil retors	Gezwirntes Garn	Twisted yarn
Filage	Spinnerei	Spinning
Filature	Spinnerei	Spinning-mill
Filasse	Bast	Harl. Flaxlint
Filet	Schraubengewinde	Screw-thread
Fileuse (soie)	Seidenhasplerin	Spinster
Filoselle	Floretseide	Floss-silk
Filterie	Leinenzwirnspinnerei	Thread mill
Finette	Feine Wolle	Twill. Tweel
Flambage	Sengen	Singeing
Fouets de chasse	Treibstöcke	Picking-bands
Foule (pas du tissage)	Fach. Sprung	Treading. Shed
Foulon	Walkmühle	Fulling-mill
Fourchette (de casse-trame)	Schussgabel	Fork
Frappeur (volant)	Läufer	Fancy-roller
Freinte (sur les dimens. d'un tissu)	Kettenverkürzung	Shrinkage
Frotteur	Putzer	Clearer
Fuseau (bobine)	Spule	Warpcop
Futaine (tissu)	Atlas Barchent	Satin top

Français	Allemand	Anglais

G

Français	Allemand	Anglais
Galet	Leitrolle	Bowl. Roller
Galon	Tresse	Lace. Border
Garde-corps	Brückengeländer	Side-rail
Garniture de carde	Kratzenbeschlag	Card-clothing
Gaufré (tissu)	Waffegelwebe	Honey-comb cloth
Gaze (tissu)	Gaze	Gauze
Genouillère	Schwinghebel	Front lever
Glissière	Gleitstück	Slide
Gorge	Spur. Rinne	Groove
Goujon	Stift	Pin
Griffe (Jacquard)	Hebezeug	Lifting-bar
Griffe (d'un peigne)	Spannhebel	Reed-clutch
Grillage (voir flam-bage)	Fadenführer	Thread-plate
Guide-fil		
Guide mèches	Bandführlöffeln	Sliver guides
Guide nappe	Wickelluter	Lap-side

H

Français	Allemand	Anglais
Harnais	Harnisch	Harness. Mounting
Haute lisse (métier)	Hochschäftiger	Upright-loom
Hérissons (carde à)	Stachelwalze	Carding rollers
Huile d'ensimage	Oel für Wolle	Batching oil

I

Français	Allemand	Anglais
Impressions (sur tis-sus)	Zeugdruck	Cloth-printing

J

Français	Allemand	Anglais
Jaconas	Jaconas	Jaconet
Jacquard (métier)	Jacquard Stuhl	Jacquard loom
Jarre	Grobe	Jar
Jeu de cartons	Kartenkette	Pattern-chain

Français	Allemand	Anglais

L

Français	Allemand	Anglais
Lacet	Schlinge	Lace. Braid
Lâche (fil)	Schlaff	Slack
Lainage	Rauhen	Teasling
Laine artificielle	Lumpenwolle	Shoddy wool
Laine beige	Naturfarbenwolle	Undyed wool
Laine en suint	Schweiszwolle	Greasy wool
Laine mère	Kernwolle	Back wool
Laine morte	Pelzwolle	Dead wool
Lainer	Rauhen	To row
Laineuse	Rauhmaschine	Teasling-machine
Laize	Zeugbreite	Breadth
Lame de peigne	Kamblatt	Comb blade
Lames de métier	Webeblätter	Blades
Laminage	Streckung	Drafting. Drawing
Lançage de la navette	Schlagen	Pickling. Shuttling
Lancer une duite	Einschiessen	To shoot in
Lancer la navette	Die Schütze durchführen	To pick
Lavage	Waschen	Washing
Lavage des filés	Garnwäscherei	Yarn-scouring
Levée (au métier)	Hubhöhe	Doffing
Leviathan	Leviathan	Washing-machine
Levier	Hebel	Lever
Liage	Bindung	Twine
Lin	Flachs. Lein	Flax. Linen
Lin coupé	Kurzflachs	Cut flax
Lin en paille	Rohflachs	Flax-straw
Lin roui	Rösteflachs	Ret flax
Lin préparé	Zubereitetes Flachs	Dressed flax
Linge	Leinwand	Linen-cloth
Linge de table	Tischleinen	Table linen
Lisage	Einlesen	Reading
Liseré	Leiste	Stripe
Lisière	Egge. Saum	Selvage. List
Lissage.	Zweite Waschung	Backwashing
Lisse	Helfe. Litze	Heddle. Heald
Lisse du Jacquard	Harnischlitze	Harness-cord
Losange (tissu)	Spitzköper	Diamond
Loup (voir diable)		
Loup batteur	Kopfwolf	Beating-opener
Louvetage	Wolfen	Willowing
Lustrage	Lustriren	Calendering. Glazing.

Français	Allemand	Anglais

M

Français	Allemand	Anglais
Machine à aiguiser	Schleifmaschine	Grinding-machine
Machine à coudre	Nähmaschine	Sewing machine
Machine à ourler	Steppmaschine	Hemming-machine
Machine à piquer les cartons	Kartenschlagemaschine	Pricking machine
Macquage	Brechenen	Breaking
Magnanerie	Rauperei	Silkworm-house
Main douce (arbre de)	Mantausenachse	Backshaft
Maille (d'une lisse)	Litze	Heddle
Mailles (tricot)	Maschen	Mails. Meshes
Maillocheuse	Stampfkalander	Beetler
Manivelle (mécanique)	Kurbel	Crank
Manivelle (à la main)	Griff	Handle
Marchage	Treten	Kneading. Trading
Marche (d'un métier à la main).	Tritt	Treadle
Mécanique d'armures	Schaftmaschine	Dobby
Mélange	Mischung	Mixture
Métier (en général)	Stuhl	Frame
Métier à eau chaude (lin)	Warmwasserspinnmaschine	Hot water spinning frame
Métier à eau froide (lin)	Kaltwasserspinnmaschine	Cold water spinning frame
Métier à filer au sec (lin)	Trockenspinnmaschine	Dry-frame
Métier à filer au mouillé (lin)	Nasspinnmaschine	Wet-spinning-frame
Métier à lanternes	Flaschenmaschine	Can-roving-frame
Métier à retordre à anneaux	Ringzwirnmaschine	Ring-twisting-frame
Métier revolver	Revolver Stuhl	Revolving box loom
Métier à tisser mécanique	Mechanischer Webstuhl	Power loom
Métier continu	Drosselmaschine	Throstle-frame
Métier renvideur à filer	Selfactor	Self acting mule
Métier renvideur à retordre	Selfactor zum Zwirnen	Self-acting twiner
Moirée (tissu)	Mohr	Watered
Molleton	Molton	Beaverteen
Montage	Aufstellung	Erecting

Français	Allemand	Anglais
Montant	Stütze. Läufer	Stand
Moquette	Brüsseler Teppich	Brussels carpet
Moraines	Pelzwolle	Dead-wool
Moulinage	Mouliniren	Silk-throwing
Moulin à soie	Seidenzwirnmaschine	Silk-throwing machine
Mouvement à bascule	Umdrehungsbewegung	Reversing-motion
Mouvement d'arrêt	Abschlagsbewegung	Stop-motion
Mouvement différen-tiel		

N

Français	Allemand	Anglais
Nappeuse	Vliessmaschine	Fleecing machine
Navette	Schütze	Shuttle
Nettoyeur	Pützer	Clearer
Noix (broche)	Wurtel	Wharve. Nut

O

Français	Allemand	Anglais
Organdi	Organdy	Bound-muslin
Organsin	Organsin Seide	Throw-silk
Ourdissage	Kettenscheren	Warping
Ourdissoir	Scherrahmen	Warp-frame
Ouvreuse	Oeffner	Opener

P

Français	Allemand	Anglais
Parage	Schlichten	Dressing. Sizing
Parement	Schlichte	Dressing
Passementerie	Posamentierwaren	Braid
Pédale	Fusstritt	Treadle
Peignage	Kämmen	Combing
Peigne (de carde)	Scheidekamm	Separator-comb
Peigne (de lin)	Hechelfeld	Gill
Peigne (tissage)	Rieth	Reed
Peigneur	Streichtrommel	Doffing-roller Doffer
Peluche	Felp	Feather-shag
Perceuse (Jacquard)	Bohrmaschine	Drilling-maschine

Français	Allemand	Anglais
Pignon	Getriebe	Pinion-wheel
Pignon de marche	Marschwechsel	Back-change-wheel
Pignon de torsion	Zwirnwechsel	Twist-wheel
Pignon du chariot	Wagenwechsel	Gain-wheel
Piquage des cartons	Kartenschlag	Pegging
Piqué (tissu)	Piqué Tuch	Quilting cloth
Planche d'arcades	Löcherbrett	Compass-board
Plate-bande (des an-neaux)	Ringschiene	Ring-rail
Plateau de friction	Firktionplatte	Frictionplate
Pot d'étirage	Topf	Sliver-can

R

Français	Allemand	Anglais
Rameuse	Rahmenmaschine	Tentering machine
Ratelier	Spulengestell	Creel
Ratière	Schaftmaschine	Dobby
Régulateur d'enroule-ment du tissu	Aufbäumen	Setting up motion
Remettage	Einziehen	Drawing. Heddling
Remisse (voir harnais)		
Rentrage (voir remet-tage)		
Rentrayage	Stopfen	Darning. Mending
Renvidage	Aufwickeln	Copping. Winding up
Réunisseuse	Dublirmaschine	Doubler
Roquet	Spule	Bobbin
Ros	Blatt	Reed
Rouissage	Rotten	Retting
Ruban	Band	Ribbon

S

Français	Allemand	Anglais
Satin (armure)	Altasköper	Broken twill
Satinage (Voir lus-trage)		
Schappe	Floretseide	Silk waste
Secteur du renvideur	Quadrant-Zirkel	Quadrant circle
Sergé (armure)	Köper	Twill
Soie	Seide	Silk
Sortie du chariot	Wagenzug	Draw
Support	Träger	Backet. Stand

Français	Allemand	Anglais

T

Table d'alimentation	Einfuhrtisch	Feed-table
Tambour	Trommel	Cylinder
Teillage	Schwingeln	Swinging
Temple	Tempel. Sperrute	Stretcher. Temple
Têtière	Kopfgestell	Gearing end
Tissu	Gewebe. Zeug	Cloth. Fabric
Toile	Leinen	Linen
Tondeuse	Scheermaschine	Shearing-machine
Torsion	Drehung	Twist
Tringle	Spindel	Rod
Tulle	Tüll	Net

V

Va et vient	Hin-und hergehende Bewerung	Alternate motion
Velours	Sammet	Velvet
Velours côtelé	Gestreifter Manchester	Cord-fustian
Ventilateur	Windflügel	Fan
Verge	Kreuzrute	Lease-bar
Vilebrequin (métier à tisser)	Kurbelachse	Crankshaft
Volant du batteur	Schläger	Scutcher. Beater
Volant de la carde	Läufer	Fancy-roller

Z

Zéphyr (tissu)	Zephire Tuch	Zephyr-cloth

Allemand	Français	Anglais

A

Allemand	Français	Anglais
Abfälle und Putzwolle	Déchets de coton	Engine waste
Abnehmerwalze	Peigneur de cardes	Doffer
Abschlagsbewegung	Mouvement d'arrêt	Stop motion
Abstellvorrichtung	Casse-mèche	Stop motion
Aloës Hanf	Aloès	Aloës hemp
Alpaka	Poil d'alpaga	Alpacahair
Alpakatuch	Tissu d'alpaga	Alpaca cloth
Anlegemaschine	Etaleuse de lin	Spreader
Appretiermaschine	Apprêteuse	Finishing machine
Appretur	Apprêt	Finishing
Asbest	Amiante	Asbestos
Atlas Barchent	Futaine (tissu)	Satin top
Atlas Köper	Satin (armure)	Broken twill
Aufbaümen	Régulateur d'enroulement du tissu	Setting-up motion
Aufbereitmaschine	Eplucheuse	Blowing-machine
Auflegeapparat	Appareil d'alimentation	Feeder
Aufstellung	Montage	Erecting
Aufwickeln	Renvidage	Copping
Aufwicklung	Enroulement du tissu	Taking
Aufwinder	Baguette de métier à filer	Faller wire
Ausschusswolle	Abât-chauvée	Out-shotwool
Auswaschen	Dégorgeage du drap	Washing
Auswahl	Assortiment	Set
Auszug	Aiguillée	Stretch

B

Allemand	Français	Anglais
Ballenbrecher	Brise-balles	Bale-breaker
Band	Ruban. Mèche	Ribbon
Bandführläffeln	Guide-mèche	Sliverguide
Barchent	Coutil	Tick
Bast	Filasse	Harl. Flaxlint
Baum	Ensouple	Beam-roller
Beschnuren (das)	Empoutage	Beating

Allemand	Français	Anglais
Bewegung	Va-et-vient	Alternate motion
Blatt	Ros	Reed
Bleckbank	Chariot d'un continu	Copping-plate
leichen	Blanchiment	Bleaching
Bogen	Cintre	Bend
Bohrmaschine	Perceuse	Drilling machine
Brechen	Broyage	Breaking
Brechenen	Macquage	Scutching
Brecher	Brisoir	Breaker
Brecherkratze	Briseur (à la carde)	Breakercard
Bremschebel	Axe de pression	Backlever
Broschierlade	Battant du brocheur	Drap box slay
Broschierschiffchen	Espolin	Swivel-shuttle
Brückengeländer	Garde-corps	Side-rail
Brückenwage	Bascule	Weighing machine
Brusseler Teppich	Moquette	Brussels carpet
Bürsten	Brossage	Brushing

C

Allemand	Français	Anglais
Caliber	Calibre	Gauge
Carbonisierung	Carbonisage, épaillage	Carbonising
Carriertes Zeug	Damier (tissu)	Checked goods
Chiné	Chiné	Clouding
Cocon	Cocon	Cocoon
Conditionieranstalt	Conditionnement	Yarn testing

D

Allemand	Français	Anglais
Daumenwelle	Arbre à canne	Cam shaft
Decke	Couverture (tissu)	Blanket
Deckel	Couvercle	Cover
Deckelkratze	Carde à chapeaux tournants,	Revolving flat
Dekatieren (das)	Décatissage	Washing out
Differentialgetriebe	Mouvement différentiel	Jack in the box
Docht	Mèche	Sliver
Doppelschirtung	Cretonne	Cretonne
Doppelfleinfleyer	B. à br. en surfin	Fine roving
Drehung	Torsion	Twist
Drossel maschine	Métier continu	Throstle frame
Druckwalzen	Cylindres de pression	Top rollers

Allemand	Français	Anglais

E

Egge	Lisière	Selvage. List
Egrenirmaschine	Egreneuse	Gin
Einweben	Embuvage	Shrinkage
Einfürhrlisch	Table d'alimentation	Feed table.
Einlesen	Lisage	Reading
Einschiessen	Lancer une duite	To shoot in
Einziehen	Remettage	Heddling
Einzugswelle	Axe des scrolls	Drawing-up shaft
Endegestell	Bâti extérieur	Frame end
Entfetten	Dégraissage	Wool scouring
Entfettung	Desuintage	Scouring
Entfilzer	Défeutreur	Drawing head
Entketten	Echardonnage	Wool burring
Entkörnen	Egrénage	Cleaning
Entschalen	Décortiquer	To decorticate
Entschielen	Décreusage	Scouring of silk
Excenter	Excentrique de m. à filer	Tappet
Excenterwelle	Arbre des excentriques	Tappet

F

Fach	Foule	Treading
Façonierte Stoffe	Etoffe façonnée	Fancy cloth
Faden	Fil	Yarn
Fadenzähler	Compte-fils	Cloth-prover
Fadenführer	Bardin-guidefil	Threadplate
Feinerwollen	Finette	Twill. Tweel
Feinfleyer	B. à br. en fin	Roving frame
Felge	Jarre	Jar
Felp	Peluche	Feather-shag
Fetten	Ensimage	Oiling
Filz	Feutre	Felt
Flachs	Lin	Flax. Linen
Flachshede	Etoupe de lin	Flax-tow
Flaschenmaschine	Boudinoir	Can roving frame
Flaumfedern	Duvets	Down
Fleyer	B. à br.	Flyer
Floretseide	Schappe-filoselle	Silk waste
Floretseide Abfall	Déchets de schappe	Silk waste

Allemand	Français	Anglais
Flügel	Ailette	Flyer
Friktion-platte	Plateau de friction	Friction-plate
Friktionskupplung	Cône de friction	Friction-socket
Fusslager	Crapaudine	Stepbearing
Fusstritt	Pédale	Treadle
Futterzeug	Doublure (étoffe)	Lining

G

Allemand	Français	Anglais
Garn	Fil	Yarn
Garnwascherei	Lavage des filés	Yarn scouring
Gaze	Gaze	Gauze
Gebrochener Köper	Chevron (tissu)	Fishbone
Gedreht	Cablé	Twined
Gegenwinder	Contre-baguette	Under-faller
Gehechelter Hanf	Chanvre peigné	Hackled hemp
Geklöppelte Spitze	Dentelle au fuseau	Pilow lace
Gekäperter Stoff	Croisé (étoffe)	Twilled cloth
Genöhte Spitze	Dentelle à l'aiguille	Point lace
Geschirrwerk	Equipage	Healds
Gestell	Cadre d'un métier	Frame
Gestreifter Manchester	Velours côtelé	Cord fustian
Getriebe	Pignon de commande	Wheel
Gewebe	Tissu	Cloth
Glanzpappe	Carton pour apprêt	Pressing-card
Gleitstück	Glissière	Slide
Griff	Manivelle à la main	Handle
Grobfleyer	B. à br. en gros	Slubbing-frame
Grossgestell	Bâti principal	Head frame
Grosse Trommel	Tambour de carde	Cylinder
Grundkette	Chaîne de fond	Main warp

H

Allemand	Français	Anglais
Halslager	Collet d'une broche	Collar
Hanf	Chanvre	Hemp
Harnisch	Harnais	Harness mounting
Harnischbrett	Planche d'arcades	Harness board
Harnischlitze	Lisse du Jacquard	Harness cord
Haspel	Asplet. Dévidoir	Reel

Allemand	Français	Anglais
Haspeln	Dévidage	Reeling
Hautelisse-Stuhl	Métier haute lisse	High-warp-loom
Hautwolle	Laine d'écouailles	Skinwool
Hebel	Levier	Lever
Hebehaken	Crochets du Jacquard	Lifting-wires
Heber	Arcades	Neck-twines
Hebezeug	Griffes du Jacquard	Lifting-bar
Hechel	Egrugeoir	Peel-comb
Hechelnadeln	Aiguilles des barettes, dents du peigne.	Hackle
Hechelstäbe	Barette à peignes	Hackle-bar
Hechelfeld	Peigne à lin	Gill
Helfe	Lisse	Heddle. Heald
Hin und hergehende Bewegung	Va-et-vient	Alternate motion
Hintere Welle	Axe de main douce	Back-shaft
Hubhöhe	Levée de métier	Doffing
Hülse	Busette	Pirn

J

Allemand	Français	Anglais
Jaconas	Jaconas	Jaconet
Jacquard Nadel	Aiguille du J.	Jacquard needle
Jacquardstuhl	Métier à la J.	Jacquard loom

K

Allemand	Français	Anglais
Kabelader	Ame d'un câble	Core of cable
Kaltwasserspinnmaschine	Métier à eau froide (lin)	Cold water spinning frame
Kammblatt	Lame du peigne	Comb blade
Kammen (das)	Peignage	Combing
Kammgarngewebe	Etoffe de laine peignée	Worsted goods
Kämmlinge	Blousse	Down wool
Kernwolle	Laine-mère	Back wool
Kartenkette	Jeu de cartons	Pattern-chain
Kertenschlag	Piquage des cartons	Pegging
Kartenschlagmaschine	Machine à piquer les cartons	Pricking machine
Keilwinkel	Angle de calage.	Angle of lead

Allemand	Français	Anglais
Keper	Croisé (tissu)	Tweel
Kette	Chaîne ourdie	Warp
Kettengarn	Fil de chaîne	Warp thread
Kettenscheren	Ourdissage	Warping
Kettentrommel	Barillet	Winding-on drum
Kettenverkürzung	Treinte d'un tissu	Shrinkage
Kleidenstoff	Etoffe pour robe	Dresscloth
Klinke	Cliquet	Click
Klopfen	Battre le coton	To scutch
Klopfwolf	Loup Batteur	Beating opener
Klettenwolf	Echardonneuse	Burring-machine
Kontermarsch	Bricoteau	Couper
Koper	Sergé	Twill
Kopfgestell	Tétière	Gearing end
Kotzen	Etoffe grossière	Shaggy
Kratzen	Cardes	Cards
Kratzenbeschlag	Garniture de cardes	Card-clothing
Kratzendeckel	Chapeaux de carde	Flat
Kreuz	Encroix	Lease
Kreuzrute	Verge	Lease-bar
Kreuzrute	Baguette d'encroix	Lease rod
Kreuzstift	Cheville d'encroix	Lease-pin
Kurbel	Manivelle mécanique	Crank
Kurbelachse	Villebrequin (axe du),	Crankshaft
Kurbelarm	Bras de manivelle	Crank arm
Kurbelwelle	Arbre à manivelle	Crankshaft
Kurzflachs	Lin coupé	Cut flax

L

Allemand	Français	Anglais
Lade	Battant	Lay. Slay
Lade arm	Epée du battant	Lathe arm
Lagerschale	Coussinet	Step
Laken	Tissu en drap	Woollen cloth
Läufer	Volant de la carde	Fancy-roller
Lein	Lin	Flax. Linen
Leinen	Toile de lin	Linen
Leinenzwirnsspinnerei	Filterie	Thread mill
Leinwand	Linge	Linen cloth
Leiste	Liseré	Stripe
Leitrolle	Galet	Roller
Leviathan	Leviathan	Washing machine
Litze	Mailles d'un tissu	Heddle

Allemand	Français	Anglais
Löcherbrett	Planche d'arcades	Compassboard
Lumpenwolfe	Effilocheuse	Rag-tearing-machine
Lumpenwolle	Laine renaissance	Shoddy wool
Lunte	Mèche	Sliver
Lustriren (das)	Lustrage	Calandering. Glazing
Lustriren	Calandrer	To glaze

M

Allemand	Français	Anglais
Mantausenachse	Arbre de main douce	Back-shaft
Marschwechsel	Pignon de marche	Back-change-wheel
Maschen	Mailles d'un tricot	Mails. Meshes
Mechanischer Websthul	Métier à tisser mécanique	Power loom
Mittelfleyer	B. à br. intermédiaire	Intermediate frame
Mohr	Moiré	Watered
Molton	Molleton	Beaverteen
Moulinieren (das)	Moulinage	Silk throwing

N

Allemand	Français	Anglais
Nadel	Aiguille	Needle
Nadelstab eines Nadelstuhls	Brodeur	Needle-stick
Nähgarn	Fil à coudre	Sewing thread
Nähmaschine	Machine à coudre	Sewing machine
Nasspinnmaschine	Métier à filer au mouillé (lin)	Wetspinning frame
Naturfarbenwolle,	Laine beige	Undyed wool
Noppe	Bouton	Nap
Noppen (das)	Epoutissage	Burling
Noppmaschine	Epinceteuse	Burling machine

O

Allemand	Français	Anglais
Oel für Wolle	Huile d'ensimage	Batching oil
Oeffner	Ouvreuse	Opener
Omerwelle	Entretoise	Cross-beam
Organdy	Organdi	Bound-muslin
Organsin	Seide	Throw silk

Allemand	Français	Anglais

P

Allemand	Français	Anglais
Patronieren	Mise en carte	Designing
Part	Bref	Draught
Packnadel	Aiguille d'emballage	Packing needle
Pelzwolle	Laines mortes	Dead wool
Piqué-Tuch	Piqué	Quilting-cloth
Platinenbar	Barre à platines	Sinkers-bar
Platinenschnur	Collet	Jacquard cord
Polkette	Chaîne de poil	Pile-warp
Posamentierware	Passementerie	Braid
Pressen (das)	Catissage	Glossing
Press flügel	Aile d'un b. à br.	Pressflyer
Putzer	Nettoyeur-frotteur	Clearer
Putzen (das)	Débourrage	Clearing

Q

Allemand	Français	Anglais
Quadrantarm	Bras du secteur	Quadrant arm
Quadrantenkette	Chaîne du secteur	Winding-on chain
Quadrantzirkel	Secteur du renvideur	Quadrant circle
Quadrilliertes Zeug	Etoffe à carreaux	Check
Querwelle	Axe transversal	Cross-shaft

R

Allemand	Français	Anglais
Radfelge	Jarre	Jar
Ramenmaschine	Rameuse	Tentering machine
Rauhen	Lainer	To row
Rauhen (das)	Lainage	Teasling
Rauhmaschine	Laineuse	Teasling-machine
Rauperei	Magnanerie	Silk worm house
Rieth	Peigne (tissage)	Reed
Riffelwalzen	Cylindres cannelés Cylindres alimentaires	Fluted rollers
Ringläufer	Anneau à filer, à retordre	Loop
Ringschiene	Plate-bande des anneaux	Ring rail
Ringspindel	Broche à anneau	Ring spindle
Ringspinnmaschine	Continu à filer	Ring throstle

Allemand	Français	Anglais
Ringzwirnmaschine	Métier à retordre à anneaux	Ring twisting frame
Rinne	Gorge	Groove
Rippengewebe	Tissu cannelé	Celtic weave
Rohe Baumwolle	Coton brut	Raw Cotton
Rohe Seide	Bourette	Coarse silk
Rohflachs	Lin en paille	Flax-straw
Rösteflachs	Lin roui	Ret flax
Rotten (das)	Rouissage	Retting

S

Allemand	Français	Anglais
Sammet	Velours	Velvet
Sammler	Accumulateur	Accumulator
Saum	Lisière	Selvage, list
Schaftmaschine	Ratière, mécanique d'armures	Dobby
Schappegarn	Fil de chappe	Spun floret silk
Scheermaschine	Tondeuse	Shearing machine
Scheidekamm	Peigne de carde	Separator comb.
Scherlatte	Cantre	Bobbin-bank
Scherrahmen	Ourdissoir	Warp-frame
Schlaff	Lâche (fil)	Slack
Schlag	Chasse	Pick
Schlagarm	Bâton de chasse	Picking-arm
Schlagachse	Arbre du fouet de chasse	Picking-shaft
Schlagen	Battage	Beating
Schlager	Volant ou batte du batteur	Scutcher. Beater
Schlag-excenter	Came du fouet	Picking
Schleifen	Aiguisage	Grinding
Schleifmaschine	Machine à aiguiser	Grinding-machine
Schlichte	Parement. Empois	Dressing
Schlichten (das)	Parage	Dressing. Sizing
Schlichtetrog	Bac à colle	Size-box
Schlinge	Lacet	Lace
Schneidemaschine	Coupeuse	Cutting machine
Schneller	Chasse-navette	Picker
Schraubengewinde	Filet	Screw-thread
Schrubbelmaschine	Briseur de laines	Scribbling machine
Schuss	Duite	Shot

Allemand	Français	Anglais
Schussfolge	Duitage	Shooting
Schussgabel	Fourchette de C. trame	Fork
Schusspulemaschine	Cannetière	Pirn winding machine
Schusswächter	Casse trame	Weft stop motion
Schusszähler	Compteur de duites	Shot-counter
Schütze	Navette	Shuttle
Schütze durchführen (die)	Lancer la navette	To pick. To drive
Schützenkasten	Boîte à navettes	Shuttle box
Schweiszwolle	Laine en suint	Greasy wool
Schwinge	Ecang	Swingledag
Schwingen	Espadage	Swinging
Schwingeln	Teillage	Swinging
Schwingestock	Chevalet à lin	Swing-stock
Schwinghebel	Genouillère	Front lever
Seide	Soie	Silk
Seidenabfälle	Bourre de soie	Silk waste
Seidenhasplerin	Fileuse de soie	Spinster
Seidenzwirnmaschine	Moulin à soie	Silk throwing machine
Seitenstuhl	Bâtit de côté	Side-gable
Self actor	Métier à filer renvideur	Self acting mule
Selfactor zum Zwirnen	Métier à retordre renvideur	Self acting twline
Sengen	Flambage	Singeing
Senkrechte Welle	Axe vertical	Upright shaft
Spannapparat	App. de tension	Drag motion
Spange	Bride	Ring
Spannhebel	Griffe du peigne	Reed-clutch
Sperrklinke	Déclic	Catch
Spindel	Tringle. Broche	Rod
Spindelschnur	Corde à broche	Driving cord
Spindelwagen	Chariot d'un renvideur	Carriage
Spinnerei	Filage. Filature	Spinning mill
Spitzköpper	Losange (tissu)	Diamond
Spreiten des Flachses	Etendage du lin	Spreading flax
Sprung	Foule, pas (tissage),	Treading, shed
Spule	Roquet, bobine, cannette	Spool, bobbin
Spulengestell	Ratelier	Creel
Spulmaschine	Banc-à-bobines Bobinoir	Winding frame
Spur	Gorge	Groove

Allemand	Français	Anglais
Stachelwalze	Carde à hérissons	Carding rollers
Stampfkalander	Maillocheuse	Beetler
Stärkemaschine	Encolleuse, pareuse	Sizing machine
Stecherwelle	Axe du butoir	Protector rod
Stellring	Bague de pression	Collar
Steppmaschine	Machine à ourler	Hemming machine
Sticken	Brocher un tissu	To embroider
Stift	Goujon	Pin
Stoff	Etoffe Tissu	Cloth
Stopfen (das)	Rentrayage	Darning, mending
Stossel	Buttoir	Frog
Strahne	Echeveau (de soie)	Skein
Strang	Echeveau (coton)	Hank
Strecken (das)	Etirage, laminage	Drawing, drafting
Streckmaschine	Banc d'étirage	Drawing frame
Streckwalzen	Cylindres étireurs	Drawing rollers
Strechkwerk	Boîte d'étirage	Draw box
Streichgarn Gewebe	Etoffe de laine cardée	Woollen goods
Streichtrommel	Peigneur	Doffer
Strickgarn	Fil à tricoter	Knitting-yarn
Stütze	Montant	Stand

T

Allemand	Français	Anglais
Tadenkreuz	Envergure	Lease in warping
Teilung	Ecartement des broches	Pitch
Tempel	Templet	Temple
Teufel	Loup, diable.	Devil
Tischleinen	Linge de table	Table linen
Topf	Pot d'étirage	Sliver can
Träger	Support	Bracket, stand
Treibstöcke	Fouet de chasse	Picking-bands
Treibriemen	Courroie de transmission	Main-belt
Treibwelle	Axe de commande	Driving-shaft
Tresse	Tresse	Lace, border
Treten (das)	Marchage	Kneading, trading
Tritt	Marche d'un métier à la main	Treadle
Tritthaken	Crochet des marches	Hooks
Trockenspinnmaschine	Métier à filer au sec	Dry-frame

Allemand	Français	Anglais
—	—.	—
Trommel	Tambour	Cylindre
Tuch	Draperie. Etoffe	Stuff
Tuchartiges gewalktes Zeug.	Etoffe drapée	Clothing
Tüll	Tulle	Net

U

Umdrehungsbewe- gung	Mouvement à bascule	Reversing motion
Unterband	Echevette	Lea

V

Verdoppelung	Doublage	Doubling
Vliessmaschine	Nappeuse	Fleecing machine
Vorgenspinnstange	Barre à mèches	Rove-rod
Vorspinnkrempel	Carde fileuse	Condenser card

W

Waffelgewebe	Gaufré (tissu)	Honey-comb cloth
Wagenstange	Barre pour chariot	Carriage-rod
Wagenzug	Sortie du chariot	Draw
Wagenwechsel	Pignon du chariot	Gain-wheel
Walkmühle	Foulon	Fulling-mll
Walzenkrempel	Carde à hérissons	Roller and clearer-card
Warmwasserspinn- machine	Métier à eau chaude (lin)	Hot-water spinning frame
Wattenmaschine	Batteur étaleur	Scutcher-opener
Waschen (das)	Lavage	Washing
Webebiätter	Lames du métier	Blades
Webschnellriemen	Cuir de chasse	Picking-bands
Wickelluter	Guide nappe	Lap-side
Wikelwalze.	Cylindre enrouleur pour nappes	Lap roller
Windflügel	Ventilateur	Fan
Wolfen	Louvetage	Willowing
Wollegarn	Fil de laine	Woolyarn
Würtel	Noix (des broches)	Nut

Allemand	Français	Anglais

Z

Allemand	Français	Anglais
Zähler	Compteur	Counter
Zahnstange	Crémaillère	Rack
Zampelschnur	Corde de sample	Sample-cord
Zephire Tuch	Zéphir	Zephyr cloth
Zerfaserungsmaschine	Défibreuse	Stuff-grinder
Zerreissen	Détisser	To scratch
Zettel	Bref, armure	Draught
Zeug	Etoffe, tissu	Cloth
Zeugbreite	Laize	Breadth
Zeugdruck	Impression sur tissu	Cloth-printing
Zubereitetes Flachs	Lin préparé	Dressed flax
Zuglänge	Ecartement des cylindres	Pitch of rollers
Zusammengestelltes Gewebe	Tissu façonné	Fancy-goods
Zweite Waschung	Lissage	Back washing
Zwirnwechsel	Pignon de torsion	Twist wheel

Anglais. — Français. — Allemand.

Anglais	Français	Allemand

A

Anglais	Français	Allemand
Abaca	Abaca	Abaca
Accumulator	Accumulateur	Sammler
Alternate motion	Va-et-vient	Hin und hergehende Bewegung
Aloes hemp	Chanvre d'aloès	Aloes Hanf
Alpaca cloth	Etoffe d'alpaga	Alpakatuch
Alpaca hair	Poil d'alpaga	Alpaka
Angle of lead	Angle de calage	Keilwinkel
Asbestos	Amiante	Asbest

B

Anglais	Français	Allemand
Back change wheel	Pignon de marche	Marschwechsel
Back-lever	Axe de pression	Bremschebel
Back-shaft	Arbre de main douce	Mantausenachse
	Axe de main douce	Hintere Welle
Backwashing	Lissage	Zweite Waschung
Backwool	Laine-mère	Kernwolle
Bale-breaker	Brise-balles	Ballenbrecher
Bar	Verge	Kreuzrute
Batching oil	Huie d'ensimage	Oeel für Wolle
Beam	Ensouple	Baum
Beater	Volant du batteur	Schläger
Beating	Battage	Schlägen
	Empoutage	Beshnüren
Beating opener	Loup batteur	Klopfwolf
Beaverteen	Molleton	Molton
Beetler	Maillocheuse	Stampfkalander
Bend	Cintre	Bogen
Blades	Lames de métier	Webeblätter
Blanket	Couverture (tissu)	Decke
Bleaching	Blanchiment	Bleichen
Blowing machine	Eplucheuse	Aufbereitmaschine

Anglais	Français	Allemand
Bobbin	Bobine, roquet	Spule
Bobbin-bank	Cantre	Scherlatte
Bound muslin	Organdi	Organdy
Border	Galon	Tresse
Bowl	Galet	Leitrolle
Bracket	Support	Träger
Braid	Passementerie	Posamentirware
Breadth	Laize	Zeugbreite
Breaker	Brisoir	Brecher
Breaker card	Briseur à la carde	Brecherkratze
Breaking	Broyage, maquage	Brechen
Broken tweel	Satin (armure)	Atlas Köper
Brushing	Brossage	Bürsten
Brussels carpet	Moquette	Brüsseler Teppich
Burling	Epoutissage	Das Noppen
Burling machine	Machine épinceteuse	Noppmaschine
Burring machine	Machine échardonneuse	Klettenwolf

C

Anglais	Français	Allemand
Calender	Calandre	Kalender
Calendering	Lustrage	Das Lustrieren
Cam	Came	Kamm
Cam shaft	Arbre à cames	Daumenwelle
Can frame	Boudinoir	Flaschenmaschine
Can roving frame	Métier à lanterne	Flaschenmaschine
Cap	Couvercle	Deckel
Carbonising	Carbonisage, épaillage	Carbonisieren
Card	Carde	Kratzen
Card clothing	Garniture de cardes	Kratzenbeschlag
Carding	Cardage	Kratzen
Carding roller	Carde à hérissons	Stachelwalze
Carriage	Chariot d'un renvideur	Spindelwagen
Carriage rod	Barre pour chariot	Wagenstange
Catch	Déclic	Sperrklinke
Celtic weave	Tissu cannelé	Rippengewerbe
Check	Etoffe à carreaux	Quadrilliertes Zeug
Checked goods	Damier (tissu)	Carrierters Zeug
Cleaning	Egrenage du coton	Das Entkörnen
Cleaning	Débourrage	Putzen

Anglais	Français	Allemand
Clearer	Nettoyeur-frotteur	Putzer
Click	Cliquet	Klinke
Cloth	Etoffe, tissu	Zeug. Stoff
Cloth printing	Impression sur tissu	Zeugdruck
Cloth-prover	Compte-fil	Fädenzähler
Clothing	Etoffe drapée	Tuch
Clouding	Chiné	Chiné
Coarse silk	Bourrette	Rohe Seide
Cocoon	Cocon	Cocon
Cold water spinning frame	Métier à filer à eau froide	Kaltwasserspinnmaschine
Collar	Bague de pression	Stellring
	Collet d'une broche	Halslager
Comb blade	Lame de peigne	Kammblatt
Combing	Peignage	Das Kämmen
Compass board	Planche d'arcades	Löcherbrett
Condenser card	Carde fileuse	Vorspinnkrempel
Cop	Busette, cannette	Spule
Copping	Envidage	Aufwickeln
Copping-plate	Chariot d'un continu	Bleckbank
Core of cable	Ame d'un câble	Kabelader
Cord	Collet	Platinenschnur
Cord-fustian	Velours côtelé	Gestreifter Manchester
Cording	Bref. Empoutage	Beschüuren
Counter	Compteur	Zähler
Couper	Bricoteau	Kontermarsch
Cover	Couvercle	Deckel
Crank	Manivelle mécanique	Kurbel
Crank-arm	Bras de manivelle	Kurbel arm
Crank-shaft	Villebrequin, arbre à manivelle	Kurbelwelle
Crape	Crêpe	Krepp
Creel	Ratelier	Spulengestell
Creeper	App. d'alimentation	Auflege Apparat
Cretonne	Cretonne	Doppelschirtung
Crossbeam	Entretoise	Omerwelle
Crossshaft	Axe transversal	Querwelle
Cut flax	Lin coupé	Kurzflachs
Cutting machine	Coupeuse	Schneidemaschine
Cylinder	Tambour	Trommel

Anglais	Français	Allemand

D

Anglais	Français	Allemand
Darning	Rentrayage	Das Stopfen
Decorticate (to)	Décortiquer	Entschalen
Dead wool	Laine morte. Moraines	Pelzwolle
Designing	Mise en carte	Patronieren
Devil	Diable, loup	Teufel
Diamond	Losange (tissu)	Spitzköppen
Doffer	Peigneur	Streichtrommel
Dobby	Ratière. Mécanique d'armure	Schaftmaschine
Doffing	Levée de métier	Hubhöhe
Doffing roller	Peigneur	Streichtrommel
Doubler	Réunisseuse	Dublirmaschine
Doubling	Doublage	Verdoppelung
Down	Duvets	Flaumfedern
Down wool	Blousses	Kämmlinge
Drafting	Etirage, lamnage	Strecher
Drag motion	App. de tension	Spann Apparat
Draw	Sortie du chariot	Wagenzug
	Aiguillée	Auszug
Draw-box	Boîte d'étirage	Streckwerk
Drawing	Remettage	Das Einziehen
	Etirage	Strecken
Drawing frame	Banc d'étirage	Streckenmaschine
Drawing-head	Défeutrer	Entfilzer
Drawing rollers	Cylindres étireurs	Streckewalzen
Drawing-up-shaft	Axe des scrolls	Einzugswelle
Draught	Bref	Zettel
Dress cloth	Etoffe pour robe	Kleidenstoff
Dressed flax	Lin préparé	Zubereitetes Flachs
Dressing	Encollage. Parage. Parement.	Schlichten
Drilling machine	Perceuse au Jacquard	Bohrmaschine
Drive (to)	Lancer la navette	Die Schütze durchführen
Driving cord	Corde à broches	Spindelschnur
Driving gear	Commande d'un métier	Getriebe
Driving shaft	Axe de commande	Treibwelle
Drop box slay	Battant brocheur	Broschierlade
Dry frame	Métier à filer au sec	Trockenspinnmaschine

Anglais	Français	Allemand
—	—	—

E

Embroider (to)	Brocher un tissu	Sticken
Engine waste	Déchets de coton	Abfall-und Putzwolle
Erecting	Montage	Aufstellung

F

Fabric	Tissu	Zeug
Fallerwire	Baguette de métier à filer	Aufwinder
Fan	Ventilateur	Windflügel
Fancy cloth	Etoffe façonnée, Etoffe de fantaisie	Façonierter Stoff
Fancy roller	Volant frappeur, volant de la carde	Läufer
Feather shag	Peluche	Felps
Feed table	Chargeuse-table d'alimentation	Einfuhrtisch-Speisser
Feeder	Appareil d'alimentation	Auflege Apparat
Feeding rollers	Cylindres alimentaires	Riffelwalzen
Felt	Feutre	Filz
Fine roving	B. à broche en surfin	Doppelfleinfleyer
Finishing	Apprêt	Appretur
Finishing machine	Machine apprêteuse	Appreturmaschine
Fishbone	Chevron, tissu	Gebrochener Köper
Flat	Chapeau de carde	Kratzendeckel
Flax	Lin	Flachs
Flax tow	Etoupe de lin	Flachshede
Flax lint	Filasse	Bast
Flax straw	Lin en paille	Rochflachs
Fleecing machine	Machine nappeuse	Vliessmaschine
Fleyer	Ailette	Flügel
Flyer eye	Curseur de métier à filer	Läufer
Floss silk	Filoselle	Florettseide
Fluted rollers	Cylindres cannelés	Riffelwalzen
Fork	Fourchette	Schussgabel
Frame	Métier en général, bâti d'un métier	Gestellstuhl

Anglais	Français	Allemand
Frame end	Bâti extérieur	Endegestell
Friction socket	Cône de friction	Friktionskupplung
Friction plate	Plateau de friction	Friktionplatte
Frog	Butoir	Stossel
Front lever	Genouillère	Schwinghabel
Fulling mill	Foulon	Walkmühle

G

Gain wheel	Pignon du chariot	Wagenwechsel
Gauge	Calibre	Caliber
Gauze	Gaze	Gaze
Gearing end	Tétière	Kopfgestell
Gill	Peigne pour lin	Rieth. Hechelfeld
Gill pins	Aiguilles des barettes	Hechelnadeln
Gin	Egreneuse	Egrenirmaschine
Ginning	Egrenage du coton	Das Entkörnen
Glass ring	Bardin	Fädenfuhrer
Glaze	Calandrer	Lustrieren
Glossing	Catissage	Das Pressen
Goods	Etoffes, tissus	Stoffe
Grinding	Aiguisage	Schleifen
Grinding machine	Aiguiseuse	Schleifmaschine
Grinding strap	Cuir à aiguiser	Streichriemen
Groove	Gorge	Spur

H

Hackle bar	Barette à peignes	Hechelstäbe
Hackle needle	Dent du peigne	Hechelnadel
Hackled hemp	Chanvre peigné	Gehechelter Hanf
Handle	Manivelle à la main	Griff
Harl	Filasse	Bast
Harness	Harnais	Harnisch
Harness board	Equipage	Harnischbrett
Harness/cord	Planche d'arcades	Harnischlitze
Heald	Lisse du Jacquard	Helfe
Heddle	Lisse	Helfe
	Maille d'un tissu	Litze

Anglais	Français	Allemand
Heddling	Remettage	Das Einziehen
Head frame	Bâti principal	Grossgestell
Healds	Equipage, harnais	Geschirrwerk
Hemming machine	Machine à ourler	Steppmaschine
Hemp	Chanvre	Hanf
Honeycomb	Nid d'abeille (tissu)	Waffelgewebe
Hooks	Crochets des marches	Tritthaken
Hosiery	Bonneterie	Strumpfwirkerei
Hot water spinning frame	Métier à eau chaude (lin)	Warmwasserspinnmaschine

I

Anglais	Français	Allemand
Intermediate frame	B. à broche intermédiaire	Mittelfleyer

J

Anglais	Français	Allemand
Jack-frame	Banc à bobines	Spulmaschine
Jack in the box	Croquemitaine	Differentialgetriebe
Jacquard loom	Métier Jacquard	Jacquart-Stuhl
Jacquart needle	Aiguille de Jacquard	Jacquardnadel
Jaconet	Jaconas	Jaconas
Jar	Jarre	Felge

K

Anglais	Français	Allemand
Kicker	Butoir	Stossel
Kneading	Marchage	Treten (Das)
Knitting cotton	Coton à tricoter	Strickgarn
Knocking-off	Déclanchement	Abstellvorrichtung

L

Anglais	Français	Allemand
Lace	Dentelle, galon, lacet, tresse	Tresse
Lap (to)	Doubler	Dublieren

Anglais	Français	Allemand
Lap rollers	Cylindres enrouuleurs pour nappes	Wickelwalze
Lap side	Guide-nappes	Wickelluter
Lathe arm	Epée du battant	Lade arm
Lay	Battant	Lade
Lea	Echevette	Unterband
Lease	Verge, encroix	Kreuz
Lease pin	Cheville d'encroix	Kreuzstift
Lease in warping	Envergure	Tadenkreuz
Lease rod	Baguette d'encroix	Kreuzrute
Let-off motion	Déroulement de la chaîne	Abwickeln
Lever	Levier	Hebel
Lifting bar	Griffes de Jacquard	Hebezeug
Lifting wires	Crochets du Jacquard	Hebehacken
Linen	Lin, toile, linge	Lein. Leinwand
Lining	Doublure (étoffe)	Futterzeug
List	Liseré	Saum
Long narrow wire.	Fer (Métier à velours)	Sammetnadel
Loop.	Anneau (Métier à filer, à retordre)	Ringläufer

M

Anglais	Français	Allemand
Mails	Mailles d'un tricot	Maschen
Main belt	Courroie de transmission	Treibriemen
Main cylinder	Tambour de carde	Grosse Trommel
Main warp	Chaîne de fond	Grundkette
Mending	Rentrage	Stopfen (Das)
Meshes	Mailles d'un tricot	Maschen
Mixture	Mélange	Mischung
Mounting	Harnais, équipage	Harnisch

N

Anglais	Français	Allemand
Nap	Bouton	Noppe
Necktwines	Arcades	Heber
Needle	Aiguilles	Nadel
Needle stick	Brodeur	Nadelstab eines Nadelstuhls
Net	Tulle	Tüll
Nut	Noix de la broche	Wurtel

Anglais	Français	Allemand

O

Oiling	Ensimage	Das Fetten
Opener	Ouvreuse	Oeffner
Out sohot wool	Abat-chauvée	Ausschusswolle

P

Packing needle	Aiguille d'emballage	Packnadel
Part	Empois	Schlichte
Pattern chain	Jeu de carton (Jacq.)	Kartenkette
Peel comb	Egrugeoir	Hechel
Pegging	Piquage des cartons (Jacq.)	Kartenschlag
Pick	Duite	Schuss
	Chasse	Schlag
Pick (to)	Lancer la navette	Die Schütze durchfûren
Picker	Chasse-navette	Schneller
Picking	Duitage	Schussfolge
	Chasse	Schlag
Picking arm	Bâton de chasse	Schlagarm
Picking band	Fouet de chasse, cuir de chasse	Webschnellriemen
Picking shaft	Arbre du fouet de chasse	Schlagacshe
Picking tappet	Came du fouet	Schlag-excenter
Pile warp	Chaîne de poil	Polkete
Pillow lace	Dentelle au fuseau	Geklöppelte Spitze
Pin	Goujon	Stift
Pirn	Cannette, busette, époule	Spule. Hülse
Pirn winding	Machine canneteuse	Schussspulmaschine
Pitch	Ecartement des broches	Teilung
Pitch of rollers	Ecartement des cylindres	Zuglänge
Point lace	Dentelle à l'aiguille	Genähte spitze
Power loom	Métier à tisser mécanique	Mechanischer Webstuhl
Presserflyer	Aile d'un b. à br.	Pressflügel
Pressing-card	Carton pour apprêt	Glanzpappe

Anglais	Français	Allemand
Pricking machine	Machine à piquer les cartons	Kartenschlagmaschine
Protector rod	Axe du butoir	Stecherwelle

Q

Anglais	Français	Allemand
Quadrant arm	Bras du secteur	Quadrantarm
Quadrant circle	Secteur du renvideur	Quadrantzirkel
Quilting cloth	Piqué (tissu)	Piqué Tuch

R

Anglais	Français	Allemand
Rack	Crémaillère	Zahnstrange
Rag-tearing	Effilocheuse	Lumpenwolf
Raised cloth	Etoffe drapée	Tuchartiges gewalktes Zeug
Raw cotton	Coton brut	Rohe Baumwolle
Reading	Lisage	Das Einlesen
Reed	Peigne. Ros	Rieth, Blatt
Reed clutch	Griffes de peigne	Spannhebel
Reel	Asple. Dévidoir	Haspel
Reeling	Dévidage	Das Haspeln
Ret flax	Lin roui	Rösteflachs
Retting	Rouissage	Das Rotten
Reversing motion	Mouvement à bascule	Umdrehungsbewegung
Revolving box loom	Métier revolver	Revolverstuhl
Revolving flat	Carde à chapeaux tournants	Deckelkratze
Ribbon	Ruban	Band
Ring	Bride	Spange
Ring-rail	Platebande des anneaux	Ringschiene
Ringspindle	Broche à anneaux	Ringspindel
Ring twisting frame	Métier à retordre à anneaux	Ringszwirnmaschine
Roller	Cylindres. Galet.	Walze Leitrolle
Roller and clearer card	Carde à hérissons	Walzenkrempel
Rover-rod	Barre à mèches	Vorgespinnstange

Anglais	Français	Allemand
Roving frame	Banc à broche en fin	Feinfleyer
Row (to)	Lainer	Rauhen

S

Anglais	Français	Allemand
Sample cord	Corde de sample	Zampelschnur
Satin top	Futalne	Atlas Barchent
Scouring	Dessuintage	Entfettung
Scouring of silk	Décreusage	Entschielen der seide
Scratch (to)	Détisser	Zerreissen
Screw thread	Filet	Schraubengewinde
Scribbling machine	Briseuse de laines	Schrubbelmaschine
Scutch (to)	Battre le coton	Klopfen
Scutcher	Volant du batteur	Schläger
Scutcher opener	Batteur étaleur	Wattenmaschine
Scutching	Broyage	Brechen
Self acting mule	Métier à filer renvideur	Selfactor
Self acting stripper	Déboureur mécanique	Selbsttätiges Deckelputz-Apparat
Self acting twiner	Métier à retordre renvideur	Selfactor zum Zwirnen
Selvage	Lisière	Egge
Separator comb	Peigne de carde	Scheidekamm
Set	Assortiment	Auswahl
Setting-up motion	Régulateur d'ensouple du tissu	Das Aufbäumen
Sewing cotton	Coton à coudre	Nägharn
Sewing machine	Machine à coudre	Nähmaschine
Sewing thread	Fil à coudre	Nähgarn
Shaggy	Etoffe grossière	Kotzen
Shearing machine	Tondeuse	Scheermaschine
Shed	Foule. Pas	Sprung
Shoddy wool	Laine artificielle, laine renaissance	Lumpenwolle
Shoot (to)	Lancer une duite	Einschiessen
Shooting	Duitage	Schussfolge
Shot	Duite	Schuss
Shot counter	Compteur de duites	Schusszähler
Shrinkage	Embuvage	Das Einweben
Shuttle	Navette	Schütze
Shuttle box	Boite à navettes	Schützenkasten

Anglais	Français	Allemand
Shuttling	Lançage de la navette	Das Schlagen
Side-gabel	Bâti de côté	Seitenstuhl
Side-rail	Garde-corps	Brücken geländer
Silk throwing	Moulinage	Das Moulinieren
Silk throwing	Machine, moulin à soie	Sedenzwirnmaschine
Silk waste	Chappe. Déchets de soie.	Seidenabfall
Silk worm house	Magnanerie	Rauperei
Singeing	Flambage, grillage	Sengen
Sinkers bars	Barre à platines	Platinenbar
Size	Colle. Empois	Schlichte
Size-box	Bac à colle	Schlichtetrog
Sizing	Encollage	Schlichten
Sizing machine	Encolleuse	Stärkemaschine
Skein	Echeveau, échevette	Strahne
Skin-wool	Laine d'écouailles	Hautwolle
Slack	Fil lâche	Schlaff
Slay	Battant	Lade
Slide	Glissière	Gleitstück
Sliver	Mèche, boudin	Lunte
Sliver cam	Pot d'étirage	Topf
Sliver guide	Guide-mèche	Bandführlöffeln
Slub	Mèche, boudin	Lunte
Slubbing frame	B. à broche en gros	Grobfleyer
Spinning	Filage	Spinnerei
Spinning-mill	Filature	Spinnerei
Spinster	Fileuse (soie)	Seidenhasplerin
Spool	Epoule, bobinne	Spule
Spreader	Etaleuse pour lin	Anlegemaschine
Spreading flax	Etendage	Spreiten des Flachses
Spun floret silk	Fil de schappe	Schappegarn
Stand	Montant, support	Stütze, Träger
Step	Coussinet	Lagerschale
Step bearing	Crapaudine	Fusslager
Stop motion	Mouvement d'arrêt	Abschlagsbewegung
	Casse-mèche	Abstellvorrichtung
Stretch	Aiguillée	Auszug
Stretcher	Lisière	Leiste
Stuff	Etoffe, tissu	Stoffe
Stuff grinder	Défribreur	Zerfaserungsmasch ne
Sut	Echevette	Unterband
Swingle-dag	Ecang	Schwinge
Swinging	Espadage du lin	Das Schwingen
	Teillage du lin	Schwingeln

Anglais	Français	Allemand
Swing stock	Chevalet à lin	Schwingstock
Swivel-shuttle	Espolin	Broschierschiffchen

T

Anglais	Français	Allemand
Table linen	Linge de table	Tischleinen
Tacking up	Enroulement du tissu	Aufwicklung
Tappet	Excentrique	Excenter
Teazling	Lainage	Das Rauhen
Teazling machine	Laineuse	Rauhmaschine
Temple	Templet	Sperrute
Tentering machine	Rameuse	Rahmenmaschine
Thread	Fil	Faden
Thread mill	Filterie	Lenenzwirnspinnerei
Thread plate	Guide fil	Fädenführer
Throstle	Continu à filer	Ringspinnmaschine
Throstle frame	Métier continu	Drosselmaschine
Throwsilk	Organsin	Organsinseide
Tick	Coutil	Barchent
Top rollers	Cylindres de pression	Druckwalzen
Treading.	Foule, pas	Fach
	Marchage	Das Treten
Treading-tappet	Excentrique	Excenter
Treadle	Pédale	Fusstritt
	Marche d'un métier à la main	Tritt
Tweed	Etoffe croisée	Keper
Tweel	Finette	Feine Wolle
Twill	Croisé. Sergé	Köper
Twilled cloth	Etoffe (croisé)	Köper. — Geköperte Stoffe
Twine	Liage	Bindung
Twined	Câblé	Gedreht
Twist	Torsion	Drehung
Twist wheel	Pignon de torsion	Zwirnwechsel
Twisted	Retors, câblé	Gedreht
Twisted yarn	Fils retors	Gezwirntes Garn
Tying up	Armure dessin	Schnürung

Anglais	Français	Allemand

U

Underfaller	Contrebaguette	Gegenwender
Undyed wool	Laine beige	Naturfarbenwolle
Upright loom	Métier haute lisse	Hautelisse Stuhl
Upright shaft	Axe vertical	Senkrechte Welle

V

Velvet	Velours	Sammet

W

Warp	Chaîne ourdie	Kette
Warp cop	Fuseau, bobine	Spule
Warp frame	Ourdissoir	Scherrahmen
Warp thread	Fil de chaîne	Kettengarn
Warping	Ourdissage	Das Kettenscheren
	Lavage	Das Waschen
Washing	Dégorgeage des draps	Das Auswaschen
Washing machine	Leviathan	Leviathan
Washing out	Décatissage	Das Dekatieren
Watered	Moiré	Mohr
Wharve	Noix de broche	Würtel
Wheel	Pignon	Getriebe
Weft stop motion	Casse trame	Schusswächter
Weighing machine	Bascule	Brückenwage
Wet spinning frame	Métier à filer au mouillé (lin)	Nassspinnmaschine
Willowing	Louvetage	Wolfen
Winding frame	Bobinoir	Spulmaschine
Winding-on chain	Chaîne du secteur	Quadrantenkette
Winding-on drum	Barillet	Kettentrommel
Winding-up	Envidage, renvidage	Das Aufwickeln
Wipper schaft	Arbre des excentriques	Excenter Welle
Wool burring	Echardonnage	Entketten
Wool scouring	Dégraissage (laine)	Entfetten
Wool yarn	Fil de laine	Wollgarn
Woollen cloth	Drap (tissu)	Laken

Anglais	Français	Allemand
Woollen goods	Etoffe de laine cardée	Streichegarngewebe
Worsted goods	Etoffe de laine peignée	Kammgarngewebe

Y

Anglais	Français	Allemand
Yarn	Fil	Faden
Yarn testing	Conditionnement	Conditionieranstalt
Yarn scouring	Lavage des filés	Garnwäscherei

Z

Anglais	Français	Allemand
Zephyr cloth	Zéphyr (tissu)	Zephire-Tuch

TABLE DES MATIÈRES

—

RENSEIGNEMENTS TECHNIQUES

PREMIÈRE PARTIE

FILATURE

CHAPITRE PREMIER

PRINCIPES GÉNÉRAUX DE FILATURE

CHAPITRE II

FILATURE DU COTON

CHAPITRE III

FILATURE DE LA LAINE

CHAPITRE IV

FILATURE DU LIN

CHAPITRE V

FILATURE DU CHANVRE

CHAPITRE VI

FILATURE DU JUTE

CHAPITRE XI

FILATURE DU PAPIER

DEUXIÈME PARTIE

TISSAGE

CHAPITRE PREMIER

PRINCIPES GÉNÉRAUX A TOUS LES TISSAGES

CHAPITRE II

MÉTIER A TISSER A LAMES

CHAPITRE III

MÉTIERS A LAMES AVEC MÉCANIQUE D'ARMURES

CHAPITRE IV

MÉTIERS JACQUARD

CHAPITRE IX

DERNIÈRES OPÉRATIONS

CHAPITRE X

ÉTABLISSEMENT D'UN TISSAGE

TROISIÈME PARTIE

RENSEIGNEMENTS COMMERCIAUX

CHAPITRE PREMIER

MATIÈRES TEXTILES. — COURS

CHAPITRE II

CHAPITRE III

INDEX BIBLIOGRAPHIQUE

DES OUVRAGES PARUS SUR L'INDUSTRIE TEXTILE EN FRANCE

ET A L'ÉTRANGER

DICTIONNAIRE TEXTILE

FRANÇAIS — ALLEMAND — ANGLAIS

ANNONCES

ATELIERS de CONSTRUCTION

DE

BITSCHWILLER

Bitschwiller-Thann

ANCIENS ATELIERS MARTINOT ET GALLAND

MACHINES DE FILATURE

POUR LA LAINE PEIGNÉE,

COTON, SOIE ET SCHAPPE

Construction Complète

et

Installation de Filatures

SAINT-AMAND (CHER). — IMPRIMERIE BUSSIÈRE.

9 782329 023243